جغرافية المناطق الجافة

"النظام العام، التغير المناخي، النظام الأرضي، والنظام المائي والحيوي، النظام البيئي والنظام الاجتماعي والتنمية "

الدكتور منصور حمدي أبو علي

دار وائل للنشر

الطبعة الأولى

2010

رقم الايداع لدى دائرة المكتبة الوطنية : (2009/6/2609)
أبو علي ، منصور
جغرافية المناطق الجافة / منصور حمدي أبو علي.
- عمان : دار وائل ، 2009
(336) ص
ر.إ. : (2009/6/2609)
الواصفات: جغرافية المناطق الجافة / الجغرافيا / المناطق الجغرافية
* تم إعداد بيانات الفهرسة والتصنيف الأولية من قبل دائرة المكتبة الوطنية

****

رقم التصنيف العشري / ديوي : 910.0154
ISBN 978-9957-11-822-8 (ردمك)

* جغرافيـة المناطق الجافـة
* الدكتور منصور حمدي أبو علي
* الطبعـة الأولى 2010

دار وائـل للنشر والتوزيع
* الأردن - عمان - شارع الجمعية العلمية الملكية - مبنى الجامعة الاردنية الاستثماري رقم (2) الطابق الثاني
هـاتف : 00962-6-5338410 - فاكس : 00962-6-5331661 - ص. ب (1615 - الجبيهة)
* الأردن - عمـان - وسـط البـلد - مجمـع الفحيص التجـاري- هـاتف: 00962-6-4627627
www.darwael.com
E-Mail: Wael@Darwael.Com

[ربنا ما خلقت هذا باطلاً سبحانك]

صدق الله العظيم

{ في الرمال توجد الحياة....|}

من أمثال شعوب وسط آسيا

مقدمـــة

قد يتبادر إلى ذهن البعض أن من يحاول أن يقوم بدراسة حـول المنـاطق الجافـة أو الصحراء سوف يدرس عن القحولة أو البيـداء والفيـافي أو التماثـل والنمطيـة لظـاهرة الرمـال العقيمة اللامحدودة. علماً أن الجفاف والرطوبة أو الجبال والأودية أو البحار واليابس تشـكل جميعها وحدة مترابطة ولا احتمال لاستبدال بعض هذه المكونات بـالبعض الآخـر أو امكانيـة الاعتماد على احدها دون غيرها بسبب قلة أهميتها أو زيادة تلك الأهمية. لـذا كـان لدارسـة الأراضي الجافة أهمية لا تقل عن المناطق الرطبة. وكما قيل **"الحياة موجودة في الرمال"**.

فـالإقليم الجـاف هـو المـوطن الأول للإنسـان قامـت عـلى ضـفاف أنهـاره العظيمـة حضارات عريقة سطرت لتاريخ البشرية أصول حضارتها وثقافتها، وهناك استؤنسـت النباتـات والحيونات بعد استقرار الإنسان. وعلى الرغم من تحـول ظـروف المنـاخ نحـو الجفـاف إلا إن الإقليم ما زال يساهم بمـوارد اقتصـادية كبـيرة لا يـزال الإنسـان يسـتغلها لحضـارته فـالبترول والمعادن النفيسة والمخصبات والماء لا تزال مصادر مدفونه في رمال الإقليم الجاف.

أمـا الـدافع الأكـبر لدراسـة المنـاطق الجافـة فهـو أن معظـم أراضي الـوطن العـربي والإسلامي تعتبر جافة أو شـبه جافـة، إلا أن الدراسـة العلميـة للإقلـيم لم تكـن لتحصـل لـولا اكتشاف المناطق الجافة وتحديد اقتصادها ومقوماتها الحيوية الهائلة التي حدثت منذ قـرنين من الزمن نتيجة البعثات العلمية الحديثة المتكـررة مـن قبـل الـدول الأوروبيـة الاسـتعمارية والثورة الصناعية والحاجة إلى مزيد من الغذاء والمواد الخام.

أما حاجة الطلبة والدارسين لكتاب يعرفهم بالمناطق الجافـة فهـي ملحـة وضروريـة، وأذكر هنا أن العديد من الجامعات تطرح لتدريس الإقلـيم الخـاص موضـوع يخـص ظـروف بلادها الطبيعية والحيوية الذي يتوخى منه الفائدة الكبرى، ما دفعني للتساؤل: لماذا لم يدرس الإقليم الجاف وشبه الجاف الذي نعيش داخله لكي تكـون الفائـدة أكـبر وتلبـي حاجـة ولقـد عززت هذه الأفكار من خلال دراستي الميدانية الطويلة لصحاري المشرق العـربي (السـعودية، والأردن، والعراق، وفلسطين والشام) كما اطلعت على كتابات حديثة عديدة

حول الموضوع قامت بها بعثات من الدول الأوروبية أو الآسيوية وغيرها، قدمت من خلالها بيانات علمية قد تكون أحياناً غير دقيقة إلا أنها كانت أقرب من الواقع مقارنة مما ورد سابقاً.

فالدراسة هنا مزيج من الدراسة الميدانية وأبحاث خاصة بالموضوع، ومن المصادر الأجنبية العالمية حول نفس الموضوع، ومن خبرتي في تدريس المادة على مدى فترة تزيد عن عقدين من الزمن.

أما منهجية الكتاب فقد كانت شمولية ومتكاملة لموضوع المناطق الجافة وبشكل منتظم، لهذا فقد حاول الباحث التعرض إلى الجوانب الطبيعية والحيوية والجوانب البشرية على حد سواء وبذلك فالكتاب يقدم صورة مختصرة لطبيعة المناطق الجافة في العالم قاطبة مع بعض الدراسات الخاصة التطبيقية.

ولقد اشتمل الكتاب على ثمانية فصول ناقش في الفصل الأول مفاهيم الجفاف وتصنيف المناطق الجافة والصحاري والقحط والتصحر، وحدود المناطق الجافة والأمم التي تعيش داخلها أو على هوامشه، والفصل الثاني تكلم عن النظام الأرضي والبيئة وأشكال الأرض، أما الفصل الثالث فقد تكلم عن التغيرات المناخية ودورات المناخ، وشمل الفصل الرابع النظام المائي - الموارد المائية وسياسة توزيع المياه. والفصل الخامس شمل النظام الحيوي والنبات الطبيعي وخصائصه واستعمالاته. والفصل السادس يبحث في النظام البيئي مثل الرعي والزراعة والقحط ومستوياته، أما الفصل السابع فقد تكلم حول مصادر الطاقة وامكاناتها وعملية التعدين وأهميتها والفصل الثامن تكلم باختصار عن طبيعة البيئة الاجتماعية والمفهوم الاجتماعي والاقتصادي والاستقرار والمدن الصحراوية والواحات العالمية وأخيراً التنمية والمناطق الجافة ومشكلاتها في بعض المناطق في العالم.

وأخيراً فإنني لا أدعي الكمال فالكمال لله وحده، راجياً أن أكون قد وافقت في وضع مقدمة في الموضوع آملاً أن يقوم الآخرون بإتمام ما غفلت عنه أو تطوير ما قدمة.

المؤلف

د. منصور أبو علي

فهرس المحتويات

الموضوع	الصفحة

الموضوع	الصفحة

الفصل الثامن

النظام البيئي الاجتماعي

فهرس الجداول

فهرس الأشكال

الفصل الأول
المناطق الجافة

مقدمة:

مفهوم الأراضي الجافة وأهداف دراستها:

تعرف الأراضي الجافة بأنها "المناطق التي تعاني من نقص في الرطوبة ويفوق معدل التبخر عن معدل الهطول". كما يمكن القول أن الجفاف ظاهرة مستمرة وثابتة منذ فترة طويلة من الزمن.

أن الهدف من دراسة الأراضي الجافة في الوقت الحاضر، هوالبحث عن الثروات والمصادر الاقتصادية، ودراسة المجتمعات البشرية والحضارات السابقة، وعلى هذا الأساس يعتبر برنامج اليونسكو من أضخم المجهودات العالمية لدراسة الأراضي الجافة والمحافظة عليها، حيث كان يهدف إلى جمع البيانات عن الأراضي الجافة، كما اشتمل على برامج دراسية حول نظم بيئية مختلفة ثم تطبيقها من خلال أساليب معينة حول استخدام الأرض داخل المناطق الجافة. كما تم إعداد خطط لاستخدام المصادر في المستقبل، وبذلك أمكن إنجاز سلسلة للمعرفة اعتمدها سكان العالم لمعالجة مشاكل الأراضي الجافة.

تعتبر دراسة الأراضي الجافة بالنسبة للدول التي تقع ضمن نطاقها حيوية جداً لارتباطها بمستقبلها الاقتصادي، وتمثل مصادر الأرض لها قوة اقتصادية وسياسية بسبب سيطرة هذه الدول على منابع البترول الرئيسة في العالم. ونتيجة لاستخدام الميكنة الحديثة والتكنولوجيا داخل هذه الأراضي، فقد استطاعت هذه المناطق أن تساهم في زيادة إنتاج الطعام عن طريق زراعة الحبوب وغيرها على الرغم من أن البعض يحذر من زراعة هذه الأراضي خوفاً من تعرض تربتها للانجراف، وتعريتها ودعا إلى الاستعمال الحكيم لهذه البيئات الهشة[1].

يتميز مناخ الأراضي الجافة بأنه مستقر لكنه يمتاز بالتطرف الحراري، وبالمدى الحراري الفصلي، أو السنوي الكبير، وهذا يعني أن درجات الحرارة متطرفة، والسماء صافية، وهناك نقص دائم في الرطوبة، والغطاء النباتي. كما أن ساعات السطوع طويلة، تصل إلى (أربعة آلاف ساعة سنوياً) أي ما يعادل 90% من إجمالي فترة السطوع الكلي للشمس، حيث أعلى معدل لدرجات الحرارة فيها في شهري تموز وآب.

وتقع الأراضي الجافة فلكياً في العروض الدنيا ما بين نظامي الضغط العالي شبه المداري، وهذا يشمل أيضا بعض المناطق التي تسيطر عليها كتل هوائية قارية موجودة في وسط القارات في العالم خصوصاً تلك البعيدة عن المؤثرات البحرية الرطبة، والتي تعرف بالصحاري المعتدلة نسبة إلى موقعها الفلكي. أما العوامل التي تميز سمات الأراضي الجافة وتحدد توزيعها فكلياً وجغرافياً فهي:

1. **حركة الهواء في منطقة ضد الإعصار**، فالمناطق شبه الحرارية تقع ضمن مناطق ضد الإعصار - أي مناطق ضغط مرتفع - وفي مناطق الضغط المرتفع تكون حركة الهواء العمودية الهابطة من أعلى إلى أسفل.
2. **مناطق ظل المطر:** وهي المناطق التي تقع خلف السفوح الجبلية غير المقابلة للرياح الرطبة المحملة بالمطر مثل: السهول العظمى، وما خلف الأحواض العظيمة في أواسط القارات، وخلف جبال هملايا.
3. **البعد عن المسطحات المائية الكبيرة:** فالمسطحات المائية مثل البحر الأحمر والخليج العربي الموجودة داخل نطاق الأراضي الجافة لا تكون لها آثار محلية أو إقليمية على ظروف المناخ، لكن آثارها الملطفة تكون عادة محصورة في عدة كيلومترات من الساحل، كما أن كميات الرطوبة الزائدة تصعد إلى الجو، وتكون محصورة في أمتار فوق الماء، وهذا ينطبق على المناطق الجافة في أواسط القارات، التي تمثل أحواضاً كبيرة تحيط بها سلاسل عظيمة من الجبال، التي تمنع عنها الرياح الرطبة.
4. **كبر مساحة اليابسة:** وبخاصة تلك المناطق الداخلية من القارات التي تكون فيها الرطوبة قليلة مقارنة مع المناطق الساحلية، وذلك بسبب المسافة التي تقطعها

الرياح المحملة ببخار الماء القادمة من المحيط، فالأمطار عادة تهطل على المناطق القريبة من المحيط وتتناقص كلما تعمقت الرياح إلى داخل القارة.

5. **النمط الفصلي السائد في المناطق المدارية** (الصيف والشتاء)، حيث يعتبر المدى الحراري الفصلي أو اليومي أقصى ما يمكن أن يكون داخل هذه المناطق الجافة.
6. **فترات السطوع الطويلة:** التي تصل إلى أكثر من 90% من أيام السنة حيث تؤدي إلى تبخر الماء الموجود في هذه المناطق.
7. **التيارات الباردة التي تسير بمحاذاة السواحل المدارية، وبخاصة السواحل الغربية للقارات.**

نطاق الأراضي الجافة:

تحتل الأراضي الجافة موقعاً جغرافياً وفلكياً متميزاً من نطاقات الكرة الأرضية كما تعتبر مكوناً من النظام الرئيس لسطح الأرض مثل النظام المائي والنظام البيولوجي والنطاق الجليدي وغيرها. وتعتبر من أول المراكز التي ظهرت فيها الحضارات البشرية الأولى التي خلفت إنجازات هامة في تاريخ البشرية حيث وفرت للإنسان الاستقرار وما يحتاجه. تشهد على ذلك الآثار المدهشة التي ما تزال ماثلة في وسط الصحاري - البتراء في الأردن، وتدمر في سوريا، وأهرامات الجيزة في مصر، وسور الصين العظيم، وتاج محل في الهند، وغيرها، وقد كانت مثار دهشة سكان العالم الذين يعيشون خارج هذا النطاق، مثل الأوروبيين الذين ذهبوا إلى الصحراء لكشف أسرارها، والتمتع بجمالها.

وتثير جميع هذه الآثار القديمة في الصحراء تساؤلات الباحثين عن أسباب نشوء الحضارات وازدهارها وانهدامها باعتبارها نتاج تسلسل المتغيرات البشرية والطبيعية، مما يوضح الارتباط الماضي بالحاضر وأثر ذلك على المستقبل. وتشمل هذه النتائج دراسة الأساليب التي استعملت في استغلال الأرض المختلفة وإنتاجيتها. الجدول (1)

الجدول (1) الأراضي الجافة حسب درجة توغلها في الجفاف

المجموعة	موقعها من الجفاف الوصف	عدد السكان ونسبتهم	المساحة الجفافة	الدول ذات الأراضي الجافة
الأولى	في قلب الاقليم الجاف Core	مليون (16.7%)	100%	البحرين، جيبوتي، مصر، الكويت، موريتانيا، عمان، قطر، الامارات العربية، العربية السعودية، الصومال، جنوب اليمن.
الثانية	يسيطر عليها الجفاف Predominantly	23 مليون (43.9%)	57-99%	افغانستان، الجزائر، استراليا، تسوانا، الرأس الأخضر، تشاد، إيران، العراق، الأردن، فلسطين، كينيا، ليبيا، مالي، مراكشن ناميبا، النيجر، شمال اليمن، باكستان، سنيغال، السودان، سوريا، تونس، فولتا العليا.
الثالثة	جفاف فعلي sbstantially	5 مليون (7.6%)	50-74%	الأرجنتين، اثيوبيا، منغوليا، جنوب افريقيا، تركيا.
الرابعة	شبه جاف semi-arid	9مليون (13.6%)	25-49%	انغولا، بوليفيا، تشيلي، الصين، الهند، المكسيك، تنزانيا، توجو، الولايات المتحدة.
الخامسة	جفاف سطحي، خارجيperipherally	18 مليون (27.2%)		الفلبين، البرازيل، كندا، وسط افريقيا، اكوادور، غانا، لبنان، لوسسيتو، مدغشقر، موزامبيق، نيجيريا، براغواي، بيرو، سيرالانكا، الاتحاد السوفياتي، فنزويلا، زامبيا، زمبابوي.

ملاحظة: المجموع= 66 دولة، تشكل الأول والثانية والثالثة 39 من دول الأراضي الجافة، المجموعة الرابعة تمثل 9 دول من الدول شبه الجافة، والمجموعة الخامسة تمثل 18 دولة حيث يكون الجفاف بارزاً فقط على مستوى اقليمي داخل الدولة.

Source: After pay lore and Green well, 1979:17-18- Heathcot. 1986.

الأراضي الجافة وشبه الجافة ومشكلات الجفاف المعاصر:

أدى الجفاف (القحط) الذي أصاب معظم مناطق إقليم الأراضي الجافة وشبه الجافة في الثلث الأول من القرن العشرين، وما تبعه من آثار سلبية على الأوضاع الاقتصادية في العالم، إلى زيادة اهتمام العالم بمشاكل هذا الاقليم. وتعود أسباب هذا الجفاف إلى التغيير البيئي الناتج عن إنهاك الأرض، وتدهور التربة وانحرافها، وساعد على ذلك طبيعة الأمطار المتزيدة التي لا يمكن التنبؤ بها في هذه الأقاليم. وظهر ذلك جلياً في السهول العظمى في الولايات المتحدة (وعاء الغبار)، ومنطقة (الساحل) في جنوب الصحراء الكبرى، ومناطق اخرى في وسط آسيا، وجنوب حوض المتوسط.

وتفاقمت هذه الظاهرة الخطيرة وتعاظمت حيث توالت فترات الجفاف، فشملت مناطق أوسع، فهناك قحط أصاب شرق أستراليا في الفترة ما بين (1895-1902)، وقحط آخر سيطر على جنوب افريقيا في الفترة ما بين (1918-1920)، وثالث أصاب "منطقة الساحل" في السبعينات من القرن العشرين، وقد خلفت هذه الكوارث آثاراً حادة في حياة الناس، فأدت إلى نزوح سكان هذه المناطق ونفوق ملايين الرؤوس من الماشية فيها، مثلما حدث في المناطق الشرقية من استراليا سنة 1945، وفي جنوب روسيا في الخمسينات، وفي جنوب افريقيا سنة 1950.

كل ذلك كان نذير خطر يهدد الأراضي الجافة ويجعل من الظاهرة مشكلة عالمية، تستدعي حلاً عاجلاً لها لوقف هذا الاستنزاف الحاد للبيئة الزراعية المنتجة، والذي قد يتكرر في فترات زمنية لاحقة لذا تداعت دول العالم لدراسة هذه المشكلة وتحديد أسبابها، وعملت الدراسات والأبحاث ووضعت خطة عمل وبرنامجاص دولياً خصصت له أموالاً كثيرة لإعادة تأهيل هذه المناطق اقتصادياً.

كما هب العالم في أوائل السبعينات من القرن العشرين لنجدة المناطق المنكوبة في إقليم الساحل الإفريقي السوداني وقد توج ذلك بعقد أول مؤتمر عالمي خاص بدراسة التصحر 1972 في نيروبي في كينيا، وتلا ذلك عدة مؤتمرات في هذا المجال في سني 1973، 1974، 1977، برعاية هيئة الأمم (UN, 1977, UN Secretariat, 1977)

استراتيجية استعمالات الأراضي الجافة:

أولاً: أدى التوسع في دراسة طبوغرافية الأراضي الجافة، وظروفها الطبيعية ومشاكلها الأخرى. إلى التوجه لاستغلال هذه الأراضي لصالح الدول الأوروبية أكثر من غيرها بسبب امتلاكها التكنولوجيا المتطورة القادرة على استغلال هذه الأراضي بطريقة أفضل. فالأرض الفضاء والواسعة والقليلة السكان دفعت الحلفاء وأعداءهم إلى نقل ساحة الحروب إليها للتقليل من آثار تدمير مدنهم وإنجازاتهم الحضارية، كما كانت الصحاري ميدان تجاربهم النووية، ومخازن أسلحتهم المدمرة بعيداً عن مناطق العمران. فنجد أن صحراء نيفاذا، والصحراء الكبرى، وصحاري الهند والباكستان، وصحراء النقب في فلسطين، وصحراء مصر، وغيرها من الصحاري، مناطق ذات استراتيجية عسكرية هامة. وقد تطلب ذلك قيام شبكة من طرق المواصلات، وبعض الإنشاءات المدنية. وأشهر من تناول هذا الموضوع (باجنولد R.A.Bagnold) الذي كتب بحثاً عن طبيعة الكثبان الرملية في كل من الجزيرة العربية والصحراء الكبرى.

ثانياً: أما الاستخدام الحيوي الآخر لهذه الأراضي فهو الزراعة، حيث زرعت فيها بعض المحاصيل القادرة على تحمل ظروف الجفاف، بالاعتماد على التكنولوجيا الحديثة، وقد اشتهرت هذه المناطق بزراعة الحبوب (القمح والشعير والذرة الرفيعة)، واستطاع بعضها مثل استراليا وأمريكيا والسعودية أن يصدر الحبوب إلى خارج النطاق الجاف بحذر كبير، باعتبارها مناطق هشة أمام أي عبث يقوم به الإنسان، فالاستعمال الكثيف يؤدي إلى انجراف التربة، وتدهورها، مما يستوجب على أصحاب القرار في هذه المناطق إعداد خطط لإصلاح الأرضيها، وصيانتها بشكل مستمر، لتبقى الصحراء جنة يانعة.

ثالثا: كانت المفاجاءة الكبرى حينما أحدثت أزمة البترول ورفعت الدول المنتجة له أسعار النفط إبان الحرب العربية الإسرائيلية عام 1973. ولقد أضاف إنتاج الطاقة داخل هذه الأراضي بعداً سياسياً للقوة الاقتصادية، والاستغلال السياسي، نتيجة سيطرتها على مصادر الطاقة العالمية.

وهذا بدوره زاد من المكانة السياسية للأراضي الجافة في الجزيرة العربية وشمالي إفريقيا، والخليج العربي، لأن الزيت الحفري ما يزال يدير عجلة الصناعة في الدول الصناعية العالمية الغنية، وحتى في حالة البحث عن بدائل للطاقة النفطية، فإن

الأراضي الجافة تبقى مصدراً للطاقة الشمسية وإنتاجها بكميات هائلة ومتوافرة. وهذه ما دفع الكثير من الدول الرأسمالية الصناعية لوضع استراتيجية للسيطرة على الدول المنتجة للبترول واحتوائها. وما حرب الخليج (عاصفة الصحراء) إلا أسلوب من أساليب إحكام السيطرة على مصادر الطاقة، هذا ما أكده وزير الدفاع الأمريكي أمام الكونغرس بقوله: "إننا نحارب في الخليج من أجل هدفين أولهما الحفاظ على مصادر الطاقة، والثانيهما حماية إسرائيل".

الجفاف Aridity :

لا بد من معرفة أن ظاهرة الجفاف تحدد امكانات الأرضي الجافة وتؤثر في طريقة استخدام مصادرها. وهذا يوضح المعوقات التي تفرضها المناخات على أشكال الحياة فيها. الجفاف قد يكون ظاهرة تخلقها عوامل تؤدي إلى مستوى متدنٍ من الرطوبة المطلقة وهي ظاهرة مستمرة وذات نظام مناخي ثابت وهو يختلف عن مصطلح الجفاف الذي يعني (القحط)، الذي يمثل ظاهرة مؤقتة من انحباس الأمطار أو انحرافها سلباً عن معدلها السنوي في منطقة معينة لسنة واحدة أو أكثر وعادة ما يرتبط بظروف مناخية واقتصادية واجتماعية، ويمكن أن يحصل في معظم مناطق العالم المحاذية للأراضي الجافة. إذن هنا مصطلحان منفصلان الأول الجفاف aridity، والثاني القحط drought لكن آثارهما متشابهة. وفيما يلي عرض لكل منهما بشيء من التفصيل.

نطاق الجفاف العالمي:

ظاهرة الجفاف هي خلل في قدرة الظروف الميتورلوجية يحول دون تزويد مناطق من العالم بالرطوبة أو يؤدي إلى خفض مستوى الرطوبة المطلقة مما يحدث الظاهرة الجفاف. فالمناطق الجافة يقع معظمها فلكياً في حزام يلف الكرة الأرضية، وضمن العروض شبه المدارية التي تقع في نطاق الضغط الجوي شبه المداري المرتفع. وهذا يعني أن المنطقة تتعرض لتيارات هوائية هابطة تحمل معها هواء جافاً حاراً ما أن يلامس الأرض حتى يمتص رطوبة التربة. وفي مثل هذه الظروف فإن الهواء الهابط

يمنع التيارات الحملية الصاعدة الماطرة من الارتفاع حيث يقوم الهواء الجاف بضغطه إلى أسفل إضافة إلى امتصاص الرطوبة السطحية مما يزيد بالتالي من ظاهرة الجفاف.

ينتج عن الظروف السابقة استقرار الكتل الهوائية التي تحول دون ارتباطها بنطاق المنخفضات الجوية الماطرة. وتتميز هذه الظروف الميتولوجية (الجافة) بأنها ذات ملامح وسمات دائمة، كما أنها لا تتأثر عادة بالمسطحات المائية القريبة منها، وقد تكون لهذه المسطحات آثار محلية بسيطة لكنها لا تغير طبيعة جفاف المناخ العام. كما أن التيارات المحلية الرطبة التي تصعد للجو تبقى محصورة في عدة أمتار من سطح الماء على شكل ضباب. كما في البحر الأحمر، والخليج العربي، والبحر الميت، وبحر قزوين وغيرها. ولا تبدو الأراضي المروية أو مياه النهر (النيل) في مصر قادرة على تعديل المناخ لأكثر من عشرات الأمتار.

وتزداد ظاهرة الجفاف في العروض الوسطى وشبه المدارية وفي المناطق التي تقع في ظل المطر حيث يهبط الهواء على السفوح الخلفية، للمناطق الجبلية العالية مثل السهول العظمى خلف جبال الروكي في أمريكا الشمالية، وصحراء جوبي وثار في آسيا الوسطى، وصحاري الأحواض الجبلية الأخرى خلف جبال الهملايا، وبتاجونيا في أمريكا اللاتينية. وهي مناطق لا تقع ضمن نظام دورة الرياح العامة المسببة للجفاف. ولهذا فالجفاف فيها ليس دائماً وإنما يبقى لفترة طويلة من السنة. وتساهم فترات السطوع الطويلة التي تصل إلى (90%) من السنة، إلى زيادة التبخر كما يعمل انكشاف السماء في معظم أيام السنة على زيادة إشعاع الأرض الذي يعمل بدوره على حرمان التربة من أية رطوبة. ويقدر العلماء الإشعاع الشمسي اليومي في المناطق الجافة (شبه المدارية) بحوالي (600 كالوري/سم2) خصوصاً في فصل الصيف. وهذه الكمية من الحرارة قادرة على تبخير أي رطوبة موجودة على اليابسة أو في الجو.

تصنيف المناطق الجافة:

يختلف العلماء فيما بينهم في تحديد النطاق الجاف، وذلك لاختلاف المعايير التي يضعونها لقياس درجة الجفاف والرطوبة، فهناك تصنيف مناخي، وآخر نباتي وحيواني، وهناك تصنيف يعتمد على الطبوغرافيا، وآخر على تصنيف التربة ومميزاتها. إلا أنه تم

أخيراً وقد تم استنباط تصنيف اعتمد على معظم التصنيفات السابقة، وخلص إلى مفهوم عام اعتمد من قبل هيئة الامم المتحدة. وفيما يلي أهم هذه التعريفات والتصنيفات :

أولاً : التصنيف المناخي للأقاليم الجافة:

يعتبر (اربخت) أول من عرف الأراضي الجافة بأنها الأراضي التي يفوق فيها معدل التبخر كمية الهطول. وكانت هذه أول محاولة لوضع مؤشر للجفاف، أو تحديد خط له (Dry Line)، غير أن اربخت لم يمتلك أدوات قياس دقيقة لتحديد كمية التبخر الكامنة. أما "دي مارتن وفرير 1920" فقد استطاعا أن ينشرا أول خارطة عالمية للمناطق ذات الصرف الداخلي على اعتبار أنها تمثل الأراضي الجافة، حيث لا تستطيع الأنهار أو الجداول المائية في هذه الأقاليم الجريان داخل الأراضي الجافة لتصب في المحيطات أو البحار الكبيرة، بل تبقى عاجزة عن الوصول إلى خارج الإقليم، بسبب نقص كمية المياه. "فالوادي يولد داخل الصحارى ليختنق في رمال الأراضي الجافة". وقد حددا معظم مناطق الصرف الداخلي (الأراضي الجافة)، التي تقدر بحوالي (35%) من سطح الكرة الارضية.

"أما لانج ودي مارتن". فقد استخدما اسساً رياضية لتحديد المناطق الجافة في كل من أمريكا واستراليا، وتوصلا إلى ما يعرف بمعامل المطر واستنبطا المعادلة التالية :

$$\text{معامل المطر} = \frac{\text{ط(ملم)}}{\text{ح(م}^{\circ}\text{)}}$$

حيث أن : (ط) = كمية الأمطار السنوية

(ح) = درجة الحرارة المئوية

وقررا إذا كان ناتج هذه المعادلة أقل من الرقم (20)، فإن المنطقة تكون ضمن الأراضي الجافة، وطبقا ذلك على محطة (يوما) في (اريزونا)، حيث كان الناتج (3.5) فقط. وكذلك الحال بالنسبة إلى ليبيا حيث وصل معامل الجفاف إلى (0.7). ثم عدل (دي مارتن) المعادلة ليصبح معامل المطر أيضاً محدداً للزراعة كالتالي:

$$\text{معامل المطر} = \frac{\text{ط(ملم)}}{\text{ح} + 10}$$

بحيث إذا كان معامل المطر في منطقة ما (10) فأقل، فإنه لا يمكن أن تقوم فيها زراعة تعتمد على الأمطار، ثم طورت المعادلة، وأصبحت كالتالي :

$$\text{معامل الجفاف} = \frac{\frac{\text{ط}}{\text{ح}+10} + \frac{\text{12ط1}}{\text{ح1}+10}}{2}$$

حيث (12 ط) = المتوسط الشهري للأمطار على مدار السنة

(ح1) = متوسط حرارة أقل الشهور مطراً

فإذا كان الناتج أقل من (5) فهذا يعني أن المناخ جاف، أما إذا كان أكبر من ذلك فيعني أن المناخ رطب.

واعتبر (ماير Mayer) أن التبخر ينتج عن نقص في درجة إشباع الجو بالرطوبة، وقد تمكن من خلال معرفة معدلات التبخر الحقيقية أن يصل إلى تحديد الجفاف وذلك حسب المعادلة التالية :

$$\text{معامل الجفاف} = \frac{\text{الأمطار (ملم)}}{\text{نقص الإشباع}}$$

وفي أوائل القرن العشرين تقدم الألماني كوبن (Koppen) بخارطة للأقاليم المناخية وكان ذلك في عام 1939 معتمداً على تصنيفات دي كاندل (de Candolle) سنة 1874 للنبات الطبيعي. معتبراً أن حدود النبات الطبيعي يمكن اعتبارها حدوداً للأقاليم المناخية. وبناء عليه فقد قسم العالم إلى خمسة اقاليم مناخية ابتداء من خط الاستواء حتى القطبين. يقوم أربعة منها على أساس عنصري الحرارة والأمطار، أما الإقليم الخامس فيعتمد على الرطوبة فقط. واعتمد في معادلاته على (معامل الجفاف).

معامل الإشعاع للجفاف = الموازنة الإشعاعية

600سعر × كمية الهطول(ملم)

ثانياً : تصنيف علماء التربة للجفاف:

قسم علماء التربة أراضي على اليابسة إلى قسمين، قسم تنتهي إليه كمية من الأمطار تكفي لغسيل (leaching) محاليل الأملاح، والكربونات إلى أعماق تصل إلى مستوى نطاق الجذور تدعى تربا حديد وألمنيوم. أما القسم الثاني الذي لا تكفي فيه كمية الأمطار لغسيل الكربونات من السطح، بحيث تتراكم هذه الكربونات أو الأملاح نتيجة التبخر والخاصية الشعرية فيعتبر تربة كلسية جافة، وتدعى (Pedocal) وتقدر بحوالي (43%) من ترب العالم[4]. الجدول (2)

ثالثاً : تصنيف هيئة الأمم المتحدة (Meigs سنة 1953)

يقوم هذا التقسيم على أساس قدرات الارض للزراعة فقد رسم (ميغز) خارطة وضح فيها تعريفه للأراضي الجافة. وقد اعتمد في ذلك على المقومات البيئية. وجعل تصنيفه للأراضي الجافة متلائماً مع قدرات العالم الزراعية. كما كان توزيعه للأمطار ودرجة الحرارة ذا أهمية كبيرة جداً، وباعتماد (ميغز) طريقة (تورنتوايت) في حساب التبخر الفعلي، فقد استطاع أن يحسب معامل الرطوبة (Moisture Index) وذلك لتمثيل العلاقة ما بين الهطول والتبخر والنتح (PET)، باستثناء المناطق الباردة جداً.

وقد أخذ ميغز هذا المقياس عن (بيلي) للرطوبة حيثما لا ينمو النبات في هذه المناطق بحسب تقسيم كوبن، فقد استطاع (ميغز) أن يحدد معامل الرطوبة على أساس إمكانية نمو المحاصيل إضافة إلى بعض المسائل الثانوية بهدف وضع تصنيف للمناطق الأكثر جفافاً، خصوصاً تلك التي لم تسجل فيها أي كمية من الأمطار على مدى (12) شهرا. وقد تمكن بالتالي من عمل جدول للمناطق الجافة خاص به.

ومن خصائص تصنيف (ميغز) زيادة مساحة الأرض الجافة عنده عن كل التصنيفات السابقة (كوبن وتورنتوايت)، وأصبحت هذه الزيادة ذات دلالة مهمة عالمياً أدت إلى زيادة من أهمية الأراضي الجافة وإمكانية زراعة بعض المحاصيل فيها. أما

تصنيفه فقد اعتمد على توزيع الأمطار وارتباطها بقدرات الأرض الإنتاجية، وكذلك على درجات الحرارة، ومعامل الرطوبة الذي استنبط منه كمية التبخر والنتح، واقترح أن تكون خطوط المطر المتساوية حدوداً للتقسيمات المناخية البيئية المختلفة. فاعتمد هذا التصنيف عالمياً لدراسة المناطق الجافة واستغلال المصادر الطبيعية الأخرى في الأراضي الجافة.

اكتسب تعريف (ميغز) للأراضي الجافة وتحديده لها مكانة خاصة لتأييده اعتبار مساحات من الأرض جافة وبخاصة الأحواض العظمى ذات الصرف الداخلي (الصحاري المعتدلة) كما دعم تقديرات (شولز) في توزيع النبات الطبيعي، وأنواعه داخل الأراضي الجافة. واتفق تصنيف (ميغز) مع توزيع اقاليم العالم الجافة الذي ظهر على الخارطة التي أعدتها هيئة الأمم مع تعديل بسيط[(5)].

جدول (2) تقديرات الأراضي الجافة في العالم حسب التصنيفات العالمية

التصنيف المناخي	النبات الطبيعي	المساحة بالمليون كم²	نسبة المساحة من العالم%	كوين %	ثورنتوايت%	الأمم المتحدة عام 1977 %	ميغز1953
جاف جداً	صحراوي	6.29	4.7			5.8	4.3
الجاف	عشب صحراوي سفانا	5.6	4.4	صحراء BW	جاف	13.7	16.3
	صحراوي شجيرات وعشب	21.45	20.4	%12=	15.33=		
	الاجمالي الجزئي	33.41	29.5				
شبه الجاف	مناطق أحراج	3.06	2.3	استبس BS-	شبه جاف	13.3	15.8
	غابة شوكية	0.88	0.6	14.3=			
	أعشاب قصيرة	3.10	2.4				
	الاجمالي الجزئي	7.4	5.2				
	الاجمالي الكلي	456.75	34.7	6.3	5730	32.8	36.3

Sources: Shants, 1956:4-5-Megs Rogers, 1981.

أثارت التفاصيل المختلفة لحدود نطاق الأراضي الجافة تساؤلات جمة قديماً وحديثاً، اتصل معظمها بموضع استعمال المصادر الطبيعية. وعلى الرغم من أن حدود الأراضي الجافة تعتمد أساساً على نظام الصرف، وظروف الأمطار، والحرارة، والنبات الطبيعي، إلا أن هذه العناصر المحددة عند تطبيقها على مستوى العالم، تجعل ثلث أراضي العالم تتصف بالجفاف. ويدخل التراب كعنصر إضافي هو نتاج هذه العناصر حيث تعطي كالتربة الجافة حوالي (43%) من سطح اليابسة. إلا أن نسبة من اجمالي المساحة الكلية تصل (7%) أو أكثر من (10.02مليون/كم2) تغطيها ترب أكثر جفافاً مما نتوقع قياساً بمناخاتها. ويرى العلماء أن هذه الزيادة نجمت عن عبث الإنسان واستنزافه موارد الأرض إضافة إلى وسوء استخدامه للترب في الماضي والحاضر وهو عبر عنه حديثاً بظاهرة التصحر. الجدول (3)

وعند المقارنة بين الأقاليم الجافة المختلفة نجد أن هناك إجماعاً بين العلماء على تحديد مساحة المناطق الجافة جداً، بينما لا يوجد اتفاق على الأحجام النسبية لكل من المناخات الجافة وشبه الجافة. فالأراضي القاحلة جداً لا يمكن أن يتطور فيها أي نوع من السكن أو الزراعة، في حين نجد أن الأراضي الجافة وشبه الجافة يمكن استغلالها زراعية كما أن مساحتها تتأرجح بين الزيادة والنقصان، وذلك تبعاً لفترات القحط drought (تذبذب الأمطار)، أو شح المصادر المائية السطحية أو الجوفية.

جدول (3) تصنيف "ميغز" للمناخات الحيوية في العالم

أ. معامل الرطوبة	ب. المناخات المماثلة	ج. الظروف	د.معدل الأمطار السنوي (ملم)
صفر، -20	رطب	ملائم للمحاصيل.	500
-20، -40	شبه جاف	ملائم لبعض المحاصيل فقط، ويشمل مناطق الأعشاب الطبيعية	500-200
-40، -56	جاف	غير ملائم لزراعة المحاصيل.	200-25
-57 فأقل	جاف جداً	ليس ملائماً لزراعة المحاصيل، ويحصل أن تنحبس الأمطار لمدة 12 شهراً متواصلة كما لا توجد أمطار فصلية.	25-1

أ. العلاقة ما بين الهطول والتبخر والنتح.

ب. أقاليم مناخية.

ج. ملائمة النطاقات المناخية لمحاصيل الحبوب المعتدلة البعلية.

د. تقديرات Sources: Meigs, 1953; Grove, 1977.

حدود النطاق الجاف الجغرافية:

تشكل الأراضي الجافة نطاقاً متصلاً يمتد من شمال آسيا حتى ساحل المحيط الهادي شرقاً، ويعمل هذا النطاق حاجزاً يفصل بين شمالي أوراسيا وجنوب آسيا وإفريقيا، كما يمتد هذا النطاق شرقاً عبر المحيط الهادي ليشمل صحاري المكسيك، وجنوب غرب الولايات المتحدة، وفي الموقع الفلكي نفسه في النصف الجنوبي من الكرة الأرضية نجد عدداً من الصحاري مثل الصحراء الاسترالية، وكلهاري في إفريقيا، وبتاجونيا والبيرو في أمريكا الجنوبية. وبإجمال نقول تشكل مساحة الأراضي الجافة في قارة إفريقيا (37%) من إجمالي مساحة القارة، وهو أعلى نسبة في كل القارات. وتأتي قارة آسيا في المرتبة الثانية حيث تصل مساحة الأراضي الجافة فيها إلى (34%) من إجمالي المساحة الكلية، وتليها أستراليا حيث سعة مساحة الجفاف تصل إلى (13%)، أما أمريكا الشمالية فتبلغ مساحة الأراضي الجافة فيها (8%)، وفي أمريكا الجنوبية (6%)، وفي أوروبا تمثل الصحراء الإسبانية في الجنوب منطقة الجفاف الوحيدة فيها.

وإذا كان المناخ الإقليمي يؤثر في تحديد نمط النبات الطبيعي داخل إقليم ما، فإن هذا يعني تشابه النباتات الطبيعية في الأراضي الجافة، الأمر الذي يجعلنا نرى أن نظام النبات الطبيعي وتوزيعه لا يمكن اعتباره حدوداً مميزة للأقاليم الجافة وشبه الجافة. وإذا افترضنا وجود أنواع من النبات الطبيعي يمكن اعتبارها متأقلمة داخل الإقليم الجاف، إلا أن من الصعب جداً اعتبار النبات الطبيعي عاملاً محدداً لنطاق المناخ شبه الجاف. فقد نجد مساحات من النبات الطبيعي تصل إلى حوالي (12.5مليون/كم2) لا تكون متوازنة، أو متفقة مع النظام المناخي، إذا ما اعتبرنا أن النبات الطبيعي هو نتاج مباشر ومحدد لنطاق شبه الجاف. الشكل (1)

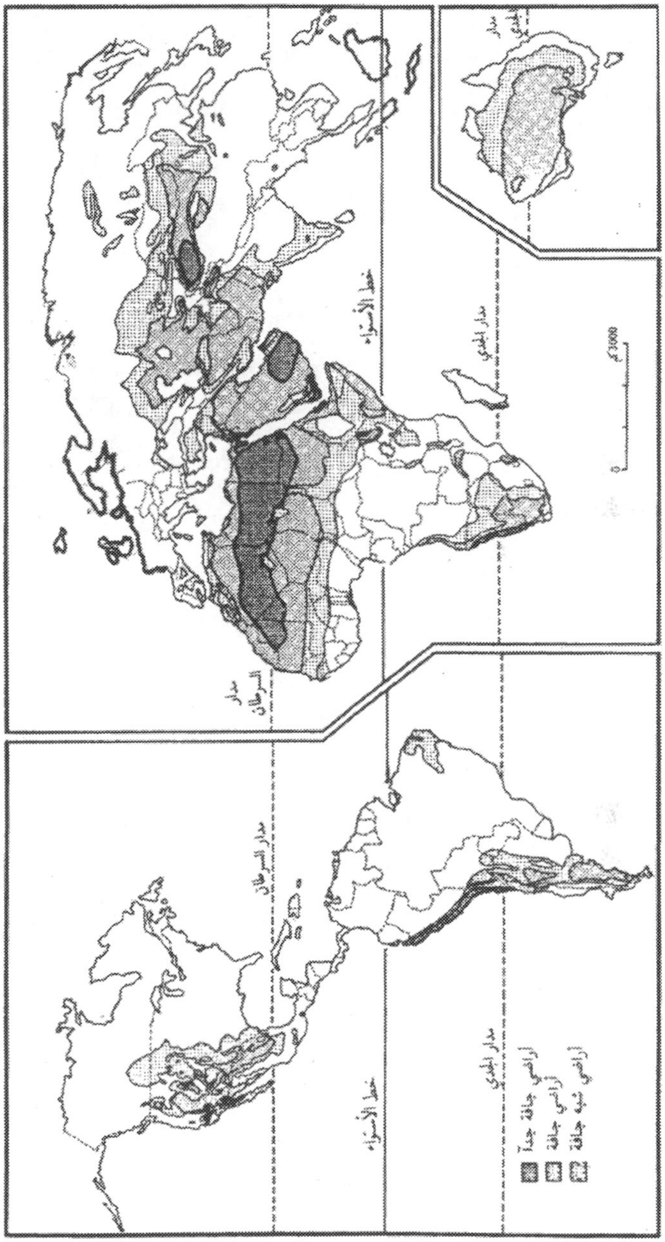

الشكل (1) الحدود القومية للدول داخل النطاق الجاف

الجفاف ودول المناطق الجافة:

يمكن تقسيم سكان العالم حسب نسبة المساحة التي تغطيها الأراضي ذات المناخ الجاف وشبه الجاف. وعلى هذا الأساس نجد أن هناك دولاً بكاملها تقع في قلب الإقليم الجاف، والبعض الآخر يغطي المناخ الجاف مساحات معينة من أراضيها، والبعض الآخر يقع على أطراف النطاق الجاف أو شبه الجاف. وبناء عليه فقد فهناك حوالي (11 دولة) تقع جميعها داخل النطاق الجاف. وحوالي (23 دولة) ثلثا أرضيها تقع ضمن النطاق الجاف وهناك (5 دول) ثلاثة أرباع مساحتها الكلية تتأثر بالمناخ الجاف أو شبه الجاف وهناك حوالي (27 دولة) يمكن اعتبارها ضمن الأراضي الجافة حيث تتأثر ربع مساحتها فقط بالجفاف. نلاحظ مما سبق بعض الدول ان الجفاف هو المناخ السائد فيها فهو في بعضها الآخر ظرف إقليمي محدود بفترة من السنة (Heath Cot, 1986).

وقدر عدد سكان الأراضي الجافة عام 1966 بحوالي (14%) من إجمالي عدد سكان العالم (Ho, 1966)، زاد هذا العدد بنسبة (1%) في عام 1967 بحيث وصل إلى(284 مليون نسمة). وحسب تقديرات عام 1980 فإن عدد السكان وصل إلى (651 مليون نسمة) إذ يشكل (15%) من إجمالي عدد السكان في العالم البالغ عددهم (4.5 مليار نسمة). وتجدر الإشارة إلى أن ثلاثة أرباع السكان يعيشون ضمن النطاق شبه الجاف، في حين يعيش بقية السكان في الأراضي الجافة، وقليل منهم يعيشون في الأراضي الموغلة في الجفاف، وبالمقارنة نجد أن الزيادة السنوية في النطاق الجاف أعلى بكثير من زيادة عدد السكان في الأراضي الجافة جداً، إلا أن نسبة السكان مقارنة مع مجموع السكان في العالم لم تتغير في كل نطاق. الجدول (4)

الجدول (4) عدد سكان المناطق الجافة

أ. عدد سكان المناطق الجافة 1960، 1974م

الزيادة من 1974-60	النسبة%	عام 1974 بالمليون	النسبة%	عام 1960 بالمليون	النطاق الجاف
20+	1	6	1	5	جاف جداً
65+	27	170	27	103	جاف
64+	72	452	72	276	شبه جاف
63.5+	100	628	100	384	المجموع
1.2+	14.0-		12.8		المجموع بالنسبة %

ب. عدد سكان الأمم في الأراضي الجافة لعام 1979

عدد السكان بالمليون			المجموعات القومية
في الأراضي الجافة	القومي	نسبة الجفاف%	المجموعة
61.1	61.1	100	المجموعة الأولى (قلب الجفاف)
221.0	305	99-75	المجموعة الثانية يسيطر عليها الجفاف
47.0	128	74-50	المجموعة الثالثة (جفاف فعلي)
329.1	494.5	49-25	الاجمالي الجزئي
288.0-	1964.5	25 >	المجموعة الرابعة شبه جاف
34	596.0-		المجموعة الخامسة جفاف سطحي
322	2560.3		الاجمالي الجزئي
651.1	3054		مجموع الامم الجافة
15%	70.6%		نسبة عدد سكان الأراضي الجافة من العالم

Sources: Hills 1966; 219; UN Secretrate 1977: 268 World Atlas, 15th edn, Rand. Mc Nally Chicago, 1978.

الخصائص العامة للمناخ الجاف:

يتميز المناخ الجاف بالتطرف الحراري الذي ينتج عنه مدى حراري واسع سواء على المستوى اليومي أو الفصلي، يعزز هذا التطرف طبيعة الجفاف الذي يسيطر على النطاق، فالسماء دائماً صافية، والرطوبة في أدنى مستوى لها، وشح النبات الطبيعي أدى إلى زيادة معدلات التبخر صيفاً، وانتشار الصقيع ليلاً في فترات الشتاء، فيما يلي بعض عناصر المناخ الجاف والظروف المعدلة له.

درجات الحرارة:

تنفرد المنطقة الجافة بزيادة ساعات السطوع فيها إلى أكثر من (4000 ساعة سنوياً) بنسبة (90%) وأكثر إجمالي فترات النهار السنوية، حيث لا تظهر الغيوم إلا في فترات قصيرة جداً، وتتعرض الصحاري الواسعة كالصحراء الكبرى، وصحاري وسط آسيا إلى مدى حراري يومي وفصلي كبيرين جداً فقد يصل هذا المدى إلى (80سº)، وهذا ما سجلته محطات الرصد في الصحاري المعتدلة في وسط آسيا (فرخويانك). أما في الصحاري الحارة شبه المدارية فيصل المعدل الحراري السنوي إلى (20ºم)، وتسود الصيف أعلى درجات الحرارة خصوصاً في شهري تموز وآب حيث يصل المعدل الشهري فيهما نحو (35ºم)، ولا ننسى أن أعلى درجة حرارة قد سجلت في بداية شهر الصيف في أطراف الصحراء الكبرى، ووصلت إلى (58ºم) في مدينة (العزيزية)، ووصلت النهاية الصغرى إلى (17ºم). وكذلك الأمر بالنسبة لمنطقة (وادي الموت) في كلفورنيا حيث سجلت المحطات هناك درجة حرارة (57ºم) وكان المدى الحراري (41ºم)[(6)].

أما في الجزيرة العربية فبلغت الحرارة صيفاً في الرياض نحو (44سº)، وترتفع حرارة الرمل في صحراء (كراكوم) وسط آسيا نهاراً لتبلغ (70ºم) وتهبط ليلاً إلى (10سº)، ويعود هذا إلى شدة الإشعاع الأرضي ليلاً، وقد يرافق هذا الانخفاض السريع موجات من الصقيع، لتسجل هذه المنطقة أعلى معدل للمدى الحراري في العالم (القارية العالية).

التبخر:

يصاحب ارتفاع درجات الحرارة معدلات عالية من التبخر ونقص حاد في مستويات الرطوبة النسبية والمطلقة، وهذه من أبرز مظاهر الجفاف في المناطق الجافة، وقد يزيد معدل التبخر (20 ضعفاً) عن معدل الرطوبة السنوي، حيث سجلت محطة (يوما Yuma) في أريزونا في الولايات المتحدة أعلى معدل للتبخر وصل إلى (132 سم)، في حين لم يتجاوز معدل الهطول (2.5 سم)، وفي مصر بلغت الرطوبة النسبية (2%) بالقرب من حلوان في حين كانت درجة الحرارة (28م).

الأمطار:

يتراوح مدى المستوى المطلق للأمطار في المناطق الجافة من (50 ملم – 250ملم)، وهنالك مواقع داخل الأراضي الموغلة في الجفاف مثل (أريكا Arica) في تشيلي لا يزيد معدل أمطارها السنوية خلال (17 عاماً) عن (21 ملم) سنوياً، ومدينة القاهرة التي وصل معدل أمطارها السنوي (28ملم) إذ لم تسقط الأمطار إلا في بعض السنين وبلغ عددها (12 عاماً) من أصل (30 عاماً) ولذلك للفترة ما بين (1890-1919) إذ هطل في عام 1919 (43 ملم) في يوم واحد[7]، أما في الجانب الآخر من المدى العام للأمطار فإن هناك مواقع من الأراضي شبه الجافة، يصل معدل أمطارها أعلى بكثير من تلك المناطق الموغلة في الجفاف سابقة الذكر. إلا أن الأمطار في هذه المواقع تتميز بتذبذبها، فقد يصل معدل الأمطار في بعض السنين ضعفي المعدل السنوي العام أو إلى ما دون (50%) من الكمية السنوية.

وبشكل عام يمكن القول أن الأمطار هنا في حالة تناقص عن معدلها العام. ويعني تذبذب الأمطار في المناطق الجافة أن المتوسط الرقمي للأمطار يكون أقل أهمية من أي مكان في العالم، لأن الهطول في الأراضي الجافة على مدى فترة من الزمن، (أي أن تكون هناك سلسلة أو مدى سنوي للأمطار يصل 30 عاماً) لا يظهر فيها توزيعاً عادياً. للمتوسط والانحراف المعياري في البيانات حول الأمطار حيث لا يمكن اعتبارها مقاييس جيدة أو معبرة لتؤخذ عنها بيانات يمكن نشرها، أو مؤشراً إيجابياً لاحتمالية حدوث الأمطار في المستقبل.[8] ويمكن عادة حساب تذبذب الأمطار على مستوى الأقاليم

المناخية المختلفة عن طريق حساب الانحراف عن المتوسط السنوي للأمطار، ويمكن التعبير عنه بنسبة مئوية تمثل الانحراف عن المتوسط العام خلال (30سنة). وتجدر الإشارة أن الانحراف المعياري عن المتوسط العام للأمطار السنوية أعلى ما يكون في المناطق الجافة وقد يصل إلى (40%) أو (30%) وذلك حسب درجة الجفاف[9].

وبشكل عام، فإن الانحراف عن المتوسط يعبر عن التذبذب الذي يزداد في حالة تناقص القيمة المطلقة للمتوسط، وكلما قلت كمية الأمطار قلت فرصة الحصول على هذه القيمة المطلقة في أي سنة، فعندما تصل تذبذبات الأمطار إلى ما دون المتوسط السنوي، فإنها تشير إلى اخطار مميزة ومتكررة قد تصيب الاستخدام الزراعي في المناطق الجافة وشبه الجافة كما تشكل التذبذبات ما فوق المتوسط خطراً مماثلاً، بسبب ما ينتج عند ذلك من فيضانات وسيول جارفة مدمرة.

وتتميز الأمطار في المناطق الجافة بأنها من النوع الحملي أو الانقلابي، وتهطل على مساحات محدودة، ففي النقب (الفلسطيني) هطلت الأمطار عام (1960) على مساحة تقدر بعشرة هكتارات، تبين من خلال القياس أن هناك تبايناً في كمية الأمطار ما بين مكان وآخر ضمن تلك الحدود، وهذا يدل على تباين في التوزيع، كما هطلت أمطار فوق "حلوان" في مصر تقدر كميتها بـ(77سم) وذلك خلال فترة وصلت إلى عشرين عاماً بمعدل 4 ملم سنوياً. ومن خصائص هذه الأمطار أنها تهطل بغزيرة في فترة قصيرة، بحيث أن تفوق كمية الأمطار التي تهطل خلال (24 ساعة) مجموع ما تهطل في سنة كاملة، وذلك ما حدث في نواكشوط (موريتانيا).

وبشكل عام لا يمكن الاعتماد على هذه الأمطار من أجل الزراعة بسبب شدة غزارتها، وحصر موسمها في أيام معدودة، وما ينتج عنها من سيول جارفة تجري على تربة جافة مفككة تعمل بالتالي على انجرافها وتعريتها[10].

الضغط الجوي والرياح:

سبق وأشرنا إلى أن المناطق الجافة تتوزع ضمن النطاق شبه المداري والعروض الوسطى (الحارة والمعتدلة)، التي تسيطر عليها نظم الضغط العالي، وهذا يعني تتشكل كتل الهواء القارية الجافة عليها فيتولد عنها الرياح التجارية الدائمة المتجهة نحو خط

الاستواء ونظم الرياح الغربية التي تتجه نحو القطب الشمالي، ولا تعتبر شدة حركة الرياح وتكرارها ظاهرة مميزة في النطاق الجاف إذا ما قورنت بالمقاييس العالمية لهذه الحركة، وبالمقارنة مع المعدلات العالمية لسرعة الرياح، نجد أن معدلها في المناطق الجافة يتراوح بين (1-14 كم/ساعة) مما يجعلها خارج المناطق الرئيسة التي يمكن أن تكثف رياحها أو تستغل قوتها كمصدر للطاقة. إذ لا يزيد معدلها السنوي عن (2250ك/واط/ سنوياً) من الطاقة حينما يكون معدل سرعة الرياح (40كم/ساعة) مقارنة بالمناطق الساحلية لا سيما العروض العليا التي تصل قيمتها (5000ك/واط/سنوياً) وكما تظهر المناطق الجافة على الخريطة[11].

إن العرض الشامل للرياح، لا يقلل من أهمية الرياح الفصلية المتقطعة في المناطق الجافة إذ ما يزال دورها مهما في تشكيل (اللاندسكيب) وفي حمل جزئيات الغبار مع العواصف الرملية، كما لا ننسى دورها في تهوية المنازل، وفي خلق ظروف نفسية لا سيما عندما تكون الرطوبة النسبية منخفضة، وتكون الكهرباء الساكنة فيها عالية، كما تشكل الرياح مصدراً للطاقة تدار بواسطتها مضخات الماء ومولدات الكهرباء ومعامل طحن الحبوب، كما هو الحال في أمريكا الشمالية وأستراليا، وتسيير المراكب الشراعية على طول السواحل البحرية أو في الأنهار (النيل ودجلة والفرات وهوانهو)، وباختصار، فأن رياح المناطق الجافة تشكل عنصراً مهماً من المناخ وهي مصدر طاقة ومنذ زمن بعيد.

وهذه الرياح هي عنصر الحياة والحركة الوحيد في هذه الأراضي، وتعود حركة الرياح الدائمة لعدم وجود فصلية للرياح، وعدم وجود عوائق من الأشجار أو المرتفعات والأودية أو المباني، وكذلك بالنسبة للحركة العمودية، فهناك التيارات العمودية الهابطة أو الصاعدة أحياناً بسبب التسخين الأرضي للهواء وهذا عامل مهم أثناء النهار أما الحركة الأفقية فهي المسؤولة عن حركة الرمال وإرسابها وتشكيلها وهدمها.

وتعتبر رياح الهرمطان والهبوب والخماسين والسيروكو في أفريقيا من الرياح الحارة المحملة بالغبار التي تهب على الأقاليم المجاور وتحدث فيها تغيرات مناخية حادة خلال فترات معينة من السنة (الخريف، الربيع) فتترك آثاراً سلبية على الإنسان والمزروعات.

فالسمات السائدة لمناخات المناطق الجافة للنطاق نسبة المداري الحار تتمثل في مصادر الطاقة الشمسية العالية، ودرجات الحرارة العالية، ونقص الرطوبة المتاحة، كما يؤثر ولو بشكل أقل المناخ ضمن نطاق الشتاء البارد جداً داخل الأراضي الجافة المعتدلة ذات الشتاء البارد، حيث تعمل برودة درجات الحرارة المنخفضة جداً على وقف نمو النبات الطبيعي خصوصاً في المناطق القارية المعتدلة.

وعلى الرغم من عدم استطاعة الإنسان سد نقص الماء اللازم للزراعة عن طريق الري إلا أنه لم يستطع أن يسد الانخفاض في درجات الحرارة الفصلية اللازمة لنمو النبات، مما جعل المناطق المعتدلة والحارة من الأراضي الجافة مناطق أمل في تكثيف استعمال المصادر.

الظروف البيئية المعدلة للجفاف:

1.الارتفاع Altitude:

يعتبر تباين الظروف البيئية داخل المناطق الجافة من السمات العامة للمناخ في المناطق الجافة وشبه الجافة، الأمر الذي جعل بعض الأماكن فيها ملائمة لسكن الإنسان، ويمكن القول بأن المساحات التي تغطيها الأعشاب الطبيعية ومناطق المرتفعات للمناخات الدقيقة (التفصيلية) دور أكبر. لذا فالجبال تمثل أقصى تعديل لمناخات المناطق، ليس فقط عن طريق خفض درجة حرارة الهواء مع الارتفاع عن سطح البحر (درجة واحد لكل ارتفاع 100م) علو، ولكن عن طريق آثار الظل وانزلاق الهواء ما بين قمم الجبال وأوديتها، كذلك من خلال استعمال الإنسان مصادر الحيوان والنبات. وكما هو حال الإنسان في أماكن إقامته، فقد تمكن على تطوير الظروف المناسبة ليتمكن من العيش في المناطق الجافة. والنتيجة النهائية هي الاستفادة من هذه المناخات الدقيقة وتتمثل في ظهور

مجموعة متنوعة من الحيوانات والنبات الطبيعي، وتعمل الارتفاعات المختلفة ظاهرة (كاتينا) من درجات الحرارة والرطوبة والتربة حيث تنوع المناخات في مكان ونظام مناخي محدود، وذلك حسب مستويات الارتفاع، فالأجزاء الدنيا من المرتفعات يسيطر عليها مناخ سطح الأرض الصحراوية الحار، وكلما ارتفعنا انخفضت درجات الحرارة وازدادت كمية الرطوبة حتى تصل أحياناً إلى خط الثلج الدائم كما هو الحال في جبل (كليما نجارو) في كينيا، والأمطار الفصلية ومرتفعات تاسلي في أفريقيا، وصحاري يوتا في أمريكا الشمالية، والهضاب العليا في وسط آسيا.

2. الندى (Dew):

يعتبر الندى بيئة محدودة داخل المناطق الجافة تمثل المناخ المجاور لسطح الأرض مباشرة وتتمثل أهمية هذه الظروف في استعمال الإنسان لها كمصادر الماء تمنح النباتات والحياة الحيوانية ظروفاً حيوية تعمل على التقليل من حدة الجفاف. كما رطوبة الهواء النسبية المعدلة للمناخات الدقيقة (المحدودة) ذات أهمية كبيرة، تعمل على خفض درجات الحرارة المتطرفة، وخفض أثر الرياح الجافة الحارة.

وتجدر الإشارة إلى أن الإنسان في المناطق الجافة استفادة من الندى منذ آلاف السنين لأغراض الزراعة والاستعمال الشخصي. أما (مصائد الندى) فكانت على شكل حقول مربعة الشكل لديها فتحات (مصارف) وضعت داخلها كتل حجرية كبيرة ومتوسطة الحجم، وتعمل هذه الآلية عندما تنخفض درجة حرارة الجو ليلاً نتيجة فقدان الإشعاع الأرضي لتصل درجة حرارة الكتل الحجرية إلى درجة تأخذ عندها نقطه الندى بالتكاثف على سطوح الكتل ثم تسيل إلى أسفل على سطح الأرض وتتجمع هذه المياه في خزانات كبيرة إما داخل الحقل أو خارجه، كما قد يتشكل الندى عن طريق المزج بين كتل هوائية باردة رطبة تعمل على تكاثف الرطوبة الموجودة في الجو على شكل الضباب. لكن الندى لا يغطي إلا مساحة محدودة وكمية مياه قادرة على إعالة نوع من الزراعة المعيشي. ومن المناطق المشهورة التي تستغل رطوبة الندى أو الضباب مناطق مثل ناميبا، وتشيلي، وبيرو، والنقب، وغزة في فلسطين التي تستقبل كمية من المياه تقدر بـ (30 ملم) موزعة على (200) ليلة من السنة، وهي ذات دور حيوي في الميزانية المائية لنباتات المنطقة.

كما أنها تستطيع إعالة عضويات دقيقة، وحشرات ضرورية للنظام البيئي المحلي. أما في صحراء الأردن فقد بلغ معدل الندى السنوي حوالي (20 ملم). وللندى والضباب أهمية في مواجهة معدلات التبخر والنتح العاليين اللذين يتعرض لهما النبات والحيوان، فقد يفيد الندى في ترطيب أوراق النبات، وخفض حرارتها. أما الظل داخل الأراضي الجافة فله أهمية نسبية مقارنة مع الندى بسبب عنصر الإشعاع المباشر للجو الصافي.

الظل:

وتبقى درجة حرارة المناطق المظللة أقل من تلك غير المظللة، وقد يصل الفرق بينهما إلى (10°م) على الأقل وهو يعتبر عاملاً محدداً لبقاء الحيوان والنبات كالكتل الصخرية. فالجسم الواقي من الحرارة أو الشقوق لا يعمل على خفض درجة حرارة المكان ظهراً وحسب، بل يعمل عازلاً لدرجات الحرارة المنخفضة جداً ليلاً كما يعمل كمصدات للرياح الجافة التي تساعد على فقد كميات كبيرة من الرطوبة من سطوح النبات والتربة، لذا عمل الإنسان مصدات للرياح خصوصاً في الصحاري المعتدلة أو الباردة للاحتفاظ بثلوج الشتاء إلى الصيف الحار.

الأهمية الاقتصادية للمناطق الجافة:

تشكل المناطق الجافة أكبر نظم البيئة على سطح الكرة الأرضية، كما تساهم بنسبة كبيرة في إجمالي الاقتصاد العالمي. وبما أنها تغطي ثلث مساحة الكرة الأرضية، فهي تمد العالم بحوالي خمس ما يحتاجه من الطعام، وتنتج ما يزيد عن (50%) من إنتاج العالم من الأحجار الكريمة وشبه الكريمة، ومعظم إنتاج البترول والغاز الطبيعي واحتياطهما. ولا يزال يعيش في الأراضي الجافة حوالي (15%) من عدد سكان الأرض، وخصوصاً على أطراف الأراضي الجافة في حين تتراوح أحوال الحياة المعيشية في المنطقة بين المستويات المعيشية العليا والفقر المدقع.

إن تاريخ النشاط البشري في الأراضي الجافة يتصف بأنه حافل بالمنجزات الهائلة أو الفشل بسبب الكوارث التي المت به، فهناك التاريخ الطويل للأراضي المروية حيث تضافرت الأيدي الماهرة والعقل المفتوح لتحويل المستنقعات - بؤر الأمراض - أو الرمال القاحلة إلى مصادر لإعالة أعلى شعوب الأرض كثافة، ولقد ارتبط مع هذه

التجمعات توفر فائض غذاء استطاع أن ينمي هذه الأفكار الخلاقة، والفلسفات والثقافات والقصور والمعابد التي ما زالت تحتوي على بعض عجائب الدنيا[12].

ولكن أمام هذا التاريخ الحافل بالقدرات الخلاقة والتحكم الذكي بالمصادر واستغلالها لصالح الإنسانية، بالمقابل هناك تاريخ طويل مليئ بالصراع البشري في المناطق الجافة، ذلك الصراع الذي أدى إلى تدمير مقصود لتلك القصور والمعابد التي تعتبر آية في الإبداع. وحتى في الثمانينات من القرن العشرين نجد أن هناك تفاوتاً هائلا في مستويات المعيشة بين شعوب المناطق الجافة، يظهر هذا التباين في استخدام الأرض أيضا، كما يتباين من مستوى الصيد والقنص إلى مستوى مؤسسات التجارة العالمية، ومن المناطق الخلابة التي يؤمها السواح إلى الأراضي المنجرفة المعزولة.

وبشكل عام، فقد شهدت الأراضي الجافة قبيل الحرب العالمية الثانية حالة شديدة من سوء الاستخدام غير أن عدة محاولات جرت لتحسين وتطوير إنتاجية هذه المناطق وتطورها. وعلى الرغم من النجاح الذي تم تحقيقه في السبعينات من القرن السابق. إلا أن هذه الجهود والأموال قد ذهبت سدى، لأن كثيراً من مشاريع التطوير عملت على تدمير الأراضي وسكانها نتيجة الاستغلال السيء للأرض ذات البيئة الهشة، أو نتيجة زيادة سرعة تفريغ الأرض الريفية بشكل لا يمكن السيطرة عليه، ومن الآثار السلبية ما تمثل في تركيز النشاط البشري داخل مناطق صغيرة من الأراضي الجافة، لم تعد توفر نمطاً من الحياة قادراً على جذب السكان، وأمام حقيقة هذا الفشل الواضح في تطوير إدارة المصادر، نتيجة لزيادة عدد السكان في الأراضي الجافة، وأمام تدمير المصادر الرعوية والزراعية نقترح ما يلي:

أولاً : على المخططين أن يعرفوا أن عددهم سيكون كبيرا وإن لدى كل منهم استراتيجيات للتطوير، تتصف بالأهمية الكبيرة والفائدة المعقولة، وبذلك ستكون مهمة المخطط تقييم البدائل والتعاون والفهم الدقيق للإقتراحات المقدمة.

ثانيا : على المخططين الإفادة من الجغرافيا التاريخية، فهناك الكثير يمكن اكتشافه والتعلم منه من خلال الإطلاع على مجريات الأحداث، والتعرض لأنماط التغير الاستيطاني في

المناطق الجافة فلا نترك للمخططين عذراً في المستقبل بالاكتفاء بما يتوفر لديهم من الدراسات (العلمية والسياسية أو الشعبية) والتاريخ الشفوي فقط.

ثالثاً : تحتاج جميع درسات نظم المصادر طويلة الأجل التي تتميز بالمرونة في إدارتها وأن يكون لها القدرة على الاستيعاب والتكيف مع تقلبات المصادر المتاحة. حيث تقوم هذه النظم على العمل لادخار الفائض في أوقات الرخاء لإستغلاله في أوقات النقص.كما ينبغي أن يتسم مستوى الإدارة بالشمولية بحيث يسمح بتعويض النقص في مكان مما يوجد الفائض في مكان آخر. كما يجب عدم الاعتماد على استراتيجية المصدر الواحد، وذلك لأسباب ايكولوجية أو اقتصادية. لذا فإنه في مثل هذه الحالات تكون الفوائد المحلية التي تجنى من المشاريع قصيرة الأجل ذات كفاءة عالية تفوق تكلفة المشاريع طويلة الأجل .

رابعاً : من مميزات التخطيط هنا أن يتصف بالتوازن والتنسيق بين الاستراتيجيات التقليدية والإدارة الخلاقة المتجددة، وبين المبادرة الفردية وضوابط المجتمع من جهة أخرى. ورفض تجديد الخطط التنموية في المناطق الجافة قد يعرض المجتمعات داخل هذه الأراضي إلى ضغوط واحباطات قاسية قد تؤدي إلى تحطيم المجتمع من الداخل.

كما أن قبول التجديدات العفوية وغير المدروسة التي تم تبنتاها لجدتها أو لأنها قادمة من بلدان ذات تقنية عالية سيعمل على تقويض المجتمع بشكل سريع.

وهناك حقيقة ثابته توضح أنه لا يوجد إلى الآن ايديولوجية سياسية قادرة على وضع استراتيجية إدارية مثالية لتلك الأراضي. إلا أن المستقبل يشهد دورا للإستراتيجيات المتصارعة فيما يتعلق بنظم الإدارة في هذه الأقاليم. كما سيتمخض عن النظام التقليدي لاستعمال المصادر، ممارسة إدارية لمصادر محدودة غير فاعلة، لكنها ستحقق نجاحاً ملموساً. لكن المبادرات الفردية قد تقدم خططاً مجزية للتحديث قابله للتطبيق وذات كفاءة عالية سواء في رأس المال أم المهارات الفردية أو العمالة، بالمقابل سوف نجد أن الوكالات المتخصصة في التخطيط المركزي سوف تعمل على تقسيم المصادر النادرة بين المستخدمين، مما يجعل دور مديري التخطيط ضعيفاً ساذجاً، وسوف يظهر ضعف نسيج العوامل البيئية المختلفة التي سيجري تطبيقها في الأراضي الجافة. وتشير بعض الدلائل إلى أن الإدارة المستقبلية للأراضي الجافة ستكون أكثر حساسية إزاء وجود مجموعة من

الاستراتيجيات المتعددة، كما ستعتمد على وكالات التنمية الخارجية والأجنبية الصغرى بدلاً من الكبرى، وتشجع الشعوب للاعتماد على الذات أكثر من المشاريع التي تعتمد على الخبرة الأجنبية التي يقوم بها خبراء من الدرجة الثانية.

مثل هذه الاتجاهات سوف تشجع بعض دول المركز في المناطق الجافة (core) ذات الثروة والنفوذ لتقوم على إحياء مصادرها وبعث الإيمان بإدارتها الذاتية أكثر من استجابتها لفرضيات أو اقتراحات تأتي من الخارج. ومع أننا قد نجد أن أفقر أمم الأرض كافة تعيش في مناطق من المناطق الجافة وان مساحات شاسعة من هذه الأراضي أخذت تتناقص إنتاجيتها بشكل سريع بسبب الضغط السكاني الكبير على المصادر المحدودة، إلا أن الأراضي الجافة لا تزال تمثل مخزوناً اقتصادياً هاماً من إمكانية الطاقة الشمسية الهائلة، والبيئات الطبيعية التي لم يستنزفها السكان، كما تشكل مخزوناً كبيراً للتنوع البيولوجي (النباتي والحيواني) التي تلوثه المخلفات الصناعية والزراعية الواسعة[13].

مفهوم الصحراء والجفاف:

الصحراء اقليم نباتي يتصف بخصائص معينة فالأرض حدية لا تصلح للزراعة، لكنها تصلح للرعي حيث تنمو فيها بعض النباتات الطبيعية التي تتحمل الجفاف تعيش عليها قطعان الابل والأغنام لفترة طويلة من السنة، يتراوح معدل الهطول السنوي ما بين (75 - 250 ملم). والصحراء لغة هي "الأرض الخلاء أو العزلة والوحدة"، ولها المعنى ذاته في اللغة اللاتينية (desert) إذ تدل على غير المأهول من الأرض، ومنها جاءت كلمة (desert) بالإنجليزية. لكن التعريف الذي كان سائداً في الزمن الماضي الذي كان يعني القفر أو الأرض غير المستعملة وغير المفلوحة التي ينقصها الماء بشكل عام ما زال هو مفهوم الصحراء في زمننا الحاضر ونقص السكان هو سمة الصحراء منذ القدم. أما النبات الطبيعي فهو سمة أخرى للصحراء.

والصحراء بمفهومها السابق الذي يعني عدم وجود الحياة لم يعد مقبولاً فالصحراء يمكن أن توجد على قيعان المحيطات حيث تخلو المياه من الحياة الحيوانية، كما يمكن أن توجد الصحراء على أرض الغابات المدارية والكثيفة أو الباردة جداً حيث لا

يستطيع الإنسان أن يمارس نشاطه الإنتاجي كالزراعة أو الرعي. ففي الغابات المدارية تتشابك تيجان الأشجار لتمنع أشعة الشمس المتخللة من الوصول إلى أرض الغابة، كما تعاني أرض الغابة عادة من نقص في أساسيات حياة النبات وبالتالي الحيوان والإنسان، وذلك بسبب طبيعة الأمطار الغزيرة المستمرة التي تعمل على غسيل القواعد المخصبة للتربة. أما المناطق التي يغطيها (الجليد التي يطلق عليها الصحاري الجليدية) فالأرض منها متجمدة (permafrost) كما أن الصقيع الدائم يعمل على وقف نمو النبات مع اعتبار أن الجفاف يطبق على ظاهرة مناخية تزيد فيه كمية التبخر عن كمية الهطول.

السمات البيئية والطبيعية العامة لمفهوم الصحراء:

1. **بيئياً (ايكولوجيا)** : تعرف الصحراء بأنها أقاليم قاحلة منعزلة تعاني من نقص في المياه، وتتمثل الحياة النباتية فيها في بعض الأعشاب المعمرة الشوكية المبعثرة التي لا تكفي لإعالة أي مجموعة بشرية مستقلة، وأحياناً تغطي هذه الأراضي الرمال، وهي بشكل عام هشة بيئياً لعدم انتظام الأمطار.
2. **زراعياً** : تقع الصحراء على أطراف المناطق الحدية للزراعة، وقد تزرع فيها الحبوب المقاومة للجفاف كالشعير، ولكن كثيراً ما يتعرض المحصول لفترات متتالية من القحط.
3. **الديموغرافيا:** وهي تشمل نطاقاً يقع ما بين الأراضي الموغلة في الجفاف التي تصل أمطارها السنوية من (50 ملم) (هذا النطاق من الصحاري الحارة صحاري شمالي أفريقيا والجزيرة العربية وأسيا إلى (250 ملم) سنوياً ويشمل هذا النطاق وسط آسيا وأمريكا الجنوبية البراري في أمريكا الشمالية، وأطراف صحراء استراليا الغربية، إلا أنها مناطق غير ملائمة لسكن المجموعات السكان الزراعية والصناعية أو التجارية أو الصناعية الحديثة، بل للبدو الرحل أصحاب القطعان (الإبل والغنم المتجولة بسبب نقص المياه).
4. **الغطاء النباتي الطبيعي (الاستبس):** وهي تشمل الأرض المنبسطة التي تغطيها الاعشاب القصيرة المبعثرة وهي النطاق الممتد من البحر الأسود شمالاً حتى ايران

غرباً لتصل إلى السواحل الشمالية الشرقية لآسيا شرقا، مروراً بالتبت وسط أسيا "والاستبس مصطلح يطلقه الروس على الأرض شبه الجافة التي تكسوها الأعشاب القصيرة حتى ولو كانت بنسبة تصل 100%".

5. **عمرانياً :** ما دامت المنطقة ذات مناخ جاف يعاني من نقص في الرطوبة، لذا تكون الزراعة ضعيفة غير قادرة على إعالة مجتمع مدني كثيف،تكون ملائمة لجماعات رعوية متنقلة سعياًوراء الكلأ.وبذلك تكون معظم المساكن من الخيام وتختفي المدن أو القرى لعدم توفر متطلبات قيامها ويستثنى من ذلك الدول الصناعية والتقدمية الحديثة.

النطاق الصحراوي :

لا يمكن وضع حدود دقيقة لنطاق الصحاري بسبب انتشارها عشوائياً وبشكل واسع وبسبب تذبذب الظروف الطبيعية وعمليات التصحر. وهناك من يقول أن صحاري الشرق الأوسط هي من صنع الإنسان، حيث كانت الأراضي الجبلية والمنخفضات قبل (3000 عام) في لبنان وسوريا والوجه البحري المصري وتونس تغطيها النباتات الكثيفة. ففي لبنان اختفت غابات الأرز التي كانت تعتبر لؤلؤة التاج الروماني. أما في القرون التالية فقد اجتثت الغابات، واختفت المناطق الرعوية، وازيل النبات الطبيعي بسبب تعرض المراعي للرعي الجائر أي أن الصحراء قبل 3000 عام كانت نتيجة عمل طبيعي، ثم اصبحت بعد ذلك نتيجة عامل بشري.

ولقد أدت عمليات انجراف التربة بالماء والرياح وإزالة الغطاء النباتي إلى تحويل مساحات عشبية إلى مناطق جرداء صحراوية وشبه صحراوية. ويشير بعض قصاص العرب إلى أن البيئة الطبيعية الأصلية لشبه الجزيرة العربية وشمال أفريقيا قد استبدلت كلياً بالأراضي التي هي من صنع الإنسان(مراع) وقد نتج هذا عن الاستخدام الطويل لهذه الارض مراعي للقبائل البدوية. ولقد تعززت هذه العملية في القرنين التاسع عشر والعشرين حين تدفق المستوطنون الأوروبيون ورجال الأعمال والتجار إلى هذه المناطق الجافة.

عمليات التصحر في مناطق الاستبس والسفانا انذاراً لبقية المناطق المجاورة حيث أخذت أعشاب السفانا تغزو مناطق الغابات، كما أن الاستبس (الاعشاب القصيرة) استوطنت مناطق السفانا، كما نلاحظ أن مناطق الصحاري أخذت سكان مناطق الاستبس. وبذلك أخذت الحدود الصحراوية تزحف نحو الأقاليم الرطبة مبتعدة عن الحدود الطبيعية للصحراء مسافة تتراوح ما بين (90 - 180كم) إلى الجنوب وذلك في السنوات السبعين الماضية، وكانت الحركة تسير بمعدل(5سم/سنوياً).

ولذلك نلاحظ أن مزارع الصمغ العربي في الاقليم السوداني لم تعد توجد في اماكنها، كما انخفضت عائدات محاصيل السمسم والفول السوداني والفستق إلى ربع قيمتها وصلت ما بين (4 - 10 طن) للفدان عام (1906) إلى حوالي (2 طن) في للفدان عام (1973). ونرى المشهد نفسه في المناطق الزراعية الجافة، وكذلك في مراعي تونس والجزائر والمغرب. ولم تنتبه الحكومات، إلا مؤخراً لهذا الخطر تطبيق بعض المشاريع لوقف نطاق الصحار في الشرق الأوسط وشمالي أفريقيا، ووضعت خطط تهدف إلى: (أ) تثبيت الرمال المتحركة، (ب) حماية الأحراج ، (ج) تحسين نمو النباتات الطبيعية في الأراضي الرعوية، (د) وداخل ترب المراعي وغيرها.

جدول رقم (5) حالات التصحر حسب القارات

القارة	مساحة القارة مليون كم2	إجمالي الأراضي المتصحرة	نسبة الأراضي من جملة المساحة الإجمالية	حالات التصحر		
أفريقيا	30	18,25مليون كم2	%9.,50	%27,8	%36,4	5,75
آسيا	44	17 مليون كم2	%30,8	%7	66,2	26,8
استراليا	9	50,5 مليون كم2	%60,2	%42,2	%45,8	11,9
أمريكـــــا الشمالية	42	5 مليون كم2	%20,3	%1,8	%61,1	36,8
امريكـــــا الجنوبية	18	3 مليون كم2	%17,5	%4,2	%86,7	8,2
أوروبا	10	268 ألاف كم2	%3	%79,2	%20,2	

المصدر: صالح وأبو علي، 1989، ص36-41، الأساس الجغرافي لمشكلة التصحر دار الشروق، 1989، ص36-41.

كما استطاعت دول عربية وأخرى أفريقية تقع داخل نطاق (الساحل) جنوبي الصحراء الكبرى أن تضبط التصحر ضمن برنامج الأمم المتحدة، أما في بقية بلدان العالم فنجد أن صحراء صانورا في الولايات المتحدة، ومساحات كبيرة من صحراء المكسيك قد نتجت عن الرعي الجائر خلال عدد قليل من القرون السابقة. أما الأراضي الجافة في آسيا الوسطى فقد كان فيها مساحات من الشجيرات.

لم يحدث تدمير الغطاء النباتي في الأراضي الجافة وشبه الجافة نتيجة لتأثير الإنسان والحيوان، بل زادت حدة هذا التدمير بشكل خاص في فترات الجفاف، فالأرض العارية كانت تتعرض للفيضانات التي تصاحب السيول التي تقوم بتعرية التربة، ولا تسمح لمياه الأمطار بالتغلغل في التربة مما عزز نواتج الجفاف. الجدول (5)

ولقد أدى امتداد الحضارة الصناعية الحديثة إلى تعجيل عمليات التدمير داخل الصحاري، وفي نطاقاتها الهامشية عززه اجتثاث الغابات من أجل عمل الفحم والوقود للآلات والأخشاب للمواد الكيماوية وللمناجم ولاحتياجات المدن، وكذلك نجد أن محطات الطاقة الحرارية وانشاء الطرق وصناعة البترول، أضف إلى ذلك الميكنة الزراعية الحديثة التي تشمل الجرارات والمركبات الأخرى التي أدت إلى رص التربة أو تحويلها إلى غبار نتيجة الحركة عليها مما ساعد على تسريع تعرية التربة وتدميرها. اما تربة الأراضي المكشوفة فإن زيادة درجات الحرارة وطول فترتها أدت إلى زيادة تبخر الرطوبة وفقد بنائها وما تحويه من الدبال كما تعمل على صعود الأملاح السامة إلى سطح التربة، ويؤكد علماء البيئة أن شبه الصحاري والاستبس الجاف، هي مناطق هشة بيئياً وغير ثابته بشكل كبير، كما أن المراعي على الرمل يمكن أن تتحول إلى كثبان متحركة خلال سنتين أو ثلاث سنوات. وفي المقابل فإن إعادة تخضير هذه الكثبان وتثبيتها يحتاج إلى فترة تتراوح من (15 – 20سنة). أن مشكلة التصحر في شمال أفريقيا وجنوب المتوسط ليست مشكلة طبيعية، وإنما هي بسبب زيادة الضغط البشري، وزيادة الزراعة الحدية، كنتيجة لهذا الضغط تم تدمير وزوال الغطاء النباتي وإلى جفاف بعض الينابيع، وتفكك التربة، كما أدى إلى زيادة معدل الانعكاس (الالبيدو) بحوالي (45%). وجميع هذه الحقائق تؤدي إلى استنتاج حقيقة واحدة هي: "أن تكرار الجفاف وتدمير الغطاء النباتي والتربة وامتدادها على مساحات واسعة جميعها تتحد معاً لتزيد من حدة الآثار السلبية لأنشطة الإنسان العفوية، كما يمكن ربطها بعملية الجفاف أو التصحر" مما يزيد من نطاق الصحراء المترامي.

جدول (6) حالات التصحر حسب الدول ونسبتها:

الدولة	مساحة الدولة	المساحة المهددة بالتصحر	نسبتها %من مجمل المساحة
السودان	2,5 مليون كم2	350 الف كم2	%26
الصومال	637,99 كم2	534 كم2	%83,7
ليبيا	1,811,204 كم2	380,653 كم2	%21
موريتانيا	1,000,650كم2	343223 كم2	%34,3
العراق	4,37500 كم2	237,653 كم2	%54,3
الجزائر	3,37113 كم2	230 الف كم2	%9,7
المغرب	711,678 كم2	195 الف كم2	%27,4
سوريا	1,85059,4 كم2	109 الف كم2	58,9
تونس	9230,30 كم2	59 الف كم2	%36
الأردن	923030 كم2	15,230 كم2	%16,5
فلسطين	27000 كم2	4408 كم2	%21

المصدر السابق، صالح وأبو علي.

إن فترات الجفاف التي حدثت في السنوات الأخيرة، كانت نتيجة بعض التغيرات المناخية باعتبار أن الجفاف عنصر من عناصر التصحر. أما التصحر كمفهوم عام فهو تناقص القدرات الإنتاجية أو الحيوية للأرض دون مستواها العادي، في حين ما يحدث القحط نتيجة تناقص الأمطار الذي يؤدي إلى زوال الغطاء النباتي (عامل طبيعي) أو نتيجة العوامل الاقتصادية والاجتماعية وزيادة السكان عامل بشري. الجدول (6)

مراجع الفصل الأول

1. R.L. Heathcot, (1987), " The Arid Lands: Their Use and Abuse", Longman group, published in USA. Longman Inc. New York, p.p 12-17.

2. نفس المرجع، ص21.

3. صالح حسن عبد القادر ومنصور أبو علي، (1989) " الأساس الجغرافي للتصحر"، دار الشروق- بيروت، ص72.

4. كينث والطون (1978)، "الأراضي الجافة" ترجمة علي شاهين- منشأة الإسكندرية، ص.

5. Meigs, p. (1953) "The Arid and Semi-arid, Land Climatic Types of the World. Proc. English general Assem: International Geographical Union, Washington. p. 135-8. In Heathcot. P. 15-21.

6. جوده حسنين (1996) الأراضي الجافة وشبه الجافة، دار المعرفة الجامعية، القاهرة، ص21.

7. Gautier, E.F, (1970) Sahara: "The Great Desert (Trans D.F Mayhew) Octagon books New York. New York. P. 175.

8. Lee D.H.K, (1979), "Variability in Human Response to Arid environment", in New York p.p 227-46. In Heathcot. P.20.

9. Heathcot. (1987). Op .cit, p.32.

10. جودة حسين جودة، (1996)، مرجع سابق، ص60-65.

11. El dridge. F.E, (1976) "Wind Machine", National Sci, Washington, p. 121

12. Heathcot, (1980); "The Conception of Desertification" new York. P. 125.

13. نفس المرجع السابق، ص134

14. نفس المرجع

الفصل الثاني
النظام الأرضي

البنية وأشكال الأرض:

أدى التنوع الكبير في أشكال الأرض داخل المناطق الجافة إلى تنوع المصادر الأساسية التي يسيطر عليها الإنسان. وبالإشارة إلى الخصائص العامة لهذه الأشكال الموجودة نجد أنها مرتبطة بالتربة وبالعمليات البيئية والمناخية المؤثرة التي تغذيها بشكل مستمر، والتي تعمل على تعديل إمكاناتها بطريقة مباشرة أو غير مباشرة.

وتتسم الأراضي الجافة بمساحاتها الواسعة وهضابها وأوديتها وكثبانها، كما يلاحظ الباحث شدة عمليات التجويه نتيجة النقص في غطاء النبات الطبيعي وبعثرته، وزيادة عوامل التعرية، وانجراف التربة الذي يؤدي إلى ظهور السطوح الصخرية العارية التي ترتكز عليها الأراضي الجافة بشكل واضح. كما أمكن التعرف على التركيب البنيوي والجيولوجي للاشكال المختلفة داخل الأراضي الجافة بشكل واضح أيضا[1]. إذ اوحت هذه الأشكال للجيولوجيين والجيومورفولوجيين بنظريات حول أصل العمليات المؤثرة، ومدى ارتباطها بتكوين الأرض. مما زاد من الاهتمام بدراسة الجيولوجيا في الأراضي الجافة، حيث ظهرت من خلال انكشاف الطبقات الصخرية (في حواف الحوائط والخوانق في الأراضي الجافة مثل حفرة الانهدام الافريقي وخانق كولورادو) التي تعود إلى الزمن الأول وما تلاه. (وهي صخور نارية ومتحولة تمثل التاريخ الجيولوجي كما تمثل نموذجا متميزاً لجيولوجية النطاق الجاف العام أيضا) (Rabbitt, 1980)[2].

كما يلاحظ أيضا أن انتشار أشكال الأرض ذات الزوايا الحادة غير الانسيابية وتنوع ألوان صخورها التي تتدرج من الأحمر إلى البني فالأصفر وغيرها، وقد تشكلت الزوايا الحادة لأشكال الأرض هنا من عمليات تعرية ضعيفة، أما ألوان الصخور الخلابة والتربة التي تغطيها، فهي نتاج عمليات تراكم أكاسيد الحديد والأملاح الأخرى التي ما تزال موجودة على السطح، مما منح البيئة الطبيعية جمالاً اخاذا أدى إلى التوسع في

صناعة السياحة في الأراضي الجافة وازدهارها، ومثال ذلك "البتراء" في الأردن التي تشتهر بجمال صخورها الوردية الفريدة وكذلك خانق كلورادو في الولايات المتحدة.

وتقع الأراضي الجافة ضمن سلسلة من البنى الجيولوجية تبدء بنظام الألب الذي يعود إلى العصر الجوراسي (130 مليون سنة) وتمتد إلى مناطق الهضاب الواسعة، وبقايا درع جندوانا (Gondwana) القديم الذي يعود إلى فترة تزيد عن (1500 مليون سنة)، إلى الأراضي المنخفضة ذات الصخور الرسوبية الحديثة التي يزيد عمرها عن فترة تتراوح ما بين (1-2 مليون سنة). لكن أوسع مناطق الأراضي الجافة هي التي تغطيها التكوينات الرسوبية التي تشمل الصخور الحاملة للمياه (Aquifer) الجوفية الحديثة أو الينابيع القديمة، كما أنها صخور حاملة للزيت (البترول والغاز الطبيعي والفحم) [3].

وتحتوي الصخور الرسوبية في الأراضي الجافة على كميات هائلة من الماء والزيت الحفري كمصادر للطاقة، حيث تسهم هذه الأراضي بحوالي (40%) من إجمالي مخزون العالم من هذه الموارد، وأكبر وحدة تلي الصخور الرسوبية، هي "وحدة درع جندوانا" التي تحتوي على ثلث إجمالي مخزون العالم من الماء الجوفي والزيت الصخري، كما تحتوي على مناطق تعدن فيها الأحجار الكريمة وشبه الكريمة.

وتعمل التكوينات الألبية، والدروع القديمة داخل الأراضي الجافة بأقصى الإمكانات لتعديل ظروف المناخ العام. وتعد هذه المواقع ملائمة لتخزين المياه السطحية خصوصا في المرتفعات الممتدة لمسافات طويلة. كما توجد هناك مناطق محدودة مغطاة بالتكوينات الهرسنية ذات قدرة عالية على إرسابات الفحم، إضافة إلى تكوينات بركانية منعزلة غير هامة على مستوى العالم، لكنها تعطي أشكال أرض مميزة فريدة. ويزداد التباين في مميزات أشكال الأراضي الجافة في امريكا الشمالية والجنوبية ووسط آسيا، إضافة إلى قسم من الجبال الرسوبية الباقية الموجودة في السهول العظمى في أمريكا الشمالية، وسهول بتاجونيا في أمريكا الجنوبية. إلا أن ثلث الأراضي الجافة يقع ضمن المنطقة الجبلية الآسيوية، وأكثر من نصفها ضمن السهول الرسوبية (الاستبس الاسيوي الأوسط)، وفي القاعدة المنخفضة في جنوب وشرق الجزيرة العربية. وبالمقارنة، فإن الأراضي الجافة في إفريقيا وأستراليا لا توجد فيها جبال، باستثناء حفرة الانهدام (rift)

في شرق افريقيا، وفي هضبة الحبشة والصومال وجنوب استراليا، حيث تغطي سطوح المنطقة الجافة في كل من أستراليا وإفريقيا تكوينات تعود إلى درع جندوانا القديم، الذي يشكل (50%) من أراضي استراليا الجافة، وحوالي (90%) من أراضي جنوب افريقيا الجافة. في حين تكمل المناطق الرسوبية النسبة الباقية لكل منها من أقصى الشمال الغربي والجنوب الغربي، لذا تتباين المصادر التي تتبع التضاريس على مستوى القارة بشكل كبير، وكذلك بين القارات على مستوى العالم. الجدول (7)

جدول(7) البنية وتضاريس الأقاليم الجافة في العالم

القارة	بنية أشكال الأرض (نسبة الأرض الجافة %)					
	الألبية	بقايا الهرسينية	دروع جندوانا	درع حفرة الانهدام	مناطق رسوبية	مناطق بركانية منعزلة
استراليا	0	2.1	61.7	3.1	33.1	-
شمال افريقيا	-	-	56.3	7.4	35.4	0.9
جنوب افريقيا	-	-	91.4	-	8.6	-
امريكا الشمالية	71.4	-	-	-	28.6	-
امريكا الجنوبية	52.7	-	0.4-	-	43.3	-
آسيا	30.5	7.2	4.7	4.7	52.9	-
مجموع الأراضي الجافة	18.9	2.4	0.35-	4.5	38.9	0.3

الألب: سلسلة جبال تشكلت منذ العصر

الهرسنية: بقايا سلسلة جبال تعود إلى الحقب الأولى والمتوسطة

جندوانا: بقايا أرض جندوانا، دروع مستقرة.

حفرة الانهدام: المناطق الصدعية (الهورست والجارين).

الرسوبية: إرسابات فترة الكريتاسي الأولى.

البركانية المنعزلة: مناطق البراكين النشطة والخاملة.

المصدر: After: Murphy 1968, cot, 1986-46

وتتميز الأشكال التي تنجم عن التضاريس الجافة، بأنها دائمةالتغير، ويعود ذلك إلى عمليات التجويه والتعرية التي تقوم بتعديل مستمر لما تبقى من أنماط أشكال الأرض أو تلك المرتبطة بالتربة. ويبدو أن أقصى معدل للتغيرات الجيومورفلوجية يحدث في الأراضي شبه الجافة الموجودة في جميع أنحاء العالم، حيث لا يزال معدل الأمطار مرتفعاً نسبيا إلا أن الغطاء النباتي لم يوفر غطاءً أو درعا واقيا لسطح الأرض أمام عملية التعرية.

يقدر سمك الإرساب الذي ينتج عن التعرية في الأراضي الجافة على الأرض التي تصل درجة انحدارها (5°) حوالي (20سم) من مادة السطح على مدى (100سنة)، أما الأرض التي تصل درجة انحدارها إلى (3°) فإنها تفقد (10سم) من مواد السطح كل (1000 سنة). حيث تحدث قمة التعرية الطبيعية في المناطق التي يصل معدل أمطارها (300ملم) سنوياً. وقد أكد ذلك (مارشال Marshal, 1973) عندما درس الأراضي الجافة في استراليا حيث قدر ما دمره الإنسان واستنزفه من خصائص التربة الجيدة، نتيجة الفلاحة السيئة في هذه الأراضي، أضعاف ما حملته التعرية الطبيعية بحوالي (100مرة). كما دلت الحفريات التي جرت من أجل البناء على الأرض الزراعية في هذه المنطقة على المعدلات نفسها مقارنة مع عمليات التعرية الطبيعية.

وتعكس العمليات الطبيعية التي تحدث تعديلا في أشكال الأرض الجافة نفسها العمليات الموجودة في الأراضي الرطبة، إلا أن نسبة أهمية كل عملية منها مختلفة. وقد لاحظ الجغرافي (ديفيز، Davis, 1905) [4] ذلك في الأراضي الجافة عندما تحدث في نظريته عام (1899) حول دورة التعرية العامة، مؤكداً أن التعرية المائية قد عملت على تخفيض التضاريس النافرة حديثة التكوين، وعلى السهول التحاتيه، وجعلتها بمستوى سطح البحر. ولأن الصرف في الأراضي الجافة صرف داخلي، فإن السيول عادة تكون أقصر في المنحدرات، الأمر الذي أدى إلى عدم وجود مستوى واحد رئيس للقاعدة في الأراضي الجافة، وقد أدى هذا بدوره إلى وجود نظم صرف متعددة، إضافة إلى دور الرياح في نقل مواد السطح المفككة وأرسبتها(نقل الرياح الرمال والغبار) إلى مسافات متباينة على شكل كثبان رملية، وأشكال جيومورفولوجية أخرى. وهذا أدى أيضا إلى بقاء مواد الإرساب

التي تحملها السيول داخل الأراضي الجافة، وعدم صرفها إلى الخارج نحو البحار. وبما أن 90% مما تحمله الرياح يبقى ضمن 50سم فوق سطح الأرض، فقد أدى ذلك إلى ايجاد مشكلة زحف الرمال تبعتها مشكلة صيانة الطرق والسكك الحديدية، والأسيجة، وأعمدة التلفون والكهرباء داخل هذه الأراضي.

الأشكال التضاريسية العامة:

تتباين الأراضي الجافة في تضاريسها وتركيبها الجيولوجي، وهي في معظمها صحاري حارة كالصحراء الكبرى، أو معتدلة كتلك التي تقع في امريكا الشمالية وآسيا، (شتاؤها بارد وصيفها حار). إلا أن هناك ظاهر لا بد من إضافتها إلى المميزات التضاريسية المشتركة للأراضي الجافة، وهي شيوع أشكال السطح الناتج عن أشكال التعرية، خصوصا التعرية الريحية في جميع المناطق الصحراوية، وكذلك انتشار الكثبان الرملية باختلاف أنواعها وشيوع المسطحات الرملية التي لا ترقى إلى تسمية الكثبان، وهناك المناطق الصحراوية التي كنستها الرياح، وأصبحت مسطحات صحراوية، وهي مظاهر شائعة في الصحار لم نجد ما يشبهها في أي منطقة أخرى، ونتيجة لتلك الخصائص المناخية فإن الجبال والأودية تكون شديدة الانحدار. ويمكن القول أن الانحدارات الإنسيابية نادرة الوجود في مثل هذه المناطق. كما تظهر في الأراضي الجافة المصاطب البنيوية بشكل واضح، وتتضاءل تدريجياً كما في خانق نهر كولورادو في الولايات المتحدة. وباختصار فإن أهم مميزات أشكال الأراضي الجافة هو الخطوط المستقيمة لا المتموجة، وربما كان الغطاء الصحراوي عبارة عن سطوح صخرية جرداء، أو مغطاة برقائق الحصى والرمل الناتج عن تفتتت السطح[5].

الملامح العامة للتعرية:

للتعرية النهرية أهميتها في النحت والإرساب، وتختلف قواعد التعرية النهرية التي نعرفها في المناطق الرطبة عنها في الأراضي الجافة، وذلك لسببين أولهما: افتقار الأرض إلى غطاء نباتي مستمر، مما يعني حرمان السطح من درع قوي يقيه عوامل التعرية، أما السبب الثاني فيعود إلى عدم وجود مجرى نهري مرتبط بمستوى القاعدة. أما

تعاقب الحرارة والبرودة والأمطار والرياح التي تمارس نشاطها في صخور جرداء خالية من جذور النباتات التي تعمل على تماسك جزئيات الصخور، فتجعل كثرة الرقائق المتفتتة نتيجة حتمية لذلك، وتكون عرضة للاكتناس، وبذلك تظل المنحدرات شديدة الانحدار. لا مجال هنا لما يسمى بزحف التربة المعروفة بالتربة العادية، بل الذي يحدث هو جراء حركة بطيئة لا تدركها العين المجردة. فالسطوح في المناطق الجافة تمتاز بشدة التضرس وحدتها، وتوفر المفتتات يعني أن الرياح تجد دائما ما تحمله، وقلة الغطاء النباتي يعطيها فرصة لنقل حمولتها دون عوائق.

مميزات أشكال الأراضي الجافة:

تمتاز أشكال السطح في الأراضي الجافة بشدة الانحدار، وعدم التناسق في الشكل العام، وافتقار السطوح للنباتات الصحراوية، واكتساء السطوح بمفتتات حصوية أو رملية، وتجهم التضاريس -إن جاز التعبير- وغلظتها. ويؤدي عدم وجود الغطاء النباتي إلى زيادة التجوية والتعرية بفعل الرياح والسيول. وإن عدم ثبات مستوى القاعدة يعود لافتقارها إلى المجاري النهرية، كما أن معظم السيول والمجاري المائية تكون ذات تصريف داخلي، وبذلك فإن انصراف المجرى في الأراضي الجافة لا يمر بظروف التصريف النهري كما في الأراضي الرطبة، والإرساب في قاع الأودية يكون أعلى مستوى منه في مجاري المناطق الرطبة. وبذلك فإن المجرى يكون مضطرباً غير ثابت، ويؤدي اختلاف قوة السيول إلى تعدد المناسيب في مستوى القاعدة، بحيث يترسب حمل السيول آخر المطاف على شكل تجمعات رملية، كل ذلك نتيجة لعدم وجود مجرى نهري مرتبط بمستوى القاعدة العام.

كما ليس لمستوى سطح البحر أثر في التعرية العامة في الصحراء الجافة إلا نادراً، لأننا إزاء قاعدة ذات مستويات مختلفة على شكل مناطق منخفضة فوق مستوى سطح البحر أو دونه. ولعدم وجود قاعدة ذات مستوى واحد وشامل، فإن الصرف النهري يكون مضطرباً، والوادي الذي لا يجري فيه الماء لا يمكن أن يتطور وفقاً لقوانين التعرية المائية، ومن هنا لا نجد مستوى قاعدة ثابتاً لأن السيول تختلف في قوتها بحيث يختلف مستوى القاعدة من سيل لآخر. لذا من النادر في الأراضي الجافة أن يكون هناك نظام

تصريف كامل مكون من مجرى رئيسي، وروافد تمده، واتجاهات ثابتة للجريان، وغير ذلك مما يبقي على إرساب النهر والمفتتات داخل الصحراء لا تخرج منها. ويظل بعضها في قيعان الأودية، ويشكل طبقات بارتفاعات مختلفة من الحصى- والرمال تفوق ما ترسبه الأنهار العادية، وتجدر الإشارة هنا إلى أن وجود قطاع طولي منتظم للمجرى أمر نادر.

التعرية المائية في المناطق الجافة:

لا تقل الآثار الجيومورفولوجية للتعرية المائية عن أثر الرياح، بل هي أعظم لا سيما في النحت رغم قلة الأمطار. وهنا نتساءل: لماذا نؤكد على أن التعرية المائية ذات أهمية بالغة؟ والجواب على ذلك هو أن هذه المناطق لم تكن دائما جافة، بل عرفت عصراً مطيراً وهو عصر البليستوسين جرت فيه سيول كثيرة متنوعة، فتكونت الوديان والسهول الكارستية (خسف المذنب في المنطقة الشرقية في السعودية) التي تحتاج إلى كمية من الأمطار، غير أن هذا لا يعني أن كل منخفض ناشئ عن جرف أو خسف. ومن آثار تلك الأمطار الحيوانات المنتشرة في الصحراء، حيث كانت الصحراء الأفريقية منطقة عشبية ذات يوم، وجدت فيها أنواع من الجاموس، وظهرت رسومها على الصخور والكهوف (جبال الحجار في هضبة تاسلي)، كما وجدت في واحة الخارجة في مصر- بعض الحيوانات والحفائر النباتية.

أهم الأشكال الجيومورفولوجية للتعرية المائية:

عند دراسة التضاريس في الأرضي الجافة، يمكن تمييز عشرة أشكال بارزة لها، وذلك من خلال تحديد ارتفاعاتها النسبية، ودرجة انحدارها، وترتيب طبقات الصخور. كما وضعت في توزيعات حسب فئات استغلالها الاقتصادي (الزراعي)، وقد لاقت المرتفعات في الأراضي الجافة اهتماماً خاصاً في جميع أنحاء العالم. أما الكثبان الرملية التي لا تغطي أكثر من (25%) كما هو الحال في الصحراء الافريقية، وحوالي ثلث مساحة الجزيرة العربية، في حين هي غير موجودة في صحاري الولايات المتحدة التي تظهر فيها البيدمنت الصخرية، والمراوح الغرينية. والتي تعكس طبوغرافية الأراضي

الجافة، والانكسارات فيها مثل (حفرة الانهدام في إفريقيا وخانق كلورادو) والعمر الجيولوجي لهذه الأشكال. الجدول (8)

الجدول (8) أشكال الأرض داخل الأقاليم الجافة:
مساحات جافة (% من إجمالي الأرض الجافة)

نوع شكل الأرض	الصحراء العربية	الصحراء الليبية	الصحراء الكبرى	أمريكا الشمالية	صحراء استراليا
1. البلايا: Playa (الملاحة، التيكر).	1	1	1	1.1	1
2. الأودية الجافة (وأشكال منحوتة)	16	18	10	20.5	18
3. البيدمنت والقباب الصحراوية والحمادا.	1	6	10	0.7	14
4. المراوح الغرينية والبهادا (الدلتاوات الجافة) والسهول الفيضية	4	1	1	31.4	13
6. الكثبان: البرخان والمستعرض والطولية (السيف) وبحر الرمال	26	22	28	0.6	38
6. الأراضي الرديئة.	1	8	2	2.6	؟
7. مخاريط بركانية (كتل اللافا)	2	1	3	0.2	؟
8. الجبال الصحراوية: عارية الجرانيت: كتل ضخمة مستديرة. المتحولة: كتل ضخمة ذات زوايا. الرسوبية: الشقوق والأغوار.	47	39	43	38	16
9. أشكال أخرى غير مميزة.	2	4	2	4	؟
المجموع	100	100	100	100	100

المصدر:

Us Army quarter master research and development center tech. rep. 53 "Study of Desert Conditions", 1957.

Heath cot, 1986.

تغطي المراوح الغرينية والحصوية مجتمعة حولي (20%) من المساحة الكلية للأراضي الجافة، وتزداد هذه النسبة في الصحار الأسترالية (35%)، وتكمن أهمية هذه الأشكال في أنها تمثل إمكانيات جيدة ومفيدة للمواصلات والأراضي الزراعية، ومصادر المياه. ويلاحظ أن الجبال المنعزلة، والأراضي الرديئة، والكثبان الرملية، التي تنتشر على مساحات تصل ما بين (61-73%) من اجمالي الأراضي الجافة في استراليا وافريقيا تعكس مشكلة المواصلات، وصعوبة استغلال الأراضي الزراعية، لأنها تحتاج إلى أموال وقدرات هائلة يتم من خلالها شق الطرق، وغسل الاملاح. ويمكن إجمال أهم الأشكال الجيومورفلوجية للنحت المائي فيما يلي:

1. الأراضي الرديئة
2. الأودية الجافة
3. السيول الغطائية
4. البيد منت (السهول التحاتية)
5. فيضان الوادي.

1. الأراضي الرديئة (Badland):

توجد هذه الظاهرة في الإقليم الجاف حيث الصخور الجيرية الهشة، أو الصخور الطباشيرية شديدة التأثر بالتعرية المائية. إذ تقوم المياه بتشكيل كثير من الأودية والأخاديد الصغيرة المتقاربة في هذه الصخور، مما يجعل الأرض شديدة التضرس بحيث يصعب المشي عليها كما يصعب استغلالها، ويندر فيها وجود الأعشاب. ومن الأمثلة على هذه الأراضي منطقة لسان البحر الميت والأراضي الواقعة قرب جسر دامية في وادي الأردن، وبعض المناطق الواقعة غرب الولايات المتحدة، ويعود اتساع الأراضي الرديئة في وادي الأردن إلى ارتباط هذه الأراضي بالسبخات الصحراوية، كما هو الحال في بحيرة اللسان، وأرض الكتار في وادي الأردن ما بين شمال البحر الميت وبحيرة طبريا. تظهر على السطح هناك سلسلة من التلال الصغيرة التي تفصل بينها الأودية بشكل معقد، وهي أراضٍ قاحلة بشكل عام، وسبب ذلك زيادة نسبة الأملاح في التربة، كما يساعده المارل (طين وكلس ورمال) المترسب من البحيرة القديمة الجافة على جانبي وادي الأردن. ويعتقد أن السيول والأودية القادمة من الهضبة الأردنية شرقاً والهضبة الفلسطينية

غرباً كان لها أعظم الأثر في تكوين هذه الأشكال بسبب شدة انحدار الجداول بسبب كمية الأمطار الكبيرة الهاطلة على الهضبة الأردنية، كما ساعد على تشكيلها استمرار انخفاض القاعدة (البحر الميت). وقد يستفاد من هذه المناطق في إنتاج الملح الذي يجفف في بعض السبخات، كما هو الحال في شمال البحر الميت، وفي سبخة (مرادة) في الصحراء الكبرى، يضاف إلى ذلك استخراج البوتاس والأملاح من وادي النطرون في مصر. الشكل(2)

شكل (2) أراضي ردئية

2. الأودية الجافة (Wadis):

تمتاز هذه الأودية بشدة انحدار جوانبها، واتساع قاعها وعدم انتظامه طولياً، وكثرة الحجارة فيها، وتمتلئ هذه الاودية بالمياه، بعد سقوط الأمطار الانقلابية الغزيرة مباشرة، مما يمكنها من تحديد مجراها بشكل قوي بسبب قوة تيار الماء. كما تتميز بتعرضها للنحت الجانبي المتعامد مع قاع الوادي، وينتج عن النحت في الجزء السفلي لحافة الوادي انهيار الجزء العلوي من الحافة فيما بعد، ومما يعزز التعرية الجانبية، ويؤدي إلى انجراف مساحات واسعة من الأراضي المجاورة للمجرى. أما التعرية الرأسية فهي ضعيفة بسبب عدم وجود غطاء نباتي يعترض مياه الأودية، كما تعمل المواد المحمولة على زيادة الارساب في قاع الوادي، مما يقلل من النحت الرأسي. وهنا يمكن أن يطرح سؤالان؛ الأول: ما سبب شدة انحدار الجوانب؟ والجواب هو:

1. قلة الغطاء النباتي.
2. عدم تعمق المجرى بسبب قلة الأمطار، وكثرة الحصى والحجارة في القاع.
3. التعرية العمودية غير المستمرة، وفترة الجريان المؤقتة.

والسؤال الثاني: لماذا يكون قاع الوادي متسعاً بشكل ملفت للنظر بالمقارنة مع بعض المجاري المائية في المناطق المطيرة؟ ويمكن أن نجيب عن هذا السؤال بأن النحت الجانبي يكون نشطاً طوال السنة، بينما تعميق المجرى لا يكون إلا في فترة الأمطار. وهو على كل حال لا يكون شديداً بنفس الدرجة التي يكون عليها أودية المناطق المطيرة، لقلة ما في هذه الأودية من المفتتات التي تعيق عملية النحت. الشكل (3)

الشكل (3) يمثل الأودية الجافة

3. السيول الغطائية (Sheet Flood):

لكي يتكون السيل العريض لا بد من توفر شرطين، أولهما: أن يكون السطح مستوياً، وإلا تكونت أودية عادية بانحدار تدريجي منتظم. وثانيهما: سقوط المطر بغزارة وسرعة في فترة قصيرة، وفي هذه الحال لا ينشأ مجرى وادٍ بل مسطح مائي عكر عريض، يتقدم في جهة واحدة، ويسمى السيل العريض، وهذا النوع من المجاري لا يتقدم مسافات طويلة، ويوجد في جهات صحراوية مختلفة، لكن بنسبة أقل من الأودية في المناطق شبه الجافة. وأهم أثار هذه السيول نقل المفتتات إلى أماكن بعيدة. وتنتشر هذه السيول على أسطح الهضبات والبيد منت الصخري التي تتشكل عادة من أمطار العواصف الاستثنائية في أطراف الصحار، وفوق المرتفعات التي تحيط بها، مثال ذلك الفيضانات التي تحدث في شمال النقب، ووادي عربة في فلسطين والأردن، وأطراف جبال البحر الأحمر، والساحل الليبي، وعلى هضاب تبيستي، وكما ذكرنا فالأمطار هنا تكون انقلابية فجائية، قصيرة المدى، والسيول عادة قصيرة العمر، تجري فوق سطح عال من النبات الطبيعي. الشكل (4)

وهذا ما يجعل المرتفعات والهضاب داخل الأراضي الجافة تساعد على تطوير تيار الحمل والأمطار المحلية، لذا تظهر في هذه المناطق حياة عشبية وحيوانية، هذا نلاحظه في رسوم الحيوانات التي وجدت داخل الكهوف في الصحار الإفريقية. حيث تعيش إلى اليوم في هذه المناطق بعض الحيوانات كالقردة، كما تعيش فيها جماعات من الرعاة مثل قبيلة الطوارق الذين يسكنون هضاب تبستي والحجار.

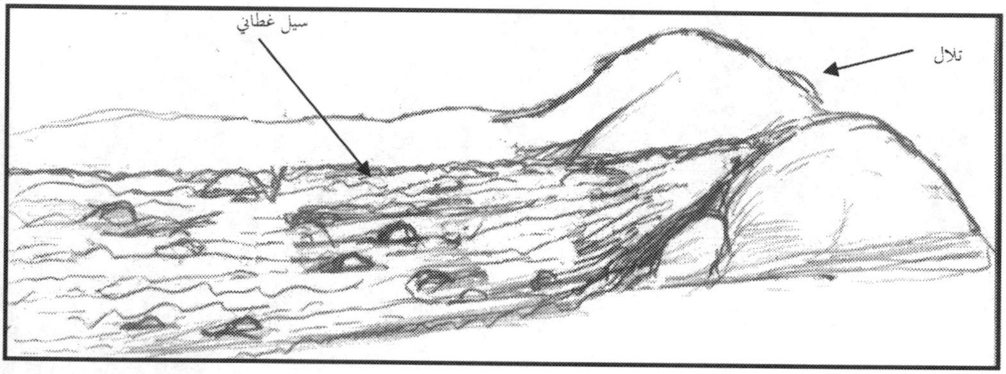

الشكل (4) مخطط للسيول الغطائية

4. البيد منت (Pediment):

هو ذلك السطح أو السهل الصخري الذي يمتد خارجاً من قاعدة الجبل المتراجع، بميل لا يزيد عن (3°-7° درجات). ويحيط بالكتلة الجبلية من جميع جهاتها، ونتيجة التراجع المتوازي للسفوح، ويؤدي استمرار العملية إلى تآكل الصخور حتى تصل في النهاية إلى الجزء الأوسط من الكتلة الجبلية الذي يكون أعلى قليلاً، وهذه الظاهرة تعرف أيضا بالسهول التحاتية (Pediplain).

الشكل (5) استعمالات الأرض حول البيدمنت جنوب افريقيا

أما واجهة الجبل فهي شديدة الانحدار تمتد بزاوية (45°-90°)، وترتفع ارتفاعاً فجائياً من الأسفل، وقد نشأت هذه الواجهة من التراجع المتوازي لواجهات الجبل عن طريق شكل من أشكال التقويض السفلي، وساعدها في ذلك فيضانات الأودية والسيول الغطائية. لكن زوايا الجبل، تفصل ما بين واجهة الجبل شديدة الانحدار وبين البيد منت الصخري، وتغطي المنطقة عادة رواسب دقيقة مستقرة فوق سطح البيدمنت، وتتشكل على السطح مراوح رسوبية. أما البيد منت، فهو سطح صخري مستو يمتد من واجهة الجبل نزولاً إلى "البهادا" ويمتد بانحدار هين يتراوح ما بين (3°- 7°) ويتقعر وسط البيد منت بنحو (7°) عن حضيض الجبل إلى نحو (2°) عند الحواف السفلى التي تغطيها الرواسب الفيضية[6].

وهناك نظريات عديدة تفسر كيف حصل هذا التراجع. أولهما: أن البيدمنت تكونت نتيجة للسيول المتشابكة الهابطة من الجبل التي أدت إلى تآكل الصخر وتراجعه إلى الداخل نتيجة، أما النظرية الثانية فتقول بأن هناك سيولا تجري بشكل مواز لقاعدة السطح، وبالنحت تتراجع الصخور نحو الوسط، كما في الشكل التالي (5).

توجد أشهر مناطق البيدمنت في الاريزونا بأمريكا الشمالية، حيث تصل مساحتها (10كم2)، نتجت عن التصريف النهري الذي لا يصل إلى البحر، وهناك منطقة أخرى في صحراء سيناء حيث عمل "وادي العريش" على تكوينها، وهناك عدة نظريات تفسر نشوء هذه المناطق أهمها:

الشكل (6) بيد منت يوضح تراجع الجوانب

1. نظرية جونسون:

ترى أن تآكل جدران الأودية الهابطة من الكتل الجبلية أدى إلى تسوية ما بينها، وإلى اتصالها ببعضها بعضاً، وبذلك يمكن القول أن البيد منت سهول فيضية متصلة الأنهار، متجاورة، تهبط من كتل جبلية. ويمكن القول أيضا أنها شكل تحاتي موطنه الصحاري، ويؤيد ذلك تفسير جونسون حين يؤكد على إزالة الغشاء الغريني الذي يغطي المنطقة أثناء الزحزحة الجانبية للأنهار. أما تراجع الكتل الصخرية فمرده إلى أن بعض الأنهار الهابطة من الجبل ينحرف اتجاهها مؤقتاً، ويصبح موازياً لقاعدة الجبل التي تاخذ في التراجع نحو الوسط نتيجة لما يجرفه الماء منها، والشكل الناجم عن ذلك هو ما نسميه "البيد منت" أي هو الشكل الذي تحدثه مياه الأودية الجارية. وما دام الأمر كذلك فإن

البيدمنت تتكون من مراوح صخرية رأس كل واحدة منها يكون عند نقطة خروج الأودية من الجبل. الشكل (6)

تعكس هذه النظرية نوعاً من التعرية الأولية التي تتم بمساعدة النقل المائي، الذي يؤدي إلى تكوين البيد منت. وإن كانت لا تفسر لغز سطح البيد منت تفسيراً مقنعاً، لأن القطاع الطولي للبيد منت يكون عادة محدباً، حيث تلتحم مجاري الماء ببعضها بعضاً في الأسفل، ولا يزيد انحدارها عن (7°)، وتكثر فيها المراوح الفيضية.

ويمكن إجمال نظرية جونسون في تشكيل البيد منت في نقطتين أولهما: تراجع المتوازي نحو الوسط، وثانيهما: أن السيول والأودية هي التي سببت الانحدار، ولكن هذه النظرية لم تفسر الانحدار البالغ (2°-7°)[7].

نقد نظرية جونسون:

يؤخذ على هذه النظرية ما يلي:

1. قلة عدد المراوح الصخرية الظاهرة التي يغطيها الفتات.
2. أنها تركز على عملية النحت، في حين أن السيول الغطائية لا تقل أهمية عن الأودية في الصحراء، كما أنه من الصعب تفسير استقامة قاعدة واجهة الجبل، وإن كان هذا التراجع نتيجة تسوية جانبية، فقد يكون هذا الخط (المستقيم) متعرجاً في مجاري الأودية وليس خطاً مستقيماً.

أما قوله أن بعض الأودية الهابطة ربما انحرف بموازاة السطح فهو قول ضعيف، لأن الأودية تسير نحو الخارج بعيداً عن الكتلة الجبلية بشكل متعامد مع السطح. لذا فإن الكثيرين يفضلون نظرية ديفيز.

2. <u>نظرية ديفيز:</u>

تقوم هذه النظرية (ديفز) على عاملين هما <u>التجوية</u> التي تفسر تراجع سفح الجبل نحو الداخل بانتظام طبقا لقاعدة التراجع المتوازية للسفوح، و<u>السيول الغطائية</u> التي أدت إلى إزاحة المفتتات الناتجة عن هذا التراجع السطحي للسفوح، كما ساعدت على نحت سطح البيدمنت، وهذا يفسر تكوين سطح السفوح، والسطح الصخري المصقول الذي يميز البيد منت. أما انحدار سطح البيد منت فيعزوه "ديفيز" إلى تراجع الجبل عند القاعدة

الصخرية يؤدى إلى تكون سطح منحدر وليس أفقياً كي تسهل إزالة المفتتات باستمرار. ويعلل "يوسف أبو الحجاج" ذلك فيرى أن الأطراف الخارجية للبيد منت تكونت بادئ الأمر لتعرضها للتعرية مدة أطول من الأجزاء الداخلية، وبذلك فإن الجهات الأبعد من الجبل تكون أقل ارتفاعاً بسبب عوامل التعرية. والتي تجعل السطح منحدراً من رأس الجبل إلى الأطراف الخارجية منه، أما دور الظروف المناخية في تشكيل الظاهرة فهو قليل حيث يطرأ عليه تغير حتى الآن، أما تعليل الانحدار المحاذي الزاوية للجبل فهو أن الفتات الصخري الهابط للأسفل والمستقرة بالقرب من القاعدة تحمي الجزء الأسفل من سطح الجبل.

ثانياً: أشكال الإرساب المائي:

1. المراوح الغرينية (alluvial fans) (الميث).
2. السبخ أو الفلوات أو البلايا (Playa).
3. الرق أو السرير (reg).
4. الخبر أو البولزون (Bolson).
5. الحماد أو السهول الحصوية(Hammad).
6. البهادا (Bajada).
7. الكويستا (Questa).

تتشكل الإرسابات في الصحراء بكثرة وعلى نطاق واسع، لقلة المياه التي تعمل على نقل المفتتات خارج الصحراء، فإن المجرى في الصحراء يكون عاجزاً عن نقل المفتتات خارجها، ومن هنا نجد الأودية ضعيفة القدرة على حمل الإرساب ونقله إلى مسافات طويلة "فالوديان الصحراوية تولد عاجزة وتموت باختناق غريني".

1. المراوح الغرينية (Alluvial fans)، (الميث):

تكثر المراوح الغرينية في الجهات الجافة وشبه الجافة، وتتشكل من انحدار المياه من الشعاب الجبلية نحو القاعدة، وتمتاز هذه المراوح بكبر حجمها، وبسرعة تكونها، فضلا عن أنها أكثر فائدة للإنسان نظرا لصلاحيتها للزراعة.

والمراوح ظاهرة رئيسية لنظم التصريف المائي حيث تحمل السيول القصيرة كميات كبيرة من المفتتات، والمواد الصخرية خصوصاً من تلك الأودية التي تتدفق من رأس جبلي، وتصادف أرضا واسعة منبسطة، وتلتقي بما تحمله من المفتتات لتشكل ما يشبه المروحة. وقد تنتهي الأودية الكبيرة بمراوح فيضية تبلغ مساحتها مئات الكيلو مترات، كما هو الحال في الجزيرة العربية، وفي الجبال المطلة على البحر الأحمر والبحر الميت وغيرها من مناطق الصحراء الكبرى الأفريقية. الشكل (7)

الشكل (7) المراوح الفيضية

وهناك دلتا وادي "الرمة" * الذي يصل طوله إلى (1200كم) في الجزيرة العربية، ووادي "الباطن"، و"وادي العريش" في سيناء. والسؤال المطروح هنا هو لماذا تكون المفتتات كبيرة؟ وجوابه أن الصحراء تحتوي على كميات هائلة من المفتتات التي تسهم في تكوين المراوح بشكل اكثر مما يكون في المناطق المطيرة، كما أنها تفتقر إلى غطاء نباتي يحمي تلك المفتتات. وبذا فإن انحدار المروحة كبير، ويظهر ذلك بجلاء في الأحواض المحصورة بين الجبال بدرجة تفوق ما هو معروف في الصحار المنبسطة. وتتألف المنطقة هنا من رواسب خشنة من الحصى (لأن الرواسب الدقيقة تذروها الرياح)، كما يزداد سمكها سنة بعد سنة، وقد يمتد الارساب صعداً في الوادي إلى داخل الجبل نفسه، بل أن الغرين ربما يهدم خط التقسيم بين هذا الوادي والوادي المجاور من الناحية المقابلة، ويلحظ أن هناك تدرجاً منتظماً في حجم الرواسب الدقيقة، بحيث تكون قمة المروحة ذات مفتتات خشنة بينما تكون الرواسب دقيقة في أوسطها وعند الأطراف. ويكون الانحدار على سطح المروحة من الجبل نحو الخارج، وبذلك يتسرب الماء تحت سطح المروحة، ويتجمع في الجزء الأسفل مما يؤدي إلى ظهور الماء الجوفي عند الأطراف الخارجية للمروحة، ويجعلها ذات قيمة اقتصادية. إذ يمكن أن تزرع حواشيها ببعض المحاصيل، فضلا عن صرف الماء الزائد. ومن ثم فإن أهميتها تظهر في جهات كبيرة من العالم كحوض "تاريم" حيث يوجد نطاق من المراوح الغرينية المجاورة الملتحمة على طول مضيق المنحدر، يخرج منها الماء على صورة ينابيع، مما يسمح بزراعة بعض النباتات كمراوح جبال عمان التي تزرع بالفواكه وغيرها، ويتيح الفرصة لنوع من الاستقرار البشري، وهناك مراوح وادي عربة، والنقب في فلسطين، ويستغلها حالياً اليهود[8].

* - وادي الرمة: يبدأ من شرق المدينة المنورة ويتجه شمالاً وشرقاً مخترقاً صحراء الدهناء والنفوذ وبعدها يأخذ اسم "الباطن" الذي يقع بين المملكة العربية السعودية والكويت وينتهي عند البصرة.

2. البلايا (Playa) السباخ:

السبخة سطح سهلي واسع شديد الاستواء، ويحتل الجهات المنخفضة من قلب الصحراء حيث تنتهي إليها الأودية التي تحمل الطين والماء. وتتسع هذه السبخات أحياناً لتشكل بحيرات يصل حجمها إلى (20كم^2) ذات شكل بيضاوي مستدير، لكنها لا تدوم بسبب عملية التبخر العالية، وتجف أحيانا بشكل تام، ولا يبقى على السطح سوى الصلصال، وهذا ما يعرف بقيعان الأحواض الصلصالية، ويمتاز سطحها بالأستواء وسهولة الحركة، ومن أمثلتها تلك التي في شبه الجزيرة العربية وإيران وحوض الحماد في الأردن.

ويكون لون السبخة الجافة رمادياً أو مصفراً، وتظهر على الأطراف أملاح كلوريد الصوديوم، أو كلوريد البوتاسيوم، والجبس. أما السبخات الدائمة فهي ذات مياه مالحة جداً، وهي عديدة وتشمل كلاً من "البحر الميت وبحر "أورال" و"سولت ليك (يوتا)" وقد تظهر تلة وسط السبخة الكبيرة انظر الشكل (8).

الشكل (8) صورة واضحة للسبخة داخل الصحراء

3. الخبرة (Bolson)، بيئة الحوض والجبل:

أما الخبرة فهي أرض منخفضة تقع بين جبال صحراوية، ذات تصريف مركزي. وتختلف عن السبخة بأنها أحواض كبيرة وسط مناطق جبلية ذات مياه عذبة، يحدها عند الأطراف طمي تأتي به الأودية من الجبال المحيطة بالحوض، تربتها ليست مالحة، بسبب زيادة كمية المياه التي تغذي الحوض ونقص كمية الاملاح التي تحملها الأودية بحيث تكون قادمة من مناطق أكثر رطوبة. وتمثل الخبرة حوض تصريف للمرتفعات المحيطة، ويشكل نفس المنخفض تجمعا للعديد من "البهادا" بين الجبال، ويرتفع الجزء الاوسط من المنخفض نتيجة الدورة التحاتية المستمرة. تتواصل عملية تخفيض المرتفعات بحيث تصبح في مستوى المنطقة المجاورة. وتوجد الخبرة "البولزن" في أعالي جبال الأنديز، وشمال غرب الارجنتين، ووسط المكسيك، وحوض تاريم، وهضبة التبت، وصحراء منغوليا وصحراء ايران وباكستان وافغانستان. الشكل (9)

عندما تمتلئ الخبرة أو البولزن بالمفتتات يصبح سطحها مستوياً مما يؤدي إلى التقليل من انحدار الأودية، وبعد ذلك تتعرض هذه المفتتات بعد جفافها إلى عملية التعرية الريحية حيث التي تعمل على إزاحتها وهكذا تتكون المناطق المنخفضة.

الشكل (9) ظاهرة البولزن

4. الصحار الحجرية أو الحماد (Hamada):

تعرف الحماد بأنها مساحات صخرية واسعة وعارية من أي غطاء رسوبي، وهي جزء من بيئة السهول الصخرية. والحمادا هضاب صخرية مزقت سطحها الأودية الخانقية ذات الجوانب شديدة الانحدار، كما تعترض مجاري الاودية مساقط جافة تملأ قيعانها بالكتل الصخرية والحصى والرمال، وقد تنخفض في الحمادا العربية شمالي إفريقيا، أو الجزيرة العربية بسبب ندرة الأمطار، والعكس صحيح، فحيثما تتوفر الأمطار الغزيرة يشتد عمل المجاري والسيول، وتزداد الأرض وعورة كما هو الحال في الارض الممتدة من جبل "العوينات، و"الجلف الكبير" عند الحدود السودانية المصرية الليبية إلى مرتفعات تبيستي وتاسلي والحجار. وأشهر هضاب الحمادا هي في غرب ليبيا حيث تصل مساحتها إلى أكثر من (100000كم^2)، وتمتد من جبل "نفوسة" قرب طرابلس شمالا إلى مدينة سبها جنوبا، ومن هضبة الهروج الأسود شرقاً إلى واحة غدامس والحدود الليبية التونسية الجزائرية غربا. تظهر فيها بعض الكويستات كما تظهر على السطح سلاسل من القور (Mesa)، وهي تلال مسطحة من غير قمم ترتفع حوالي (50م) عن المستوى العام[5]. الشكل (10)

أما هضاب الجزيرة العربية فهي أكثر تضرساً وارتفاعا، وأشهرها هضبة نجد، التي ترتفع حوالي (1000م) ينصرف قسم من مياهها نحو الشمال الشرقي إلى وادي الرمة، وقسم آخر إلى الجنوب الشرقي إلى "وادي الدواسر"، وبعضها ينصرف إلى الشرق نحو "وادي حنيفة" الذي يصب في الخليج العربي قرب قطر. أما "هضبة الحماد" التي تعرف بالهضبة الشمالية فتمتد من وادي السرحان غرباً إلى الحدود الكويتية شرقاً، وإلى الأراضي الأردنية والعراقية شمالاً، ويبلغ ارتفاعها (750م)، تنحدر نحو الشمال والشمال الشرقي، تخترقها عدة أودية تنحدر نحو الفرات، من أهمها وادي عرعر. أما "هضبة الصمان"، فتعرف بالهضبة الشرقية، وتتألف من صخور جيرية، ويغلب على سطحها المظهر التلالي القديم، ويتراوح ارتفاعها ما بين (360-180م) وتطل على السهول الساحلية بحافة من التلال الصخرية، ويوجد على السطح العديد من الظواهر الكاريستية مثل البالوعات (Dolina) التي أحياناً تسمى (الدحول) مفردها دحل.

الشكل (10) منظر عام لصحارى الحماد

5. الرق أو السرير Reg:

يسمى العرب "السهول الحصوية" في شبه الجزيرة العربية "رقاقا، جمع "رقة". وهي ما يعرفه عرب المغرب باسم "سرير" ويطلقونه على أجزاء من الصحراء الليبية، وهو عبارة عن مساحات واسعة، مستوية السطح، مليئة بالحصى المستدير الخشن، مما يجعلها أسهل المناطق لسير السيارات والرأي الراجح فيها أنها كانت أصلا مجاري نهرية، مرت عليها الرياح فذهبت بالدقائق الصغيرة ثم أبقت الحصى، ويعود تماسك سطحها إلى المادة اللاحمة التي تنقلها الخاصية الشعرية التي تحمل معها القواعد مثل المواد الكلسية اللاحمة. وتنتشر هذه السهول في صحراء ليبيا التي تتميز بشدة جفافها حالياً، والتي شهدت حقبة مطيرة في زمن البليستوسين، ومن ثم فإن النظرية القائلة بأن هذه السهول ترجع إلى ارسابات قديمة ستظل قائمة. ومما يعزز هذا الرأي أن الحصى- في هذه الصحراء أصغر من حصى الصحراء الكبرى، وهذا يدلل على أن التعرية المائية الشديدة هي التي كانت وراء صغر حجمه، كما أن البحوث الجديدة في شبه الجزيرة العربية أكدت أن هذه السهول من نتاج التعرية المائية، لوجود حصى دقيق مع حصى خشن. وقد تم

رصد كثير من السهول الحصوية في شرق الجزيرة العربية التي تدل خصائصها على أنها تشكلت من معظم دلتاوات الأودية الجافة مثال ذلك ما يلي:

1. دلتا وادي الرمة والباطن: الممتد من جنوب المدينة المنورة حتى الكويت وجنوب العراق، وأهم خصائص دلتا وادي الباطن:

- تشكل مثلثاً قاعدته عند الخليج ورأسه عند خط (28°) شمالا وعلى درجة طول ما بين (30-35°) شرق غرينتش.
- الحصى الذي يتألف منه سطح هذا السهل يتناقص كلما اتجهنا إلى الشرق، وهو ما نراه في خصائص الدلتا المصرية وكلما اتجهنا شمالا، ويؤكد وجود وادي الرمة الطويل أنه يستحيل أن لا يكون هناك عصر مطير ساد المنطقة من قبل، حيث لا يمكن أن تغذي الوادي مياه الأمطار الحالية، إذ يبلغ طوله 1200كم مما يرجح أنه كان مجرى نهر قديماً[6].

2. دلتا وادي الصهباء:

يسيل هذا الوادي من جبل طويق ويتجه شرقاً. وقد أرسب الوادي دلتا شديدة الوضوح، رأسها عند بلدة "حوض" ومن هذا الرأس يمتد أحد اضلاع المثلث حتى دولة قطر ثم يمتد سهل مستو متدرج الحصى على شكل خطوط متعرجة تبدو على هيئة تلال مستقيمة لا ترتفع كثيراً عن السطح. الذي يصل انحداره إلى حوالي (7°) على الأكثر، ولا يظهر هذا التعرج في الأنهار العادية.

3.دلتا وادي الدواسر:

تقع في جنوب شرق شبه الجزيرة، وقد أرسب الوادي سهلاً حصوياً مستوياً واسعاً تتصل بعض أجزائه الجنوبية بدلتا "الصهباء"، ويمد هذا الوادي كثبان الربع الخالي بالارساب مما يجعل أصله الدلتاوي غير مؤكد[7].

<u>5.البهادا Bajada:</u>

تطلق البهادا على عدد من المراوح الفيضية الملتحمة، وتسمى أحياناً "البجاد" وهي نتاج تناقص الانحدار الفجائي عند قاعدة واجهة الجبل، مما أدى إلى خفض قدرة حمل الأودية والسيول من الإرساب الذي يتشكل من الجلاميد والحصى والرمال. وتكون

درجة انحدار المراوح عادة عالية تصل أحياناً إلى (20°) لكنها قد تنخفض حتى تصل إلى مستوى البيدمنت، مما يجعل التشابه بين سطح البيد منت والبجادا سببه درجة الانحدار.

6. الكويستا (Questa):

وهي شكل أرضي يتألف من منحدر شديد يسير عكس ميل الطبقات بمعدل (3-5°) ويسمى حافة الكويستا، ومنحدر سطحي هين الانحدار يمتد مع ميل الطبقات (Dipslope)، أما ظهر الكويستا، فيتصف بشدة مقاومته لعوامل التعرية. وتعرف الكويستا في السعودية (بالجال)، وأشهرها "جال خنيفسة" الذي يطل على منخفض الدهناء، وفي بادية الشام تتألف الكويستا من الصخور الجيرية التي تطل على الغرب والجنوب، وتنحدر تدريجياً نحو الشرق والشمال (البحيري، 1979)، وإلى الشرق من سكة الحديد (الحجازي) تطل كويستا كبيرة على منخفض "الجفر" في جنوب الأردن، ومنخفض الأزرق في الشمال، وعدد آخر يطل على وادي السرحان شمال السعودية. الشكل (11) و (12)

الشكل (11) منظر عام لظاهرة الكويستا

الشكل (12) منظر عام لظاهرة الكويستا / جنوب أفريقيا

الخلاصة:

هذه نبذة عن التعرية المائية والدور الذي تلعبه في الصحراء وأثرها الذي فاق تعرية الرياح كما كان يعتقد سابقاً، وبهذا نستطيع القول أن العوامل المائية هي التي شكلت سطح الصحراء بينما شكلت الرياح الكثبان الرملية.

التعرية الريحية: (نحت، نقل، ارساب):

تأثير التعرية الريحية أقل بكثير من التعرية المائية، على الرغم من قوة الرياح في الجهات الصحراوية وعدم وجود عوائق تعيق حركتها، وتحد من سرعتها، لذا فأثرها محدود في نحت الصخور، إذ لم تتكون أشكال عديدة على سطح الأرض بفعل نحت الرياح كما هو الحال بالنسبة للأنهار. وتمارس الرياح عملها (النحت) عن طريق ما تحمله من المفتتات، ويعتبر الكوارتز هو السلاح الرئيس في هذا المجال أعظم تأثير للرياح يظهر في فترة العواصف التي تقابل فترة الفيضان في المناطق المطيرة. أما وسائل النحت فهي إما عن طريق التدحرج بالنسبة للحصى الخشن، أو القفز للحصى- متوسط الحجم، أو التذرية للرمال الناعمة. الشكل (13)

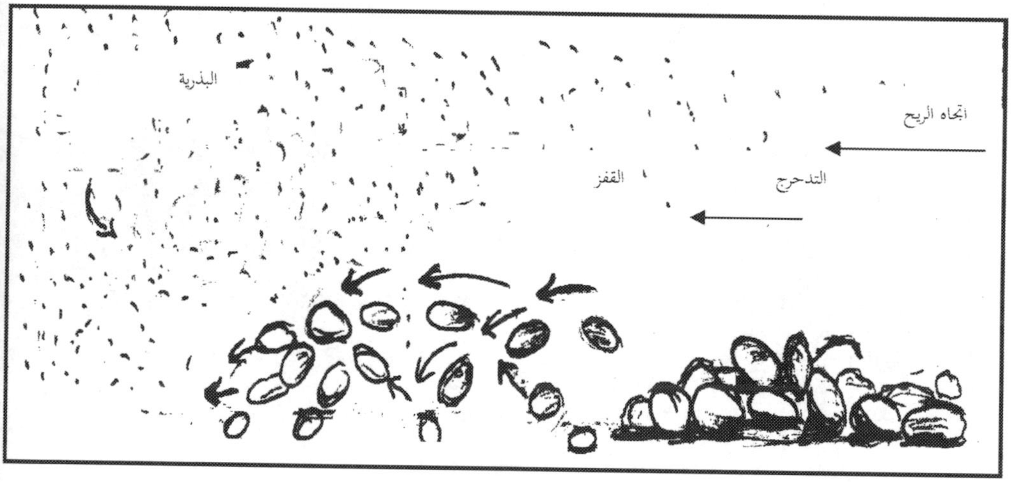

الشكل (13) أشكال حركة الحصى والرمال على سطح أرض الصحاري

وأهم الأشكال التي يمكن أن تشكلها الرياح: (أشكال النحت)

1. عش الغراب.
2. المنضدة.
3. القنوات.
4. المنخفض الصحراوي.

أولاً: عش الغراب:

هو من الأشكال التي تظهر في كتل الصخور الصغيرة والمنفردة، حيث يظهر فيها نحت الرياح عند جذعها الأسفل. وسبب ذلك هو ثقل الكوارتز الذي لا يمكن للرياح أن تحمله للأعلى. ومن أجل ذلك وضع الناس حجارة كبيرة على جذور الأشجار الكبيرة لمنع التربة من التذرية، ولصد ما تحمله الرياح من الغبار والرمال وغيرها.

ثانياً: المنضدة أو المائدة الصحراوية:

وهي تشبه إلى حد بعيد التمثال أو المشروم، ومنها أشكال تواجدت في اريزونا وصحار وسط أسيا. وهي عبارة عن شكل صخري يتألف من طبقات تعلو كل طبقة لينة طبقة صخرية صلبة، إذ هنا نلاحظ أن الرياح وما تحمله من مواد استطاعت أن تذهب بالتكوينات الصخرية للطبقةاللينة بمعدل يفوق نحت الطبقة الصلبة ونلاحظ أيضاً أن الأجزاء السفلى عن الشكل العام قد تآكلت بشكل أسرع مقارنة مع الأجزاء العليا. ويرجع ذلك إلى تأثير سطح الأرض الرطب على الصخور القريبة القائمة، ولا يقتصر وجود هذه الأشكال في المناطق الجافة فقط، فهناك منضدة (بفارة) في جبل لبنان.

وكذلك نجد أن التعرية في الأراضي الجافة تكون أشد في طبقات الصخور السفلى أكثر من طبقاتها العليا، وذلك بسبب ثقل ما تحمله الرياح في ارسابات ومفتتات رملية صلبة، حيث تقوم هذه الارسابات بنحت الصخور. الشكل (14)

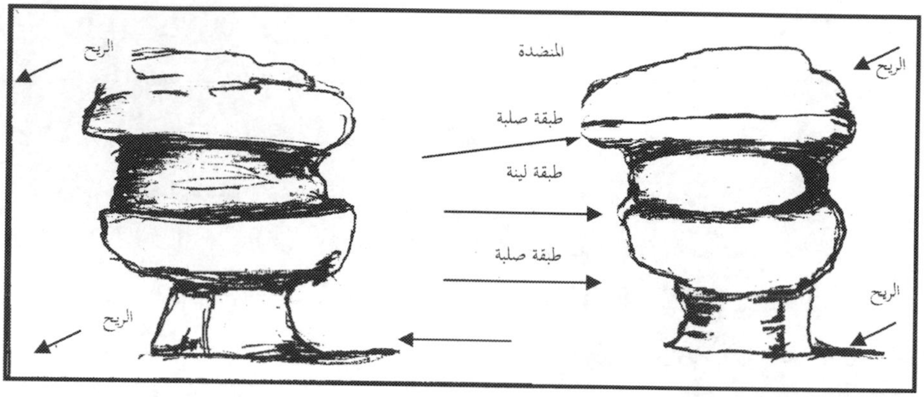

الشكل (14) يبين المنضدة الصحراوية ويظهر فيها طبقات الصخر اللينة والصلبة

ثالثا: القنوات (البارد نج):

وهي عبارة عن حفر مستقيمة ضيقة منحوتة في الصخر الرخو، تسير مع اتجاه الريح وقوتها، قليلا ما يتعدى عمق هذه الحفر بضعة سنتمترات، وقد يصل عمقها أحياناً إلى (10متراً). وتتشكل هذه القنوات بفعل الرياح، التي تعمل أيضاًعلى المنخفضات الصحراوية، مثل المنخفض الموجود في الصحراء الغربية المصرية، الذي يمكن أن نرجعه إلى الرياح، وهذا المنخفض غالباً ما يكون أعلى من مستوى سطح البحر. الشكل(15)

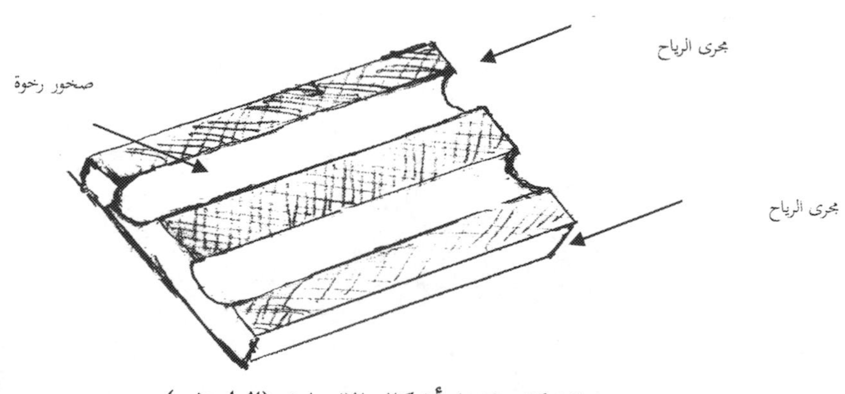

الشكل (15) أشكال القنوات (الباردنج)

رابعاً: المنخفض الصحراوي:

هو حوض منخفض مغلق لا تتعدى مساحته بضعة أمتار في بعض الصحار، وقد تصل إلى مئات الكيلومترات المربعة كما هو الحال في منخفض القطارة (5100كم^2) الذي يقع غرب القاهرة وبمنسوب يصل إلى (135م) فوق سطح البحر. وترتفع قيعان الأحواض أحياناً إلى آلاف الأمتار عن مستوى سطح البحر نتيجةعملية رفع تكتونية، مثال ذلك "هضبة التبت" و"صحراء بيرو" و"بوليفيا (4800م) عن سطح البحر، وهناك منخفض "الجغبوب ، وأوجلة، وجالو، ومراوة، والجفرة، وغدامس" التي تقع بين الجزائر وليبيا، يضاف إليها الواحات المصرية الغربية، ومنخفض "فزان"، والكفرة في ليبيا"[(9)].

أشكال الأرساب الريحية:

أولاً: تربة اللويس (Loess):

وهي تربة حملتها الرياح مسافات بعيدة عن موطنها الأصلي في الصحراء، وهذه التكوينات ناعمة ودقيقة، ذات ألوان بنية أو بنية فاتحة أو صفراء أو رمادية. ويتكون اللويس أصلا من مواد مثل (الكوارتز بنسبة تصل إلى 75%)، والفلسبار والميكا وكربونات الكالسيوم ومعادن أخرى. وتكون الكربونات على شكل غشاء يغلف حبيبات الكوارتز، ويعتمد ذلك على كمية الكلس الموجودة في المنطقة.

وتربة اللويس هي نتاج التعرية الريحية في الصحراء الحارة والباردة، وأشهر المناطق التي تغطيها هذه التربة صحراء "جوبي" في شمال الصين حيث يصل عمقها حوالي إلى (500م) مما جعلها قادرة على إعالة مئات الملايين من البشر، كما توجد هذه التربة في جنوب غرب فلسطين، وطرابلس الغرب، ويصل عمقها أحياناً إلى (60م)، (جودة، 1997، ص140) وما يميز هذه التربة أنه لا يوجد عليها آفاق متميزة واضحة.

ثانياً: التجمعات الرملية:

للرياح قدرة كبيرة على نقل المواد المفتتة وإرسابها، نظراً لسرعتها وعدم وجود ما يعيقها مثل الأشجار، فتستطيع نقل الرمال إلى خارج الصحراء، مثال ذلك تربة اللويس الموجودة في الصين التي ردمت الوديان والأحواض في مساحات واسعة (مادة اللويس

عبارة عن ذرات دقيقة وناعمة أمكن نقلها من خارج المنطقة). أما المواد الأكثر خشونة فإنها تترسب داخل الصحراء على شكل تجمعات رملية. وقد ساد الاعتقاد سابقا أن الرمال تغطي جميع سطح الصحراء، ولكنها حقيقة لا تغطي أكثر من (15%) منه، أما الباقي فتغطيه طبقة من الحصى أو إرسابات طينية. وتمثل الكثبان الرملية في الصحاري **اهم أشكال السطح أما بقية أشكاله فهي:**

1. **الهلالي (البرخان).**
2. **الطولي.**
3. **بحر الرمال.**
4. **النجمي والقبابي.**

1. الكثبان الهلالية (البرخان): (والبرخان كلمة تركستانية)

يبدأ يتكون الكثيب الهلالي، عند تكدس الرمال حول صخرة أو شجرة بشكل تدريجي، بحيث تسير ذرات الرمال باتجاه الرياح. وتكون الحركة في أطراف الكثيب اسرع منها في وسطه، لذا نرى أن طرفيه يمتدان على شكل لسانين في اتجاه الرياح، وينتهي الأمر بتكوين هذا الشكل الذي يمتاز بالقرنين أو اللسانين، وبين هذين اللسانين تمتد فجوة كبيرة شديدة الانحدار تتراوح ما بين (30° - 32°)، ويعزوها بعض الباحثين إلى الدوامات الهوائية الصغيرة التي تحدث في هذا الجزء من الكثيب، وقد يصل ارتفاع الكثيب الهلالي إلى (30م) أو أكثر، ولكي يتكون هذا النوع من الكثبان لا بد من توفر:

- الرياح المعتدلة.
- كمية كبيرة من الرمال تختلف باختلاف نمط الكثيب.

أما الشكل العام للكثيب، فتبدو الجهة المقابلة للرياح ذات انحدار تدريجي مع استدارة بطيئة تصل إلى (4°) في حين نرى الجهة المحمية من الرياح حافة حادة مع تقعر أشد حدة من التحدب الذي تبدو عليه الجهة المقابلة للريح. الشكل (16)

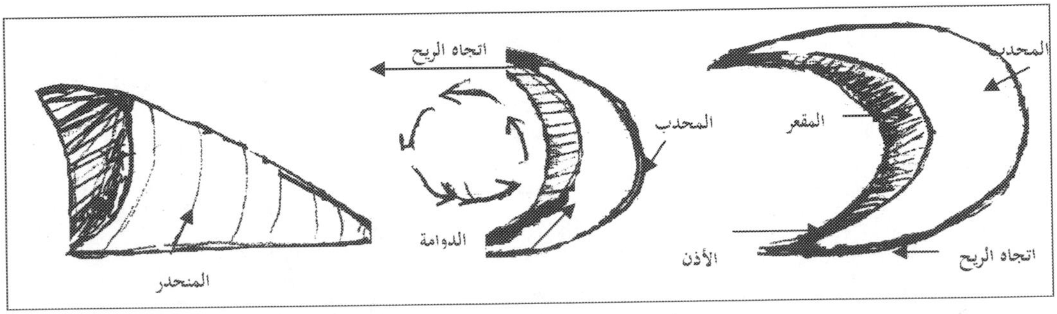

الشكل (16) كثيب رمال من نوع البرخان

ربما كانت البرخانات متتابعة وعلى خط واحد مع اتجاه الريح، كما هو الحال في صحراء الجزيرة العربية، والصحراء المصرية والواحات، وتمتد هذه الخطوط من الشمال إلى الجنوب، ويفصل بينها منخفضات تصلح للزراعة، ولسير السيارات. ويمتاز البرخان بأنه من النوع الذي يتحرك من مكان لآخر بسرعة (10-12م) في السنة. أما حركة الكثيب فهي باتجاه واحد (هو اتجاه الرياح)، وتعمل هذه الرياح على تقدم الكثيب إلى الأمام، وذلك عن طريق إذراء حبيبات الرمال إلى قمة الكثيب، التي تنزلق عن الحافة الأخرى الشديدة الانحدار، وما أن تصل إلى قاعدة المنحدر حتى تقوم دوامة هوائية بتوزيعها على جناحي الكثيب، هذه الدوامات تعمل على زيادة تقعر الجانب المنحدر، وعلى زيادة امتداد جناحي الكثيب[10].

2. الكثبان الطويلة أو الأسياف "جمع سيف" (Seef):

يوجد هذا النوع من الكثبان داخل الصحراء، وحيث تكون الرياح شديدة، كما هو الحال في الصحراء الغربية في مصر. وتمتد مجموعة من خطوط الكثبان المتوازية في اتجاه الرياح، وتتفاوت هذه الكثبان في طولها فهي ما بين (10-250كم)، وربما تجاوز طول بعضها اكثر من ذلك. ويرتفع الكثيب الطولي إلى أكثر من (200م) ويطلق على هذه

الكثبان "العروق أو المحاليق"، التي يصل طولها إلى (350كم)، وتسمى في استراليا "ظهور الحيتان" وتمتد الكثبان الرملية الطولية في الجزيرة العربية وأفريقيا في خطوط ذات اتجاه (شمالي شرقي/ جنوبي غربي)، أو من الشمال إلى الجنوب وذلك باتجاه سير الرياح التجارية، ويكثر هذا النمط من الكثبان ما بين منخفض الواحات البحرية وجنوب منخفض الواحات الخارجة، وتوجد بكثرة في المنطقة الواقعة بين منخفض "القطارة والبحيرة" والصحراء الكبرى، واستراليا، وهذه الكثبان أكبر حجماً من البرخانات.

ما تزال نشأة هذه الكثبان بحاجة إلى دراسة وتفسير. وفي الأغلب الأعم لا بد من وجود حائل يعوق حركة الرياح، كأن يكون شجرة صغيرة أو صخرة، ليصبح نواة لكثيب طولي، وربما لا يحتاج إلى حائل، كأن يكون هناك منخفض يتجمع الرمل فيه، ويتراكم ليكون مكوناً نقطة تجمع، يبدأ فيها الكثيب بالنمو. الشكل (17)

وهناك طريقة اخرى لتكوين الكثبان الطويلة، وهي أن البرخان نفسه إذا نقصت كمية الرمال فيه نتيجة تناقص قوة الرياح فسوف يؤدي إلى انشطاره إلى جزئين منفصلين يمتدان باتجاه الرياح السائدة فيصبحان كثيبين طويلين متوازيين.

ويرى البعض أن الكثبان الطولية قد نشأت نتيجة تلاحم الكثبان الهلالية المتقاربة، فقد يحدث أن تهب رياح شديدة في اتجاه متعامد مع اتجاه الريح السائدة تعمل على كنس أجنحة الكثبان الهلالية، ومكونة دهاليز بين سلاسل الكثبان الهلالية، ومع استمرار هذه الرياح تزداد عملية كنس الرمال الموجودة في المجرى الطولي الذي يفصل بين سلاسل الكثبان، ويعزز ذلك حدوث دوامات هوائية بين سلاسل الكثبان تقوم بترسيب الرمال على الجانبين.

الشكل (17) الكثيب الطولي

وتختلف أشكال هذه الكثبان الطولية فبعضها ما يأخذ شكل الصنارة أو الخطاف، وهو ما يعرف في الربع الخالي بالحقف (جمعه أحقاف) أو "العرق" وبعضها يأخذ شكل دبوس شعر.

3. بحر الرمال (Sand sea) (الكثبان المستعرضة)

ينتشر هذه النوع من الكثبان في الصحراء الكبرى، ويتكون من مجموعات متشابكة من الكثبان الطولية المتعامدة مع اتجاه الرياح بما في ذلك البرخان أيضا يتخللها شقوق وخلال (ممرات) وأراضٍ صخرية صالحة لسير القوافل، وتتميز هذه المساحات من الكثبان بأنها ثابتة في أماكنها وليست كالكثبان المنفردة الزاحفة. وللبحر الرملي حركة محلية غير ذات شان، بدليل أن مواقع طرق القوافل التي تخترق هذه الممرات لم تتغير على مر السنين[11].

يبدو الشكل العام لهذه السلاسل من الكثبان وكأنه بحر عاصف ذو أمواج عالية قد تجمدت فجأة، لذا أطلق عليه (بحر الرمال). ولأنه يتطلب كميات كبيرة منها، وهي تنتشر في الربع الخالي والصحراء الكبرى. الشكل (18)

لم نعرف كيف تجمعت هذه الكثبان في مواضعها، ويعتقد العلماء أن هذه البحار كانت في الاصل مناطق منخفضة تجمعت فيها المياه مما أدى إلى نمو نوع من الحياة

النباتية فيها التي أصبحت مصائد للرمال، وأهم أشكال هذه الرمال الهائلة توجد في "صحراء النفود، والدهناء، والربع الخالي، والصحراء الكبرى" وهناك بحر عظيم من الرمال الموجودة في غرب مصر وتصل مساحته إلى (2000كم^2). ووصفه الرحالة الألماني (فريدريك هورنمان) بأن العين لا ترى فيه شيئاً غير الرمال"، ويشبه بحر الرمال والكثبان التي تنتشر عليه ينتشر عليه أمواجاً صلبة ساكنة يصل ارتفاعها إلى (20م) فوق سطح الأرض غير أنها أقل ارتفاعاً من البراخانات الموجودة في الدهناء حيث يصل ارتفاعها إلى (170م) وربما بلغ (200م)، ولم يسجل في الوقت الحاضر أي ارتفاع أكثر من (200م)، وهناك أنواع أخرى من الكثبان مثل النجمي والقبابي والنبكا. أما الكثبان النجمية فتحدث نتيجة حركة الرياح المتغيرة في عدة اتجاهات.

الشكل (18) يمثل صورة عن بحر الرمال

4. الكثبان النجمية أو الهرمية:

تنفرد الصحراء العربية بهذا النوع من الكثبان باعتباره من النوع المعقد من حيث الشكل العام، تنشأ هذه الكثبان نتيجة تغير اتجاه الريح من جميع الاتجاهات مما يؤدي إلى تشكيل الكثيب (الطولي أو الهلالي) على هيئة هرم أو نجمة. وتحدث هذه العملية نتيجة دفع الأطراف نحو داخل الكثيب، اما الشكل الخارجي فهو عبارة عن تل كبير من الرمال، تتخذ قاعدته شكل النجمة ذات زوايا عديدة تمثل كل زاوية قاعدة لرأس من الرمال، ويصل ارتفاع كل رأس إلى حوالي (100م) فوق مستوى القاعدة، وقد يرتفع إلى أعلى من ذلك. ومن مميزات هذه الرؤوس أنها تنحدر بواجهتها غير المقابلة للرياح نحو المركز. تتميز هذه الكثبان (النجمية) بثباتها لعدة قرون، مما جعلها علامات دالة ثابتة لأولئك الباحثين والعاملين داخل الصحراء[21]. الشكل (19) و (20)

الشكل (19) صورة لكثبان نجمية الشكل في السعودية قرب الحدود العمانية

الشكل (20) صورة لكثبان نجمية الشكل في السعوديةح قرب الحدود العمانية لاحظ صغر السيارة مقارنة بحجم الكثبان

توزيع التجمعات الرملية في الجزيرة العربية:

يمكن تقسيم هذه المساحة الشاسعة من الرمال في الجزيرة العربية إلى وحدات ذات معالم تضاريسية، وملامح طبيعية مميزة، كان لها أثر في كثافة الرمال، وتشكيلها، وامتدادها، واهم هذه التقسيمات:

1. الربع الخالي.
2. النفود الكبير.
3. هضبة نجد.
4. الإحساء.

الشكل (21) صورة للكثبان المستعرضة

وسأقف على رمال الربع الخالي باعتبارها ظاهرة فريدة في العالم:

الربع الخالي:

يطلق على منطقة التجمعات الرملية الشاسعة التي تمتد جنوب ووسط المملكة العربية اسم الربع الخالي. وتشمل هذه المنطقة الرمال الواقعة بين الحافة الشرقية لجبال اليمن في الغرب، ومرتفعات مسقط وعمان في الشرق، ويمتد هذا الحوض الكبير، بين خطي طول (45° - 56°) شرقا، بحيث يبلغ امتداده الطولي من الشرق إلى الغرب حوالي

(750ميلا)، أما من الشمال إلى الجنوب فهو يقع بين خطي عرض (16°-23°) شمالا. ويبلغ أقصى اتساع له من الشمال إلى الجنوب (400ميلا)، وبذلك تبلغ مساحته (250.000ميلا مربعاً) لكن المعلومات عن هذه المنطقة قليلة جداً، وذلك لصعوبة ظروفها، ونعومة رمالها التي تحول دون اجتياز هذه المنطقة واكتشافها. وقد حدث في سنة (1930) أن تمكن الأوروبي (بيرترام توماس) من اجتيازها من جنوبها الغربي إلى شمالها الشرقي. وتمثل صحراء الربع الخالي هضبة تميل نحو الشرق والجنوب الشرقي صوب الخليج العربي، وتعتبر الرياح الشمالية والشمالية الغربية المسؤلة عن إرساب كميات الرمل الهائلة التي حملتها معها من الشمال. وقد ساعدت حركة الرياح الجنوبية الشرقية على حفظ هذه الرمال، وعدم انتقالها خارج حيزها الحالي. وتتميز صحراء الربع الخالي بأنها إرسابات رملية كثيفة ناعمة جداً (دقيقة)، يصعب اجتيازها إلا من خلال الأشرطة الضيقة، ويرجع ذلك إلى العمل الطبيعي للتعرية ويعتبر الربع الخالي ظاهرة لا نظير لها في العالم[13]. الشكل (21)

تتميز الكثبان الرملية المنتشرة في هذه المساحة الواسعة بأن بعضها متحرك، والآخر ثابت، وتتخذ الكثبان هنا أشكالا متعددة، منها الكثبان الطولية والتي يطلق عليها العروق، والكثبان النجمية وغيرها. وتبدو الكثبان الواقعة في الغرب أضخم من تلك التي توجد في الشرق أو في الجنوب أو في الشمال، حيث يصل ارتفاع بعضها في الغرب إلى 50 متراً تقريبا، أما في الشرق فيصل ارتفاع الواحد منها إلى (250متراً)، وفي الشمال يصل ارتفاعها (35متراً) وفي الجنوب الغربي إلى (25 متراً).

ويعلل الباحثون تراكم الكثبان في هذا الجزء من الصحراء في الجزيرة العربية إلى عاملين:

العامل الأول: سيادة الرياح الشمالية، والشمالية الغربية التي تنقل معها الرمال وترسبها بشكل دائم، واتجاه الرياح الجنوبية الشرقية التي تساعد على حفظها.

العامل الثاني: طبيعة التضاريس في منطقة مسقط وعمان في جنوب وشرق الجزيرة العربية حيث عملت على حجز الرمال وصد الرياح القادمة من الشمال. بالإضافة إلى

الحافة الغربية التي تعمل على زيادة تراكم الرمال من خلال ما تحمله الوديان المائية القادمة منها.

فوائد الكثبان:

تعتبر الكثبان خزاناً طبيعياً للمياه الجوفية، في شمال الجزيرة العربية وشرقها، وتمثل هذه الكثبان المستودعات المائية الوحيدة في منطقة "بلطيم" شمال دلتا مصر، وهي العامل المهم في نمو شجر النخيل، وتستمد بعض مياه مدينة امستردام من الكثبان الساحلية، وكذلك الأمر في قطاع غزة بفلسطين حيث يحصل الناس على المياه على عمق يتراوح بين (2-3م)، أما قيمة الكثبان الاستراتيجية، لا سيما إذا كانت من نوع "بحر الرمال" فهي تعتبر حاجزاً استراتيجياً يفصل بين الدول المتحاربة والصديقة، وتشكل هذه الكثبان في المعارك البرية عوائق وسواتر على نحو ما جرى بين مصر وإسرائيل، والدول العربية فيما بينها حيث تشكل هذه الكثبان عائقا للتواصل بين دول العالم العربي والإسلامي.

وتوجد الزراعة على الرمال وتعتبر الترب الرملية الصحراوية ذات نظام مائي جيد، فالمياه يمكنها أن تتسرب إلى أعماق كبيرة لتشكل خزان للماء داخل الصحراء تحميه أكوام الرمال التي أعلاه من التبخر بالمقارنة مع ترب (اللويس) فإن النظام المائي للترب الرملية أفضل بكثير من الترب اللويسية التي تتشكل من قطاع طيني غير منفذ للرطوبة مما يعرضها للتبخر، كما تحدث الأمطار في اللويس مجار وسيول سطحية تتبخر بسرعة.

ومن مميزات الترب الرملية أنها تعمل على أعاقة الجريان المائي السطحي مما يجعل الرطوبة تتسرب إلى داخل التربة، يساعدها في ذلك نفاذية الرمال، كما تقوم أكوام الرمل بتكثيف بخار الماء الصاعد من أسفل التربة قبل أن يصل إلى السطح بسبب انخفاض درجة الحرارة في الأسفل مقارنة مع درجة حرارة السطح العالية[15].

ومن الأساليب المتبعة لتثبيت الكثبان الرملية ما يلي:

1. إقامة مصدات للرياح على ظهور الكثبان على شكل مربعات ومستطيلات لاعاقة حركة الكثيب، وهذا الأسلوب قد نجح في الصين [15].
2. تغطية أسطح الكثبان بالحصى والزلط.

3. حفر خنادق طويلة فاصلة بين مراكز العمران والمزارع ومناطق الكثبان المتحركة لتكون مصائد للرمال.
4. تغطية السطح بالإسفلت أو بالبترول الخام.
5. زراعة سطح الكثيب بأشجار الاثل، والاكاسيا، والكافور الفضي، والهيلاريا، وقد تم تجربة الصبير بنجاح أيضا.

مشكلات زحف الرمال:

نقصد بزحف الرمال حركة الرمال نحو الأراضي الزراعية والسكنية وردمها مما يؤدي إلى مشاكل اقتصادية هائلة تتحملها الدول والسكان في أطراف الصحاري، وعلى الرغم من المحاولات الجادة التي تبذل لوقف زحف الرمال إلا أنها كانت محدودة جداً، بل كثيراً ما كانت فاشلة باعتبارها ظاهرة طبيعية إلا أن هناك طريقتين استعملتا لوقف زحف الرمال، أولهما: تقتصر على تثبيت الكثبان المتحركة القريبة من المراكز العمرانية عن طريق زراعتها وثانيهما: عمل مصدات للرياح المحملة بالرمال وذلك من أجل صيانة السكك الحديدية والطرق وأعمدة التلفون والكهرباء داخل الأراضي الجافة.

مراجع الفصل الثاني

1.Brittan, M. (1979), "Discover Namiba" Struik, Cape Town. S. Africa, In Heathcot, 1981, op.cit. p.218.

2.Blainey, G.L. (1969)," The Rush that Never Ended- Melbourne Univ. Press Carlton. p. 312

3.Ibid p. 316.

4.Heathcot (1986), op.cit. p.219.

5.Britten. (1979), op.cit. In Heathcot, p.22.

6.Salesmen, D.C. (1986), "When Nomad Settle" A Process of Sedentrization, as adoption and Respond- McGill, University- J. F. Bergin Publishers- Brooklyn- New York. p.12

7.منصور أبو علي 1980، مرجع سابق- ص 150

8.Clawson M. (et al) (1960), "Land for The Future", Johns Hopkins- Baltimore p. 170, In. Heathcot. 1986. p. 246.

الفصل الثالث

خصائص المناخ في المناطق الجافة

من خلال البحث المشترك لعلماء طبقات الأرض وأشكالها، وعلماء الآثار، والتاريخ، والمناخ، فقد حصلنا خلال العقدين الآخرين على مزيد من الدلائل حول تغيرات مناخية حدثت في السابق على مستوى العالم. وعلى الرغم من أهمية هذه الدلائل بذاتها فإن لها صلة مباشرة بطبيعة استعمال المصادر في الأراضي الجافة وذلك من خلال بابين، أولهما: أن أي دراسة معاصرة لاستعمال المصادر في الأراضي الجافة تحتاج لمعرفة ما إذا كانت هذه الأراضي دائمه الجفاف أو لم تكن، وما هي الظروف المناخية السابقة؟ وهل يمكن تمييزها؟ وثانيهما: أن أي محاولة لرسم مستقبل استعمال المصادر في الأراضي الجافة تحتاج لمعرفة إلى أي مدى ستستمر المناخات الجافة الحالية، والى أي اتجاه يمكن تغير مثل هذه الظروف؟ وللإجابة على السؤال الأول، لا بد للإنسان أن يسأل عن عمر الامتداد الحالي للمناخات الجافة أو عن أهمية استعمالات المصادر الحالية والمستقبلية لظروف المناطق غير الجافة. وأما الإجابة على السؤال الثاني فيجب أن نسأل ما طول المدة التي يمكن أن نتوقعها لمناخات جافة حالية يمكن أن تستمر على حالها.

فترات الجفاف والتغير المناخي

يدور جدل معقد حول عمر الأنماط المناخية المعاصرة في العالم، ويرتكز على حقيقة النوعية المتغيرة، وعلى مدى تعرضها للتحليلات المختلفة المتنوعة. أما التغيرات الكبيرة التي حصلت في الماضي فلا اختلاف عليها، وعلى كل حال، لا تزال طبيعة هذه التغيرات وسرعة امتدادها، وقياس زمنها، عرضة لجدل طويل. ومن أشهر من أشار إلى ذلك عالمياً لامب (Lamb, 1977) [1]. أما بالنسبة للأراضي الجافة فهناك دراستان هامتان ومفيدتان قدمهما (Grov, 1978) [2] إذ تستعرض هذه الدراسات التغيرات

المناخية التي حدثت قبل (20.000) سنة حتى الآن، وقد قامت الدراسة على أساس مفهوم النشاط البيولوجي وقسمتهما إلى ثلاث فترات مناخية يمكن تمييزها، وهي:

الفترة الأولى:

امتدت هذه الفترة من (20.000 إلى 13000) سنة سابقة، وهي تمثل فترة نشاط بيولوجي منخفض وغطاء نباتي قليل، ونشير هنا إلى أن الصحراء الجليدية في هذه الفترة كانت تغطي معظم سطح القطبين، وامتدت حتى خط 40 شمالاً وجنوباً، في حين كانت تكوينات اللويس تتراكم في العروض الوسطى، والأقاليم شبه الجافة الحالية. وعلى الرغم من وجود بحيرات كبيرة في جنوب غرب الولايات المتحدة، وفي بعض أقاليم العروض الوسطى الأخرى من العالم (والتي يطلق عليها الآن الأراضي شبه الجافة)، إلا أنها بقيت جميعها ولم تجف نتيجة درجات الحرارة المنخفضة والتبخر القليل أكثر مما هي نتيجة الأمطار المتزايدة. وبشكل عام، فإن الأقاليم المدارية في تلك الفترة، فكانت أكثر جفافاً مما هي عليه الآن، حيث كانت الكثبان النشطة تغطي معظم مناطق السودان الأفريقي، وكانت الأقاليم شبه الجافة تشمل معظم شمال الهند، وشمال وسط أستراليا، وأراضي السفانا في الحوض الأعلى لنهر أورانيكو، ونهر سان فرانسيسكو في أمريكا الجنوبية، مما جعل الظروف الجافة تمتد إلى أقاليم هي الآن شبه جافة.

الفترة الثانية:

وتمتد ما بين (13.000 و7.000) سنة قبل الآن، تلك الفترة التي تعتبر فترة دفء، إذ كانت درجة الحرارة والأمطار يتزايدان بشكل تدريجي، ومن غير انتظام مما جعلها فترة نشاط بيولوجي عالية رافقها غطاء نباتي كثيف. فقد كانت درجة الحرارة فيها أكثر مما هي عليه الآن، كذلك كانت كمية الأمطار تزيد بحوالي (150%)، الأمر الذي أدى إلى تشكيل البحيرات الواسعة في المناطق شبه الجافة الحالية. ومن الدلائل التي تدل على تلك الفترة وجود -بحيرة تشاد- الحالية التي تقع على حافة الصحراء الكبرى، ونهر (أوكافنغو) في صحراء (كلهاري)، و(بحر قزوين) الكبير في آسيا، وبحيرة (إيري) في أستراليا، والبحر الميت في فلسطين، ومنخفض الفيوم في مصر. ولقد كانت مساحة الأراضي الجافة وشبه الجافة في تلك الفترة السابقة محدودة جداً.

الفترة الثالثة:

هذه الفترة امتدت قبل (7.000) سنة وما زالت حتى الآن. وتميزت بانخفاض درجات الحرارة، وانخفاض معدلات الأمطار، وهي الظروف التي شكلت الوضع المناخي الحالي للكرة الأرضية. وكرد مقتضب على السؤال الأول حول عمر المناخات الحالية، يبدو أن ظروف الأراضي الجافة الحالية قد تطورت منذ (7.000) سنة، لكن ماذا يعني هذا بالنسبة لاستخدام الإنسان للمصادر في الأراضي الجافة؟

الصحار والأقاليم الجافة في الحاضر

تدل المواد المبينة على الخريطة الأولى لاستخدام الأراضي في العالم على أن أكبر مساحة من الأرض الزراعية تقع خارج الأراضي الجافة، في حين تعتبر أفريقيا وأستراليا من أكثر المناطق التي تنتشر فيها الصحار. كما يمكن القول وحسب ما تشير إليه خرائط اليونسكو والفاو (FAO) أن الصحار وشبه الصحار هي ذات مفهوم مناخي نباتي معاً وهنا تكون كمية التبخر أكثر من كمية الهطول، كما لا يمكن أن يعنى مفهوماً نباتياً فقط على اعتبار أن معظم سطح الأراضي الجافة يغطيه نوع ما من النبات الطبيعي.

إلا أن هناك أراضي ما زالت تتعرض لفترات جفاف أو قحط مؤقت خصوصاً في الفترة ما بين (15-20 سنة) الأولى من القرن العشرين. كما يمكن أن نلاحظ أن الأقاليم التي يسيطر عليها الجفاف تتباين من حيث حدوث فترات القحط* فيها، كما هو الحال في مناطق السفانا والبامبس (pampas)، الغنية في أمريكا الجنوبية بالقرب من العروض المعتدلة، والسفانا أراض ذات أعشاب طويلة خشنة مدارية موجودة في أمريكا الجنوبية وأفريقيا. أما النوع الثاني من الاعشاب فهو من نوع الاستبس، وهي نباتات فقيرة وصغيرة، يطلق عليها بالعربية السهوب. وهناك مناطق "البوشتاس"، وهي عبارة عن نباتات أكثر جفافاً من الاستبس. وكذلك البراري (الحقول) الأمريكية الموجودة في كندا والولايات المتحدة، وهذه المناطق جميعها تعاني من فترات قحط متتالية. أما المناطق التي لا يمكن أن تتعرض للقحط فهي مناطق الغابات القديمة التي يكون مستوى (PH) تربتها

---

* القحط: هو حالة من الجفاف تصيب المناطق الرعوية أو الزراعية نتيجة نقص معدلات الأمطار وانخفاضها عن المعدل السنوي، وهي فترات قصيرة تتراوح من1-10سنوات.

أقل من (7). ومن أشهر فترات الجفاف في القرنين الماضيين حدثت في السنوات (1891، 1930، 1972) على التوالي وهي الفترات التي أصيبت مناطق الغابات بالقحط أيضاً لكن حدوثه كان نادراً[3].

ويعتبر التطور الذي طرأ على المناخ الحالي عملية معقدة جداً إلا أن العلماء توصلوا إلى استنتاج مفاده "أن المناخ المعاصر قد تشكل حديثاً" وأن له ملامح خاصة توحي بأننا نعيش ما بين فترتين جليديتين يميل فيها المناخ إلى البرودة والتجفف. كما يعتبر تاريخ نظام الرطوبة الحالي وترابطه مع النظام الحراري أقل وضوحاً من النظام الحراري لوحده. فقد سجلت أعلى درجة حرارة على الأرض في الصحراء الكبرى في ليبيا (تل العزيزية) حيث وصلت إلى (58ْم) في حين كانت أكثر السنين دفئاً هي الفترة الواقعة ما بين (1930-1960). أما بالنسبة للبرودة الحالية، فقد بدأت في أواخر (1960)، وهي تتوافق مع الشذوذات التي حصلت في "العصر الجليدي الصغير" الذي بدأ منذ القرن الخامس عشر حتى القرن الثامن عشر.

ومرة أخرى فإن تحديد التاريخ الحقيقي لنظام الرطوبة على اليابسة يعتبر عملية صعبة. ويفترض العلماء أن بعد كل فترة جليد هناك فترة مطيرة تبدأ وتنتهي في الأقاليم الجافة تصاحبها طبقة من الإرسابات الجليدية، حيث تحدث فيها مجارٍ مائية وعمليات تبخر، لذلك من الطبيعي أن يفترض بأن المناخ يميل إلى التذبذب ما بين فترات البرودة خصوصا خلال الفترة ما بين (6000-7000) سنة الماضية، كما أن هناك موازنة مائية لكل فترة تذبذب مناخي خارج وداخل فترة الجفاف والتصحر الجزئي.

إلا أن معرفة دورات الجفاف وتشكيل ظروف شبه الصحار والصحار على هذا الكوكب قد تم تسجيله بوضوح من خلال: غطاء التربة، والجيومورفولوجيا، والتركيب الصخري، والكيمياء الأرضية لليابسة. وتجدر الإشارة إلى أن معظم سطوح السهول داخل القارات بشكل عام، والمناطق المنخفضة بشكل خاص مغطى جميعها بتكوينات قديمة، نتجت عن إرسابات مطرية وجليدية، وكذلك فيضية أو إرسابات دلتاوية. هذه الإرسابات تراكمت من خلال ما حملته الأنهار أو المجاري المائية والخزانات المائية، التي كانت ذات قدرة ارسابية هائلة لم تعد موجودة في وقتنا الحاضر.

ظروف الجفاف في فترتي (البليستوسين والهولوسين):

دخلت الأرض في نهاية الزمن الثالث، وخلال عصر البليستوسين مرحلة من عدم الاستقرار المناخي، واتجهت نحو البرودة، إذ هبطت درجات الحرارة في العروض الوسطى في نهاية الزمن الثالث (50-60 مليون سنة) بمعدل يتراوح ما بين (120سْ إلى 30 سْ) ثم ارتفعت من (8 سْ إلى 20سْ)، ثم انخفضت مرة أخرى خلال الفترة (0.5- 1 مليون سنة) إلى متوسط حراري يتراوح ما بين (-3 سْ ـ -2 سْ) لكنها عادت وارتفعت إلى ما بين (8 سْ – 10سْ)، مما عكس حالة من التقدم والتراجع لخط الجليد.

وتجدر الإشارة إلى أن هبوط معدل درجة حرارة الكرة الأرضية من (5.0 – 1 سْ) قد يؤدي إلى اتساع رقعة الغطاء الجليدي، في حين تؤدي زيادة الحرارة الحالية بمعدل (1 سْ) إلى ذوبان الثلوج في كل من "جزيرة جرينلاند والدائرة القطبية". أما فترة الجليد الحالية التي بدأت منذ حوالي (10.000 سنة) فتعتبر ظاهرة نادرة في تاريخ الأرض خلال المليون سنة الأخيرة، بينما تميزت الفترة ما بين (5000-8000) سنة الماضية التي تلت الفترة الجليدية الأمريكية الأوروبية، بارتفاع درجات الحرارة، وانتشار الأنهار، والبحيرات، والمستنقعات، والمياه الجوفية التي أغرقت مساحات واسعة من سطح اليابسة.

ولقد تم التعرف على هذا التسلسل التاريخي للتغيير المناخي من خلال دراسة بنية البحيرات ومستوياتها في إفريقيا، وأمريكا، والسهول الفيضية البلستوسينية، وسهول العصر الهولوسيني. أما أبرز الظواهر التي تطورت خلال الفترة الممتدة ما بين (7000-8000) سنة الماضية هي ظروف الصحراء الكبرى الرطبة، حيث تميزت الصحراء بغناها بالنبات الطبيعي إلا أن الاتجاه العام نحو البرودة ظهر مؤخراً وكان أقوى ما كان خلال القرنين الخامس عشر والثامن عشر، وهي الفترة التي أطلق عليها اسم (عصر الجليد الصغير)، رافقها نمو الجبال الجليدية، وجمودات "جرينلاند" وجليد المحيط المتجمد شمال الأطلسي، وأوروبا وكندا. ويشير بعض العلماء إلى وقوع فترات برودة حدثت خلال الـ (6000 سنة) الماضية، ويقدر عددها مرتين أو ثلاث مرات وتحديداً في الفترة ما بين (5200 إلى 2800) قبل الميلاد(Lamb, 1977) [(4)].

وقد تأثر القرنان التاسع عشر والعشرون بفترات دفء واضحة، وتعتبر الفترة ما بين (1930-1960) من أكثر السنوات دفئاً، أعقبتها فترة من البرودة النسبية لا تزال آثارها ماثلة إلى اليوم. وقد تميزت هذه الفترة بعدم استقرار المناخ في الكرة الأرضية لا سيما في النصف الشمالي منها، وتشبه الظروف الباردة الحالية إلى حد كبير "عصر الجليد الصغير".

وجد كوكتا (Kukta, 1974) من البيانات التي أعدها زيادة عظيمة في المساحات التي يغطيها الجليد، واتساعاً في غطاء الجليد الموسمي في الأقاليم القطبية في السبعينات من القرن السابق إذ بلغت هذه الزيادة حوالي (4 مليون كم^2) كما لاحظ تحرك حدود التربة المتجمدة (Permafrost) نحو الجنوب، في سيبيريا. ومن الدلائل المهمة للاتجاهات الرئيسة للمناخ العالمي خلال الألف سنة الأخيرة ما ظهر في الخرائط التي توزعها الأكاديمية الوطنية الأمريكية للعلوم.

1- طبيعة التغير المناخي:

كان من الصعب معرفة تاريخ تغيرات نظام الحرارة والرطوبة، فقد تم طرح أسئلة حول تاريخ التغير المناخي مثل: "هل هناك قاعدة واضحة تؤكد أن زيادة الجفاف كانت تتزامن عادة مع فترات البرودة والفترات الجليدية؟"، وكقاعدة عامة فإن الزيادة والنقصان في كنتورات الجليد التي تغطي سطوح مساحات واسعة من اليابس والمحيطات والقمم الجبلية كانت ترافقها تذبذبات في مستويات المحيط تتراوح بين (70-100م) زيادة أو نقصاناً. مما يجعل تصور هذه الحجوم الضخمة من الماء مسألة صعبة، في حين استطاعت تراكمات من هذه الكتل الضخمة من الجليد نفسه أن تترك أثاراً واضحة على التضاريس، والجيومورفولوجيا، والثروة المائية لليابس أيضاً.

لقد امتد الدرع الجليدي إلى ارتفاع (4000م) فوق سطح البحر، في حين كان متوسط سمك الجليد العام (1.200م) (Smic, 1971) وهذا يعادل (12 مليون م^3) من الماء لكل هكتار واحد من الأرض اليابسة. هذه الكتل الجليدية إذا ما ذابت فإنها تمثل مجموع كمية الماء الناتج عن حوض مساحته 200كم^2) أو تساوي تصريف نهر الفولجا. كما أن كمية الجليد التي تغطي مساحة تصل (1000كم^2) تساوي كمية ما يصرفه نهر

الأمازون من الماء. هذه الأرقام تعطينا فكرة عن حجم الأراضي الغرقى خلال فترة ذوبان الجليد الذي تتأرجح حدوده جنوباً وشمالاً، كما تعطينا فكرة عن كمية والمواد المتحللة والعالقة التي تحملها هذه المياه خلال فترة الجليد السابقة[5].

ويرى كل من (Lamb, 1975, Flohn, 1975, Bryson, 1974) أن التغيرات المناخية حدثت على أشكال متعددة، كانتقال نطاقات الجليد من الدائرة القطبية باتجاه خط الاستواء، كما يمكن أن نضيف إليها ظروفاً أخرى تهمل أحياناً، مثل ترطيب مساحة اليابس الواسع، وزيادة حجم ما تصرفه الأنهار، وتشبع التربة والمياه الجوفية بالماء الناتج عن إذابة كتل الجليد والثلاجات الجبلية وغطاءات الجليد على اليابس. ويمكن للمرء أن يفترض أن ذروة التغيرات الجليدية يرافقها عادة امتداد لظروف الجفاف على حساب الأقاليم الرطبة وزيادة رطوبة الأقاليم الجافة سابقاً.

أما إمكانية زيادة حجم الأمطار في الفترات الجافة خلال العصر- الجليدي فهو افتراض يعني عودة جزئية للدفء نحو المناطق المتصحرة أصلاً، وهذه الظاهرة تستدعي انتشاراً واسعاً للماء على الأرض بسبب ذوبان الجليد السابق، وتغذية مياه الأنهار ومجاري المياه الجوفية.

قد يبدو التاريخ الفعلي لنظم الرطوبة على اليابس معقداً للغاية، ولا بد للإحاطة التقريبية به من افتراض أنه بعد كل عصر- جليدي تسود فترة مطيرة، تظهر وتنتهي داخل الأقاليم الجافة أصلاً، وتصاحبها فترات إغراق (جليدية - مطيرة) وحدوث مجارٍ مائية، وعمليات تبخر بسبب زيادة المياه الذائبة. وبعبارة أخرى أن اتجاه المناخ أثناء الفترتين من (7000أو 6000 سنة) الماضية، كان يتجه نحو التذبذب داخل أو خارج فترات البرودة وكذلك كان يوازيها في ذلك الاتجاه تذبذب داخل أو خارج فترات الجفاف الذي كان يرافقه جزئياً وبشكل مؤقت عملية تصحر كبيرة تطال الأرض المستغلة زراعياً.

مظاهر دورات التغير المناخي الرئيسة

مظاهر الرطوبة:

أولاً: تكوين السهول والدلتاوات:

يلاحظ أن معظم سهول القارات عموماً والأراضي المنخفضة بشكل خاص تكتسي بتكوينات تعود لفترات (جليدية - مطيرة)، وتظهر على شكل إرسابات متعددة مثل: السهول والدلتاوات الفيضية التي شكلتها المجاري والخزانات المائية، التي اختفت في الوقت الحاضر على الرغم من قوتها وشدتها في الزمن الماضي، أما الأنهار الحالية والبحيرات الكبيرة، وحتى أعظمها، فهي أقل من أن تقارن بالمجاري المائية التي حصلت في الماضي.

ثانياً: الأودية والبحيرات الجافة:

قد تسمح لنا غزارة مياه "وادي الأمازون" ودلتاه"، ونهر الفولجا الأدنى" بتخيل تلك الظروف الماضية التي تكونت فيها سهول سيبيريا، ووسط وجنوب روسيا، ومنشوريا، ووسط آسيا، ومنخفض قزوين، وبحر الأورال، وأودية الجزيرة العربية الجافة حالياً (مثل: وادي الرمة، ووادي الباطن والسرحان وغيرها مما كان يقطع الجزيرة من شمالها إلى جنوبها وشرقها حتى غربها)، والصحراء الكبرى في افريقيا. وصحراء اتكاما" في أمريكا الجنوبية وصحار أمريكا الشمالية. وتقع معظم هذه السهول والأودية التي كانت تغذيها مياه الأمطار في نصفي الكرة الأرضية ما بين خطي العرض (15°-45°) داخل مناطق الاستبس، والمناطق شبه الجافة، ومعظم الجزيرة العربية ومناطق شمال أفريقيا، وأمريكا الجنوبية، وصحار وسط آسيا (هندوستان، وطوران، وإيران) وسهول شرق أوروبا والأناضول. وللكشف عن طبيعة تلك الظروف السائدة يمكن تتبع ودراسة المفتتات والمستحاثات المنتشرة بين رمال صحراء (تكلاماكان) (Taklama Kan)في تركستان ، ونهر تاريم (حوض تاريم القديم) وسط أسيا، وكذلك في طين ورمال وأملاح منخفض (قزوين - أورال) وتورجي (Turgay) وأموداريا، ونهر منك القديم (Manych) والرمال في الصحراء الكبرى ومجرى نهر النيل القديم (Prenile)، وإرسابات الربع الخالي في الجزيرة العربية باعتبارها ناتجة عن التعرية المائية.

وما اختفاء عدد من البحيرات أو تناقص حجومها أو زيادة ملوحة مياهها الباقية في جميع أرجاء العالم (سيبيريا وإقليم الفولجا، ووسط آسيا، وإيران، وتركيا، وشمال أفريقيا ووسطها، وأمريكا الجنوبية والشمالية) إلا علامات تشهد على استمرار عملية الجفاف العامة التي أصابت الكرة الأرضية، ومثال ذلك بحيرة اللسان في شمال البحر الميت في فلسطين.

ويشير الانخفاض الشديد لمستوى مياه "نهر الأورال"، و"نهر الأردن"، وتناقص مساحتهما في بداية القرن التاسع عشر (نتيجة للنقص الحاد في كمية الأمطار التي كانت تهطل على أحواض الأنهار)، إلى اقتراب نهاية (عصر الجليد الصغير)، الذي بدأ من القرن الخامس عشر، بحيث ارتفع مستوى "بحر الأورال" قليلاً بعد ذلك، خصوصاً في نهاية القرن التاسع عشر وبداية القرن العشرين (Voeykau, 1979).

ثالثاً: تطور السهول الفيضية

ومن المعالم الأخرى التي تشهد على تراجع الرطوبة وسيادة الجفاف منذ بداية الزمن الرابع أو نهاية الزمن الثالث، ارتباط السهول بالأحواض المائية والمصاطب التي تكونت في فترة البليوسين (Peliosene) والبليستوسين، بعد ذلك أخذت السهول ترتبط بمصاطب ودلتاوات الأنهار في أواخر البليستوسين والهولوسين (Holocene)، وكذلك بالسهول الفيضية الحديثة ومصبات الأنهار. وتتميز جميع هذه الأشكال الترسيبية المائية الأخيرة بصغر حجمها أو امتدادها، كما تتميز بانخفاض مستواها عن بقية الأشكال الترسيبية التي سبقتها، وتشير هذه الحقيقة إلى أن كمية المياه التي صارت إلى اليابسة كانت تتناقص تدريجياً في حجمها وغزارتها. وهذا يعني أيضاً أن فترات الغرق التي حدثت في أثناء الفترة (الجليدية - المطيرة) السابقة كانت تتناقص أو كانت أقصر من سابقاتها، وهذا مسجل جيومورفولوجياً، وتشهد عليه المستحثات، وتؤكده الكيمياء الصخرية للسهول والمصاطب القديمة.

رابعاً: تشكيل الارسابات القديمة

جدير بالذكر أن كل فترة إغراق ناتجة عن إذابة الجليد تتراكم خلالها طبقات رسوبية جديدة، ترافقها عادة فترة جفاف، أو تنتهي بجفاف يشمل الأقاليم. وهذا ما تؤكده

دراسة بقايا غطاءات التربة القديمة والأرض، التي تشير إلى أن الجفاف قد حدث أو انتشر أربع أو خمس مرات على الأقل في العروض ما بين (°15-°50) جنوب خط الاستواء وشماله، وربما ارتفع العدد في نصف الكرة الشمالي إلى عشر مرات.

وينتج عن فترة الدفء عادة زيادة في معدلات التبخر، كما يزداد حفش التربة (Leachig) والصرف بسبب زيادة كمية الأمطار، وبالمقابل فقد يزداد تركز الأملاح في مياه الأنهار والبحيرات والمياه الجوفية، وقد تترسب الأملاح فوق الأشكال الفيضية التي تشكلت من الرسوبات النهرية والبحرية والفيضية، والرسوبات الدلتاوية التي حدثت في الماضي.

إن وجود كميات من المواد اللاحمة، وطبقات متداخلة من كربونات الكالسيوم والجبس، مع وجود الأملاح الذائبة فيها، يجعلنا نجزم بأن الجفاف والتصحر قد واكبا الفترات المطيرة التي كانت تمثل فترة غمر المياه الأرض، وتراكم الرسوبات المائية، وبداية تكون التربة.

وحتى هذه اللحظة فإن العلماء يعتقدون أن رصد فترات الجفاف والتصحر إنما يتم باستقراء الطبقات المتداخلة من السطوح الجبسية والكلسية والرسوبات التي توجد في الطين وتربة اللويس والطفال والرمال. ويظهر جلياً أن ما بين (4-5) من طبقات التربة القديمة، تشبه إلى حد ما الرسوبات التي سادت في الزمن الرابع الذي سبقها، كما يمكن القول أن فترة من الجفاف كانت تتكرر، أو تطول لتتجاوز عدداً من فترات الإغراق المطيرة. ويمكن القول أن الفترتين المطيرتين اللتين امتدتا طوال الألفي سنة الأخيرة، كانتا غير متميزتين إلا أنه يمكن القول أيضاً أن عملية الجفاف الكبيرة التي تشكل على أثرها إقليم الاستبس، وتصحر الأرض الزراعية صاحبها قليل من التذبذب المناخي.

أهم المظاهر الجيومورفولوجية الناتجة عن التغير المناخي في العالم:

*** مظاهر الرطوبة في إفريقيا وأمريكا الشمالية:**

1. الأودية الجافة التي صنعتها التعرية المائية في الفترة المطيرة في أواخر الزمن الرابع في شبه الجزيرة العربية والصحراء الكبرى.
2. مستودعات المياه الجوفية الحفرية (Fossil) الموجودة أسفل المنخفضات الصحراوية (منخفض الواحات الغربية المصرية) التي يتراوح عمرها ما بين (2500-4500 عام).
3. تذبذب مستوى البحيرات في الصحراء الكبرى، مثل بحيرة تشاد، حيث كانت مناسيبها ما بين (380م-400م) فوق سطح البحر في الفترة السابقة، ووصل مستواها الحالي إلى (280°م) وهذا ناتج عن نقص كمية الأمطار في **أفريقيا**، فقد تمت دراسة آثار البحيرات في الحبشة والصومال، والأحواض والبحيرات التي في الأخدود الأفريقي، وهضبة الحبشة مثل بحيرة "تانا وبحيرة يايا" (Yaya) التي تقع على منسوب أعلى من "بحيرة تانا" نتيجة حركة الرفع التي أصابت هضبة الحبشة. كما أمكن تحديد بعض البحيرات القديمة التي عاصرت نشوء البحيرات الأفريقية، مثل منخفض الفيوم (أبو الحجاج، 1963)، أما وادي النيل القديم فقد حفر مجراه الأدنى في الفترة الجليدية (فورم) حينما انخفض منسوب البحر المتوسط (90م) عن منسوبه الحالي، وهي الفترة التي تكونت فيها الدلتا الفيضي وسهلها.

وكذلك الأمر بالنسبة للحوض العظيم في الولايات المتحدة غرباً، فقد برزت التذبذبات المطرية على شكل تباين في الأحواض الموجودة في بحيرة (بون فيل Bonn Ville) في ولاية يوتا، التي وصلت مساحتها إلى (52000كم$^{-2}$)، وتتمثل بقاياها في سطح البحيرة المالحة العظمى (Great Salt Lake) التي وصلت مساحتها الحالية إلى (4500كم^{2})، وكانت تنصرف مياهها خلال الفترة المطيرة عبر نهر سنيك (Snake) إلى المحيط الهادي.

وكذلك الأمر بالنسبة لبحيرة (لاهون تان) في ولاية نيفادا إضافة إلى بحيرة صغيرة متبقية على الحدود الأمريكية المكسيكية، وقد وصل عدد الأحواض الداخلية في الحوض الأمريكي العظيم إلى 98 حوضاً (جودة، 1996) [7].

* **في آسيا:** هناك بحر قزوين، وبحر الأورال اللذان كانا متصلين معاً خلال الفترة المطيرة الشمالية، بوساطة نهر فسبوي (Vsboi)، أما بحر قزوين الذي بلغ مستواه الحالي (26°م) تحت مستوى البحر، فقد صرف مياهه أثناء الفترة المطيرة إلى بحر أزوف، والبحر الأسود عبر منخفض ماينتش (Manytsh). وكذلك الأمر بالنسبة لهضبة "البامير" التي تمكن الباحثون من تمييز عدد من الأحواض لبحيرات قديمة جافة فيها. كما يوجد في حوض تاريم في التبت بقايا بحيرات جافة أشهرها بحيرة (لوب نور)، وفي فلسطين هناك منطقة البحر الميت التي تظهر عليها الآثار التي خلفتها فترتان مطيرتان وهي عبارة عن خطوط حلقية تمثل مناسيب الشواطئ القديمة للبحر الميت، ويصل عددها إلى حوالي (15 خطاً) وتشير إلى أن البحر الميت قد ارتفع في زمن سابق حتى مستوى البحر المتوسط (394 متراً). حيث كان يمتد البحر الميت في السابق نحو الجنوب إلى أن أصبح يشمل معظم وادي عربة، ويمتد شمالاً ليشغل وادي الأردن حتى يتصل بحيرة (طبريا) وظل يمتد شمالها حتى بحيرة الحولة، بحيث كانت تشكل جميعها ما يسمى بحيرة اللسان (Hollis, 1978) [8].

4. **تطور الأتربة:** هناك بعض الأترب الحالية التي تطورت عن الفترة الرطبة التي سادت من الزمن السابق، إلا أن معظم الأترب في الأراضي الجافة تأثرت بالنظم المناخية القديمة المختلفة (Grov, 1977) [9] كما أن هناك أتربة في الأقاليم شبه الجافة تطورت عن الكثبان الرملية التي كانت نشطة في الفترة الجليدية الأخيرة، لهذا نجد أن هذه الأتربة قد تم غسلها، وكما ظهرت عليها القنوات التي تطورت في الفترات ذات النشاط البيولوجي العالي مع بداية عصر الهولوسين، وهي أتربة ذات إنتاجية جيدة.

وهناك تكوينات من التربة اشتقت من إرسابات نهرية، أو من رسوبيات بحيرات ساحلية (Lagoon)، مثل التي جرت في أحواض بحيرة تشاد، وعلى السهول الشرقية للنيل الأبيض في السودان. أما تربة البحيرات (Lacustrine) التي تعود لبداية عصر

الهولوسين فهي الأكثر رطوبة. وهي تربة متجددة ذات إنتاجية عالية، مثال ذلك تربة سهل الجزيرة في السودان التي اشتقت من إرسابات نهر النيل الأزرق. وتعتبر هذه التربة غنية مقارنة مع التربة المدارية، وهذا يعود إلى أن هذه الأتربة تعرضت لعمليات غسل قوية على مدى فترة طويلة، كما أنها تحتوي على نسبة عالية من الألمنيوم والحديد (Alfesol) نتيجة فقدان القواعد، ونشاط الأكسدة، لذا فإن قدرة هذه الأتربة الزراعية تعود إلى ظروف المناخ الرطبة في الماضي.

أما تربة اللويس التي تشكلت في الفترة الجليدية المبكرة، والتي تغطي مساحات واسعة من آسيا، وتنتج حالياً الحبوب ضمن النطاق شبه الجاف. فقد تطورت من إرسابات ناعمة حملتها الرياح خارج نطاق الصحراء، وقد أدى تعاقب فترات الرطوبة والجفاف في بعض الحالات إلى تراكم طبقات الكلس (الكاليش) (Caliche)، أو (Calcet) الموجودة في الطبقة تحت السطحية للتربة والتي تشكل حواجز أفقية تحول دون تسرب الرطوبة إلى داخل التربة.

كما أدت ظروف الرطوبة في الفترة المطيرة السابقة إلى تراكم كميات كبيرة من مياه المجاري المائية السطحية، التي تسربت إلى الطبقات الحاملة للماء، التي لم تعد تستقبل أي كمية منه في الوقت الحاضر. ويمثل هذا الماء المخزون منذ آلاف السنين آخر فترة مناخ رطبة داخل الأراضي الجافة الحالية، ويطلق على هذا الماء الحفري (Fossil) وهو كمية محدودة وغير متجددة ولكنها ذات أهمية كبيرة داخل الأراضي الجافة على الرغم من أنه تم استنزاف كميات كبيرة منه خلال العقدين الماضيين.

مظاهر الجفاف الحالي (قبل 10.000 سنة وحتى الآن):

تعود الفترة الحالية للجفاف إلى تراجع جليد فورم في أوروبا، وجليد (وسكنسون) في الولايات المتحدة حيث كانت الأحوال المناخية المتذبذبة ما بين البرودة والدفء، كما سادت فترة دفيئة بعد ذلك بدأت منذ (10.000 ق.م) تلتها فترة برودة تشكلت فيها الصحراء الأفريقية التي شهدت الفترة المطيرة الأخيرة، خلال الفترة ما بين (4000-8.000 سنة) ق.م الماضية، تحولت الصحراء إلى إقليم غني بالحياة النباتية (الشجيرات

والأعشاب) والحيوانية، وعاشت فيها حيوانات عديدة مثل الغزلان، والمها، والنعام، والفيلة، والجاموس، والكركدن، وأفراس النهر، والتماسيح. تلا ذلك جفاف حاد وشديد، امتد منذ ذلك الحين حتى يومنا هذا، وقد تخللته بعض التقلبات البسيطة، وساد بالتالي مناخ صحراوي شبيه بالمناخ الحالي.

تميزت الفترات المطيرة التي حدثت في الماضي بكونها المصدر الرئيس للمياه الجوفية والحفرية العذبة في الصحراء الكبرى، وصحار أمريكا اللاتينية، وآسيا ويقدر عمر هذا الماء ما بين (4000-5000 سنة) أو أكثر. ويؤكد دارو (Darrow, 1961) في أبحاثه حول تاريخ امريكا الشمالية أن الاتجاه الواضح والمحدد للجفاف الذي أثر سلباً على ظروف المناخ في هذه القارة قد بدأ منذ الزمن الثالث وبداية البليستوسين، واستمر حتى الحقبة الحالية "الهولوسين"، إذ تطورت خلال هذه الفترة أشكال معززة للصحراء وشبه الصحراء والسافانا والاسبتس، واستمرت في الاتساع حتى وصلت إلى شكلها الحالي ومظهرها الجغرافي الراهن.

"كما أشار (دارو) إلى أن درجة الجفاف "هي نتاج عملية تبخر مستمرة وطويلة حدثت في الماضي"، وهذا ما تشير إليه شواهد من الأشكال الجيومورفولوجية الناتجة عن ظروف الجفاف الشديدة مثل التراكمات الجيرية (الكاليش)، والأملاح الذائبة داخل الرسوبات النهرية والبحرية. وجميع هذه الأشكال تطورت في فترة تكرار عمليات الزحزحة في بعض الأقاليم أثناء الفترات الجليدية السابقة، ومن تعاقب فترات البرودة، وفترات الجفاف التي صاحبت الفترة المطيرة، لا سيما في القارة الأمريكية. وسجلت أطول فترة جفاف وأشدها أصابت القارة الأمريكية في الفترة الواقعة بين (5500-2000 ق.م)، وتلتها فترة جفاف قصيرة ما بين (540، 190 ق.م)، وأحدث تلك الفترات هي فترة الجفاف والقحط الحاد التي سادت ما بين (1278-1299م) (Darrow, 1961) [11]. وفي المقابل حصل تزحزح آخر لحدود الدائرة القطبية باتجاه الجنوب أدى إلى زحزحة منطقة ضد الأعاصير شبه المدارية والأمطار الموسمية جنوباً، كما تقدمت الحدود الصحراوية تجاه أراضي السفانا، وهذا يعزز الاعتقاد بأن فترة البرودة الحالية في النصف الشمالي من الكرة الأرضية، كانت سبباً في سيادة ظاهرة جفاف مماثلة في كل من آسيا

وأفريقيا، وقد ظهرت خلالها الكثبان الرملية في الصحار في المنطقة ما بين (14°-20) شمالاً عبر منطقة "الساحل" الأفريقي، أما في فترة (2500 ق.م) فقد عاد الجفاف، وتراجعت ظروف الرطوبة، واستمر الأمر كذلك حتى (850 ق.م)، بعدها أخذت درجات الحرارة في الانخفاض، وقد صاحبتها فترة هطول الأمطار على شمالي أفريقيا وبلاد الشام، وهي فترة واكبت ازدهار الدولة اليونانية في مصر، والرومانية حتى الفتح الإسلامي .

افترض العالم السوفياتي شتنكوف(SHNITNIKOV, 1975) في دراسته عن وتيرة التغيرات المناخية للأرض التي اعتمد فيها على تاريخ الأرض والآثار القديمة والجغرافيا والهيدرولوجيا، ومعلومات أخرى تتعلق بالأرض، وتقدم بفرضية مفادها "أن دورات زمنية يصل مداها إلى (1850 سنة) تعاقبت فيها فترات تذبذب ظروف الجفاف"، كما افترض أن نقصاً في معدل تراكم الجليد حدث في فترة امتدت من القرن السادس عشر حتى القرن الثامن عشر، وصاحبه هبوط في مستوى المحيطات والبحيرات. أما في القرنين التاسع عشر والعشرين فقد ارتفعت معدلات الجفاف، وأدت إلى جفاف ظهور المستنقعات، وتحول النباتات الحولية إلى نباتات صحراوي.

ويعتقد أن حقبتنا الراهنة داخلة كلياً في دورة الجفاف الحالية الواسعة، وهذا يعني أن هناك احتمالات كبيرة لحدوث فترات من القحط (الجفاف) في القرن الحادي والعشرين، مما يعني انه لابد من اتخاذ إجراءات لتفادي الآثار السلبية الناتجة عن التعقيدات المتكررة لظروف المناخ والتي تؤثر في الزراعة، وتربية الحيوان.

مدى دورة الجفاف (القحط):

أشار لامب (LAMB, 1975) إلى أن فترات الجفاف أو القحط أو البرودة تخللت الألف الميلادية الأولى التي حددت فيها الفتح الإسلامي، حيث اختل التوازن البيئي، وحل الرعي مكان الزراعة بسبب قلة الأمطار، أما الفترة ما بين (1000-1200م) فقد شهدت زيادة في الدفء، وفي معدلات الأمطار في حوض المتوسط والشرق الأوسط. وتلتها فترات مطيرة أدت إلى حدوث الفيضانات المدمرة، وتميز القرنان الثالث والرابع الميلاديان بالدفء والجفاف، في حين سادت ظروف رطبة معتدلة خلال القرن السادس.

كما تميز القرن الثامن بمناخ قاري وجاف، في حين شهد القرن التاسع فترة من الرطوبة والحرارة المنخفضة، إلا أن الجفاف عاد ثانية في القرن العشرين بشكل بارز) [12].

وعلى الرغم من التناقص والاضطراب في درجات الرطوبة، يمكن القول أن فترات البرودة والجفاف وارتفاع درجات الحرارة كانت طويلة نسبياً، كما ظهرت دورات مناخ وطقس قصيرة، تراوحت ما بين (5-7 سنوات)، و(22-30 سنة) و(50-200 سنة)، وكان لها أهمية كبيرة بشكل خاص. واستناداً إلى بعض الدراسات القديمة (Moore, 1914) التي كانت تربط بين فترات النشاط الشمسي فيما يخص دورات البقع الشمسية (التي تتراوح دورتها ما بين 11،22،33 سنة) وفترات القحط أو إنتاجية الحبوب والعشب، لم تكن هذه الدراسات مقنعة. لكن من الممكن أن تصور درجة من التناسق بينهما، غير دقيقة، ويصعب التنبؤ بها على أساس أن فترات البقع الشمسية يمكن أن تحدد كمية الأمطار. أما الاتجاه الآخر في البحث، فقد حاول إيجاد علاقة بين الدفء والجفاف والقحط المتكرر، وهناك تساؤل آخر يدور حول إمكانية وجود علاقة بين البرودة المنخفضة والتذبذب الشديد في كمية الأمطار السنوية.

أما في الفترة الحالية فقد أشار جرنتل (Grentle, 1991) [13] إلى ثلاث فترات مناخية رئيسة مدى كل منها (30 سنة) بدأت من عام (1881-1970) حصلت فيها تغيرات مناخية عديدة، فالفترة ما بين (1881-1910) كانت تمثل فترة رطبة، أما الفترة ما بين (1911-1940) فكانت تمثل فترة أكثر جفافاً. أما الفترة ما بين (1941-1970) فكانت أكثر رطوبة من التي سبقتها، ولكن منذ (1970) وحتى الآن لا تزال تسيطر على العالم فترة جفاف متواصلة تخللتها تذبذبات أدت إلى زحزحة حدود الأراضي الجافة نحو الأراضي شبه الجافة بحزام يصل إلى (100كم).

الآثار البيئية السلبية للجفاف العالمي الراهن (القحط) (1800-2006م):

1. **نقص المياه وانخفاض إنتاج الغذاء:**

نتيجة لتفاقم الظروف البيئية، فقد تسارع الجفاف بالانتشار، وأدت هذه الظروف إلى جانب زيادة استهلاك المياه الجوفية للأغراض المنزلية والصناعية والنقل، ونتيجة قطع الغابات إلى زيادة كمية التبخر من التربة والمجاري المائية، إضافة إلى تدمير الغطاء العشبي، مما أدى بالتالي إلى خفض مستوى الماء الجوفي المتجدد بمقدار (50-750سم) عن المستوى العام السنوي. وقد عزز تنوع الآثار السلبية لفترات القحط التي أصابت أفضل السهول إنتاجية للمحاصيل الزراعية الغذائية تدهور إنتاجية تربة سهول (تشرنوزم) الخصبة التي تغذيها المياه الجوفية تحت سطحية (Sub Surface). ومن مميزات القحط البارزة هو حدوثه في فترات قصيرة متعاقبة بشكل غير منتظم، مما يجعل تحديد مدتها ومسارها مسألة صعبة على الرغم من ارتباطها بخلفية ظاهرة الجفاف العامة.

ومن الآثار السلبية للجفاف الذي ضرب أجزاء من جنوب شرق آسيا وجنوب شرق أوروبا سنة 1988، تناقص تصريف مياه الأنهار في حوض البحر الأسود، وبحر قزوين، ناهيك عن هبوط مستوى الماء في بحر قزوين منذ نهاية القرن التاسع عشر وبداية القرن العشرين خصوصاً بعد عام 1930، فأدى ذلك إلى إقامة سدود عديدة على نهر الفولجا، مثل سد كيورا (Kura)، الذي اقتصر استخدام المياه فيه على الأغراض المنزلية والري والصناعة. وعلى الرغم من الاحتياطات التي اتخذت للحد من الإسراف في استهلاك المياه إلا أن مستوى بحر قزوين قد انخفض من (28م إلى 25 م). مما يعني هبوطاً مستمراً في مستوى المياه الجوفية على امتداد مساحات واسعة.

2. **تذبذب الأمطار في (القرنين 20-21):**

وإذا تتبعنا الظروف المناخية لا سيما ظروف الرطوبة والأمطار وجدنا أن زيادة في كمية الأمطار حدثت في النصف الثاني من القرن التاسع عشر تخللتها فترات من القحط الشديد تبعتها فترة قصيرة من الرطوبة كانت في بداية القرن العشرين.

أما في العشرينات وبداية الثلاثينات من القرن العشرين (1920-1929) فقد سادت العالم فترة من القحط والجفاف الشديد تركت آثاراً سلبية حادة أدت إلى وضع العالم في

موقف حرج لا سيما في مجال إنتاج الغذاء في بعض الدول. إلا أن الفترة ما بين (1930-1935) تميزت بالدفء والرطوبة المناسبين اللذين شملا أوراسيا وأفريقيا وأمريكا الشمالية.

وتعتبر فترة الستينات والسبعينات والثمانينات من القرن العشرين جزءاً من الفترة الباردة التي تشبه "عصر الجليد الصغير"، الأمر الذي نتج عنه تذبذب هائل في كمية الأمطار كانت تتجه نحو التناقص المستمر، كما انتاب مناطق واسعة في هذه السنوات فترات من القحط والجفاف المتكرر المهلك.

أما فترة الثمانينات والتسعينات وحتى بداية القرن الحادي والعشرين، فقد شهد العالم فيها برودة سيطرت على أرجاء النصف الشمالي للكرة الأرضية. ويرى أشهر علماء المناخ (برايسون ولامب) (Lamb, 1975 - Bryson, 1974) [14] أن الظروف الرطبة المثالية التي تميزت بها فترة الثلاثينات حتى الستينات (1930-1960) قد حلت محلها لظروف مناخية جافة شملت العقود الثلاثة التي تلتها، في حين زادت كمية الأمطار في منطقة خط الاستواء بنسبة (20%) عن المعدل السنوي العام للأمطار. كما اتجهت ظروف خط الاستواء الرطبة جنوباً إلى (10ْ) درجات جنوب الخط الدائم. وزادت كمية الأمطار في العروض الوسطى ما بين (30ْ-40ْ) لنصفي الكرة الأرضية بمعدل (5-10%)، وبزيادة تتراوح ما بين (5-8%) في العروض الدنيا (10ْ-20ْ) شمالاً، ومن (12ْ-42ْ) جنوباً.

- وتجدر الإشارة إلى فترة الستينات التي شهدت تغيرات حادة في نظام الأمطار كانت الأكثر تعقيداً من الفترة ما بين عامي (1930-1960) إذ بلغت نسبة التغير ما بين (15-25%)، وأصبحت الأقاليم الجافة والأقاليم الرطبة متقاربة ومتجاورة، بحيث انخفض مستوى الرطوبة بنسبة تتراوح ما بين (50-70%) عن مستوى العقود السابقة، واتسعت المنطقة غير المستقرة مناخياً لتشمل مناطق واسعة من شمال أمريكا وجنوبها ووسطها وأفريقيا (من أثيوبيا حتى السنغال غرباً)، ووسط أسيا وجنوبها).

- وقد أدى الوضع الشاذ في السبعينات خصوصاً في عام(1972) إلى انخفاض كبير وعلى مستوى العالم في إنتاج المحاصيل، ومصادر الطعام والاحتياطي من الحبوب والاعلاف ونقص في مياه الشرب والري، وقد استمرت هذه الظروف لفترة وصلت إلى خمس سنوات، وجهت العديد من الدراسات العلمية والمؤتمرات العالمية للبحث عن أسباب هذه الظاهرة الشاذة للمناخ والطقس العالمي، وعقد أول مؤتمر حول "الجفاف والتصحر" في نيروبي عاصمة كينيا عام (1973)، تبعه مؤتمرات أخرى (1974، 1975) تمخضت عنها تطوير أساليب الإنتاج الزراعي والرعوي بشكل يتلائم مع المرحلة الراهنة، كما توصل الباحثون إلى الاعتقاد بأنه من المستحيل التنبؤ في الوقت الحاضر بالمدى الزمني لهذه الظاهرة المشؤومة، والذي قد يستمر لعدة عقود وربما لعدة قرون.
- التنبؤات بظروف المناخ المستقبلية حتى بداية القرن العشرين، كما أن تناقص الأمطار سيؤثر سلباً على كمية ما تحمله الأنهار في مناطق واسعة من وسط آسيا (القفقاز وبحر أورال وبحر قزوين) وجنوب غرب آسيا وشمال أفريقيا، إذ سيتراوح انخفاضها بنسبة تصل من (18-25%) عن المتوسط العام للصبيب النهري الحالي (Sokolov and Stak, 1975) وفي المقابل يحتمل زيادة الهطول في سهول غرب سبيريا وشمال كازاخستان بسبب تراجع خط الدفء نحو الشمال.

وأخيراً تشير الملاحظات التي تم جمعها، من السهول والجبال في أوراسيا وأفريقيا وأمريكا الجنوبية إلى أن هناك اتجاهاً نحو الجفاف داخل الاستبس والسفانا والبراري لكنه يحتاج إلى مزيد من التحقق والتأكيد.وفيما يلي بعض المظاهر الطبيعية الدالة على الجفاف (Xerotization):

1. الانخفاض المستمر في مستوى سطح المياه الجوفية.
2. بطء عملية الرفع التكتوني العام للسهول.
3. تقطع وزيادة صرف الأنهار - والبحيرات.

4. ارتفاع خط الثلج الدائم في المرتفعات، ونقص في الصبيب النهري، وفي مخزون المياه الجوفية في الأراضي المنخفضة.

القوى المؤثرة في التغير المناخي:

الحساسية المناخية (Sensitivity) الداخلية والخارجية:

يعزى تأثر عدد من السمات المحددة للمناخ إلى زيادة تركز غازات الميثان والآوزون وثاني أكسيد الكربون، وإلى الشوائب التي تعمل على تغير معدل السطوع (irradiation) الشمسي الذي يؤثر في تغير ظروف سطح الأرض وما عليها من غطاء نباتي وحيواني، وهذه الظروف تعرف بأنها من العوامل الداخلية (للغلاف الأرضي).

كما يعتبر "السطوع الشمسي" من القوى الرئيسة الخارجية المؤثرة وتأثيراً واضحاً في النظام المناخي، وتشير التجارب التي أجريت بنماذج بسيطة واضحة (explicit) إلى أن النظام المناخي حساس جداً أمام أدنى تغيير في إجمالي السطوع الشمسي، لذا كان من الضروري مواءمة تجارب الحساسية مع متغير إجمالي السطوع الشمسي، وذلك عن طريق استخدام النماذج المناخية الأكثر تفصيلاً. لكن من غير المؤكد تحديد تأثير التغيرات في كمية الأشعة فوق البنفسجية الشمسية في النظام المناخي، وإلى أي مدى يمكن أن يصل هذا التأثير؟

نشاط الإنسان: ومن القوى الأخرى المؤثرة في المناخ تغير ظروف سطح الأرض بفعل الإنسان من خلال عدة طرق، منها إزالة الغابات، والرعي الجائر اللذان لهما أثر هائل في تغير معامل الانعكاس، وكذلك الأمر بالنسبة لسطح المحيط، فزيادة درجة الحرارة المنبعثة من البيئة تعمل على تغيير ميزانية طاقة السطح، وتعتبر جميع الآثار البشرية المتقدمة مسؤولة عن اختبار الحساسية في نماذج المناخ التي تحسب بواسطتها درجة حرارة الأرض، وتلقي نماذج الدورة العامة (GCM) لاختبارات الحساسية الضوء على هذه المشكلة، لكن تجارب نماذج دراسة (المحيط – الجو) هي أيضاً مطلوبة.

مصادر هامة معتمدة لدراسة التغير المناخي:

لما كان من المتعذر إجراء تجارب مناخية على مجال عالمي أو في جو حقيقي، أصبح من الضروري البحث عن بدائل لنظم حقيقية يمكن بواساطتها مقارنة النماذج الرقمية، ومن هذه البدائل:

1. المناخ القديم (Palioclimate): وهي حالة الجو في الزمن الماضي التي تختلف عن المناخ الحاضر.
2. دراسة أجواء غير جو الأرض: تشمل الكواكب وأقمار مجاورة للأرض، بحيث يكون معدل دوران الأرض، والعوامل الإشعاعية فيها، ومعايير أخرى هامة.....الخ، من الأمور التي تتم مقارنتها مع الأرض.
3. المستوى المخبري: حيث يجري الخبراء تجارب على النشاط الهيدرولوجي الأساسي، كالدورة العامة، والتباين الحراري، وخصائص السوائل بطريقة علمية دقيقة.

وتوضح المعلومات التي تم جمعها عن المناخ القديم أن الآثار الطبيعية للمناخ مثل (إرسابات البحر العميقة، ونوى الجليد، وحبوب اللقاح المتحجرة، وحلقات الأشجار) دلت جميعها وبشكل واضح على أن المناخ قد طرأ عليه تقلبات كبيرة ومتكررة حدثت جميعها في الزمن الماضي. ويقدم برنامج (CTARP) الدولي أهم المصادر حول المناخ القديم، ومن هذه المصادر ما يلي:

أ.جمع بيانات حول المناخ القديم وتقوم به مجموعة (ITMAP).

ب.تحليل سلسلة الزمن للمناخ القديم.

ج.استعمال نموذج الدورة العامة (GCM) الذي يهتم بالبيانات الخاصة حول ظروف الحدود (المحيط والجو) في الزمن الماضي.

تشمل الدراسة الحديثة لأجواء الكواكب والأقمار المجاورة للأرض جيوفيزيائية الأرض، والأرصاد، والفيزياء الفلكية. كما تهتم بمراقبة وتحليل ظاهرات جوية لكل من الزهرة والمريخ والمشتري وزحل، والهدف من هذه الدراسات الحصول على نماذج جوية خاصة للقيام بالمزيد من البحث تفوق تلك التي نحصل عليها من جو الأرض.

أما التجارب المخبرية فلها دور مركزي في تحليل ديناميكية جيوفيزيائية السوائل مثل تجارب الإضطراب الجوي، وديناميكية الحركات الجوية على مقياس واسع. وتتطلب دراسة التغير إلى كم هائل من البيانات التي تستعمل مرشداً من أجل تصميم التجارب والمناخ[15].

هل استطاع الإنسان أن يعدل المناخ الجاف؟

في حين تناقش هذه الدراسة الأساليب التي استطاع من خلالها الإنسان أن يتأقلم مع المناخات الجافة في العالم، كان لابد أن تجري نقاشات حول استعمال مصادر الأراضي الجافة أيضاً. أما إمكانية تعديل المناخات الجافة مثلاً، فإن ذلك يقتضي أن ينظر إليها من خلال مستويين: الأول: المناخ العالمي، أو على المستوى الإقليمي. والثاني: المناخ التفصيلي (المحلي). على الرغم من عدم وجود ظاهرة تدل على تعديل الإنسان للمناخات التفصيلية في الأراضي الجافة، إلا أن هذه الدلائل تؤكد عدم القدرة على تعديل المناخات العامة في الأراضي الجافة.

لقد أصبح دور النشاط الإنساني في تعديل مناخ العالم سواء أكان بالصدفة أم بقصد، مسألة نقاش مستمر بين العلماء خلال العقدين الماضيين، نتيجة لتوفر مجموعة دلائل تشير إلى حدوث التغيرات المناخية في العالم من خلال أسس مختلفة. ونتيجة للاهتمام بموارد الغذاء العالمية المستقبلية في فترات التغيرات الرئيسة لأنماط المناخ، كما حصل في فترات القحط في بداية السبعينات.

وتجدر الإشارة إلى حساسية موارد الغذاء العالمي بالنسبة للجفاف، إذ "على الرغم من تقدمنا التكنولوجي ... فإن موسم الحصاد ما زال تحت رحمة الطقس إلى حد بعيد، مما يعني أن الإنسان قد فشل حتى الآن في السيطرة على بيئته الطبيعية". ويمكن أن نؤمن الغلات الغذائية عندما يستطيع الإنسان أن يسيطر على بيئية فقط. إلا أن هناك سؤالاً يطرح : متى يستطيع الإنسان أن يسيطر على المناخ العالمي؟ والجواب هو: أن الطريق طويلة، ويبدو أن مسارات الطاقة العالمية كبيرة جداً، ومعقدة ، بحيث أن أي تدخل للإنسان للسيطرة على المناخ الإقليمي يفوق قدراته التكنولوجية الحالية والمتوقعة، حتى إذا اعتبرت مثل تلك التعديلات حيوية بالنسبة لمستقبل الإنسان على الأرض.

مثل هذا الجواب القصير، يجب أن لا يخفي حقيقة وجود دلائل تأثير الإنسان في مناخات العالم. لكن المشكلة هي أن تلك النتائج المحددة لهذه التأثير غير واضحة، كما أن أثر الإنسان على البيئة إنما ينتج بالصدفة من خلال نشاط لم يقصد به تعديل المناخ العالمي. وأوضح مثال على ذلك هو الحوار الذي جرى حول دور زيادة كمية (Co_2) الذي ينطلق في الجو، والناتج عن محركات السيارات، واستخدام المصانع للزيت الحفري، وحرق النباتات الطبيعية كجزء من الممارسات الزراعية حول العالم غير المسؤولة.

*** تعديل المناخات الجافة المحلية:**

قد يؤدي نشاط الإنسان في الأراضي الجافة إلى زيادة أو نقصان الجفاف المحلي. فزيادة الجفاف يمكن أن تحدث بسبب نقص النبات الطبيعي الواقي، مما يسمح بزيادة سخونة سطح الأرض. فالزيادة في معدلات الألبيدو (معامل انعكاس سطح الأرض والحرارة) عن طريق تمليح التربة سيؤدي إلى زيادة ارتفاع درجات الحرارة من خلال زيادات في الإشعاع المعكوس. أما التناقص في سرعة الريح فيمكن أن نحصل عليه كما أشرنا سابقاً من إقامة مصدات للهواء. على أن مقدرتنا على تغيير الجفاف المحلي تكون بشكل مؤقت. أما التخطيط لتعديل مساحات واسعة من الأراضي الجافة لفترات طويلة فهو مرتبط بتحولات كبيرة على الأسس نفسها. وهنا يشير (Glantz, 1977) إلى نقص العمليات التي لها صلة برطوبة الأراضي الجافة، وتشمل ما يلي:

(1) إيجاد بحيرات اصطناعية في المناطق الجافة عن طريق تحويل المجاري السطحية من المناطق الرطبة إلى البحيرات.

(2) استمطار النطاق الموسمي المداري، وذلك من أجل تشجيع حدوث تأثير أكبر على الأراضي الجافة.

(3) إيجاد مجموعة من نطاقات الأشجار المظللة عبر الصحراء الكبرى.

(4) تغطية مساحات واسعة من أرض الصحراء بالإسفلت. من أجل رفع درجة الحرارة السطحية وإيجاد تيار حمل حراري لخلق غيوم وعواصف مطرية وحتى الآن فإن كلفة هذه الخطط، وعدم التأكد من نتائجها جعلتها استراتيجيات غير ممكنة، ونظرية بحتة.

وتجدر الإشارة هنا إلى أنه قد طرأ على الظروف الجافة المحلية تغيرات كبيرة نتيجة استخدام الأراضي الجافة من أجل الحصول على مصادر الثروة. وربما كانت أفضل استراتيجية لاستعمال المصادر هي التعرف على وتيرة تذبذب المناخات العالمية، خصوصاً في الأراضي الجافة، وتنظيم استعمال المصادر لتعويض تناقص الإنتاج، ووتيرة التباينات المناخية للعالم.

يخضع المناخ بشكل عام لقانون التوازن، بحيث إذا كانت هنالك منطقة ما كبيرة تحصل على قليل من المطر، فإننا نجد منطقة أخرى تحصل على كميات من المطر كبيرة جداً. (Bewmanand Pickit, 1994) مثل هذه التبادلات ممكنة فنياً، لكن كثيراً منها تسيطر عليه السياسات العالمية مما يجعلها غير ممكنة.

مراجع الفصل الثالث

1. Lamb, H. H, (1973) "Climate: Present, Past and Future, Methuen; London (vol.2) p: 217.
2. Grove, A. T. (1978): "Late Quaternary Climatic Change in Sahara", Geao- Eco-Trop.2.p 292. In Heathcot. Op-cit. p. 33.
3. Ibid. P. 39.
4. Lamb, H. H., (1977) op-cit. Vol2, p. 303.
5. Ibid. p. 3.
6. Kovda, V.A. (1977), "Arid Land Irrigation and Soil Fertility", Problem of Salinity and al Kalinity, p.p 24-36. In Arid Land Irrigation. Pergaman Press Oxford- p. 463.
7. جودة حسين جودة، (1996). مرجع سابق، ص62
8. Hollis, G.E., (1978). "The Falling Levels of Caspien and Ural Seas". Geogr, Journal, 144. pp. 62-80.
9. Grove, (1977). Op-cit. p. 312. In Heatcatcot. Op-cit. p. 37.
10. Dorrow, M.S. (1966)," Water Supply, Irrigation and Agriculture. In: singer et al (eds). vo1. I. p.p 510-17.
11. Ibid. 28.
12. Lamb, H.H., (1973). Op.cit. 2 Vols. P. 120.
13. Gentli, J. (1991) "World survey of climatology". Vol 13, Elsevier Amsterdam (chap)7.
14. Lamb, H.H., (1973). Op-cit. p. 317.
15. National Academy of Science, (1981). "Physical Basis, Climate and Climate Change" WMO. No: 537. Geneva, P.P.112-131.

الفصل الرابع
النظام المائي

الموارد المائية السطحية والجوفية:

على الرغم من أن 97% من مياه العالم موجودة في البحار والمحيطات، و2% منها موجود في المناطق المتجمدة، إلا أن توزيع المياه في العالم يشير إلى عدة مشاكل تتمثل بشكل عام في كمية المصادر المائية في الأراضي الجافة ونوعيتها، كما يظهر توزيع المياه على مستوى الكرة الأرضية أن نسبة الماء التي تساهم بها الأراضي الجافة(التي تعتمد على المياه الجوفية) تساوي نسبة مساحتها إلى مساحة الكرة الأرضية(باستثناء الغطاءات الجليدية والثلاجات) وهذه النسبة تتراوح ما بين 0.18% من إجمالي كمية المياه الجوفية على الكرة الأرضية. انظر الجدول (9)

جدول رقم(9) مصادر الماء في العالم

الرقم	أنواع المياه	إجمالي الماء100%
.1	بخار المياه الموجود في الجو	0.0001
.2	بحار العالم والمحيطات	97.6
.3	الماء في اليابسة	
	ا0 الماء الموجود في مجاري الأنهار	0.0001
	ب0 البحيرات(الماء العذب)	0.0094
	ج0 البحيرات المالحة(خصوصاً البحيرات الداخلية)	0.0076
.4	رطوبة التربة	0.0108
.5	الماء الجوفي في العالم	0.5060
.6	الغطاءات الجليدية والثلاجات	1.9250

المصدر:Cot. Health 1981

أي أن نسبة الماء المتوفر في الأراضي الجافة من الماء الموجود على سطح الأرض باستثناء الثلاجات يساوي0.18% إذا كانت مساحة الأراضي الجافة 33% من إجمالي مساحة اليابسة. أما إذا كانت مساحة الأراضي الجافة تساوي 36% من إجمالي مساحة اليابسة، فان المياه الجوفية تساوي 0.19% وبسبب نقص الماء العذب، وتدني رطوبة التربة نسبياً، ونقص المجاري المحلية الصغيرة، المتمثلة في بعض الأنهار، لا بد من نظرة إلى واقع تلك الأراضي الجافة تصل إلى 0.17% من إجمالي مصادر الماء في العالم. ولتقدير أهمية هذه المساهمة الصغيرة وحيويتها بالنسبة للأراضي الجافة فإننا نحتاج إلى نظرة إلى واقع تلك المصادر في الأراضي الجافة ونوعيتها، والمشاكل المرتبطة باستغلالها. **وتقسم مصادر المياه إلى نوعين هي:-**

- المياه السطحية
- المياه الجوفية

أولا: المياه السطحية

تقسم المياه السطحية في الأراضي الجافة إلى مياه دائمة، ومياه مؤقتة. وتشمل المياه الدائمة، الأنهار الجارية في تلك المناطق مثل نهر النيل، والنيجر، والهندوس، والأصفر، ودجلة والفرات، ومعظمها انهار تنبع من خارج النطاق الجاف، ولغزارة مياهها تمكنت من عبور المنطقة الجافة إلى البحر، إذ لعبت هذه الأنهار دوراً مهما في تاريخ العالم فكانت أول مراكز الحضارات التي اعتمدت على الري. ويقدر متوسط الصبيب النهري لمعظم الأراضي الجافة بحوالي 6.6% مما يصبه نهر الأمازون. انظر الجدول(10).

جدول(10) أنهار الاقليم الجاف العظمى ومتوسط كمية المياه التي تجري فيها

الأنهار	المنطقة	متوسط الصبيب النهري عند المصب(م3/ث)
1- نهر الهندوس(السند)	الهند	5547
2- نهر النيل	مصر	2130
3- نهر الميسيسيبي	الولايات المتحدة	1953
4- نهر الأصفر	الصين	1500
5- نهر دجلة	العراق	1400
6- نهر الفرات	العراق	920
7- نهر الكلورادو	الولايات المتحدة	156(بسبب استعمال الري)
المجموع		13456
نهر الأمازون لوحده(181120م3/ث)		

المصدر:Healthcot, 1986.Opcit

وتشمل مصادر المياه الدائمة، البحار الداخلية، والبحيرات المالحة، الموجودة في الأراضي الجافة التي تغذيها الجداول والمسيلات التي تجري بعد هطول الأمطار، ومعظمها يقع في آسيا واشهرها "بحر قزوين" الذي يشكل حوالي 76% من مياه البحار الداخلية للأراضي الجافة في آسيا. كذلك حوض الجوف في الصحراء الكبرى، وحوض(تسايدام) في آسيا الوسطى، وحوض بحيرة تشاد في "جنوب الصحراء الكبرى"، و" بحيرة اوكامانجو" في "صحراء كلهاري التي تتغذى من نهر كوبان جو"، وفي آسيا أيضا "نهر تاريم" الذي يغذي بحيرة "لوب نور" في "التيبت". وبحيرة "أوروميا" التي تتغذى من حوض غرب إيران، وبحيرة حوض سايستان في جنوب غرب أفغانستان ويغذيها نهر هيلماند الذي تقع عليه كابول العاصمة. ويشمل التصريف المائي المتقطع معظم المجاري القديمة التي كانت تجري فيها المياه في الفترة المطيرة الماضية، وتشمل الصحراء الكبرى، وشبه جزيرة العرب، وصحراء استراليا. أما مصادر الماء المؤقتة والموسمية التي تشمل الأمطار، والجليد، والندى، والضباب، فتعتبر تعتبر جميعها من المصادر التي تغذي المجاري السطحية والجوفية [(1)].

ثانياً: المياه الجوفية

تقسم المياه الجوفية في المناطق الجافة إلى:

1- مياه قديمة(حفرية)

2- مياه حديثة(متجددة)

يعتبر استغلال هذه المياه من المهارات التي يتميز بها سكان هذه المناطق، كما أن استغلال المياه الجوفية يعتمد على الصخور الحاملة للماء، إذا كانت تتغذى بالمياه بشكل متواصل، أو أنها مياه مخزونة منذ العصر المطير السابق. لقد أدى اختراع المثقاب، والمضخة الآلية إلى استغلال كميات كبيرة من المياه الجوفية التي لم تستخدم في السابق، ومن أشهر مناطق المياه التي اكتشفت حديثاً حوض المياه الأرتوازية العظيم في أستراليا(سنة1960). ويعتبر هذا أول اكتشاف للمياه في عالم الأراضي الجافة وقد سبق اكتشاف الماء في الصحراء الكبرى(سنة1960م)، ويأتي الماء إلى الحوض الأسترالي العظيم من الصخور الحاملة للماء التي تغذيها مياه الأمطار التي تسقط على المرتفعات الشرقية. أما المياه الجوفية المكتشفة في الصحراء الكبرى فهي مياه حفرية قديمة، وتقدر مياه الأحواض المائية في الصحراء الكبرى ب(7.7 بليون م3) وتغذيها مياه الأمطار بمعدل (4 مليارم3)سنوياً. لكنها تتعرض لمعدلات سحب مياه عالية من النيجر وتشاد. وتتميز المياه الحفرية بأنها عميقة جداً، وفي صخور قديمة، وغير متجددة، ولا تخلو من الشوائب والملوثات. كما يعتقد أنها تعود إلى 40 ألف سنة، ولا يمكن إعادة تغذية الصخور. ويطلق على استغلال الماء الحفري(عملية تعدين) ما دام معدل سحب المياه الجوفية يفوق كمية المياه التي تتزود بها. ومثال ذلك حوض المياه الارتوازي في استراليا الذي وصلت مساحته إلى 1.55مليون كم2 والذي يقع ما بين هضبة الصحراء الغربية والسلاسل الجبلية الشرقية، وتقع في جنوبه (بحيرة أيرى)، وتستفيد منه كل من ولاية كوينزلند، ونيوسوث ولز، وجنوب استراليا.

و قد تناقصت كمية المياه نتيجة سحب الماء من آباره التي وصل عددها حوالي (20.000بئراً) وقد تم حفرها عام 1920، بمعدل استهلاك (3.2بليون لتراً يومياً) انخفض إلى حوالي(909مليون /لتراً يومياً) في عام(1980)، وسيهبط إلى(500مليون/لتراً يومياً)

في عام 2010م. لعبت مصادر المياه الجوفية في الأراضي الجافة دور مهماً في علمية التنمية التي نفذت في النصف الثاني من القرن التاسع عشر. وقد صاحب استغلال المياه في الأقاليم الجافة تطور وسائل نقلها منذ القدم، حيث استخدمت الأفلاج* التي تنقل الماء من الأرض المرتفعة إلى السهول، والمزارع البعيدة عبر قنوات تحت سطح الأرض (مغطاة)، وهي وسيلة استخدمت منذ آلاف السنين في الصحراء العربية والآسيوية.

الأودية والأنهار الرئيسة في الأراضي الجافة في الشرق الأوسط:

1- النيل

ظهرت الحضارة المصرية منذ الالف الرابعة ق.م على ضفاف نهر النيل، وبدت مصر كواحة طويلة في قلب الصحراء، وتميزت بتوحد حضارتها. ونهر النيل أطول أنهار العالم، ينبع من هضبة البحيرات الاستوائية. وعلى الرغم من أن معظم روافده تتوقف عند الحدود المصرية، إلا أنه يجري مسافة 2700كم في أراضى صحراوية قاحلة ليصب في البحر المتوسط، بعد أن يتعرض إلى معدلات تبخر عالية جداً. حيث تعتبر المنطقة التي بين الخرطوم وأسوان من اشد مناطق العالم حرارة وجفافاً، وهنا يفقد النهر حوالي10% من مياهه. ويصل صبيب النهر اقل مستوى له في مايو(570م3/ثانية)، وأعلى مستوى له في سبتمبر(850م3/ثانية)، وتبلغ كمية الماء التي ينقلها النهر(83مليار م3/سنوياً) تصل أحيانا إلى(151مليارم3/سنوياً)، كما حدث في عام 1913م. وفيضان النيل هو زيادة في صبيبه النهري الذي يحدث في الفترة ما بين أواخر يونيو ونوفمبر (جودة، 1996)[2].

* الافلاج: وتدعى القناة في إيران، والافلاج عبارة عن قناة مغطاة تسحب الماء من مناطق المياه الجوفية عند أقدام الجبال في الأراضي الجافة، وتنقلها إلى الأراضي السهلية المجاورة، وذلك من اجل الزراعة، وهو أسلوب شائع في الدول العربية، وصحاري وسط آسيا. وتمتاز هذه القنوات بأنها مغطاة وتسمح بجريان الماء بشكل تلقائي، وتوجد عليها فتحات منفصلة عن بعضها وتستعمل هذه الفتحات للصيانة.

2- **نهرا دجلة والفرات:**

قامت على هذين النهرين حضارات قديمة عديدة، قسمت حدودها على أساس تقسيمات المياه حتى سميت "بالممالك المائية" غير الموحدة، بعكس الحضارة المصرية. ففي الشمال كانت توجد مملكة أشور، وعاصمتها نينوى قرب الموصل، وفي الجنوب مملكة بابل، وعاصمتها قريبة من مدينة الحلة. ويشهد فصل الربيع أعلى منسوب لهذين النهرين نتيجة ذوبان الثلوج على الهضاب الشمالية، في حين يصل أدنى مستوى له في فصل الصيف(500م3/ثانية)، بحيث تصل كمية المياه في فصل الربيع إلى 10 أمثال كمية المياه في فصل الصيف حيث تصل إلى (5000م3/ثانية). أما المتوسط السنوي للمياه فهو(73مليارم3 سنوياً). وهذا يشمل(44مليارم3 لنهر دجلة و29 مليار م3 لنهر الفرات). وذلك بمعدل (1400م3/ثانية) لنهر دجلة، و(920م3/ثانية) لنهر الفرات، وتبلغ مساحة حوض الفرات(445الف كم2)، ومساحة حوض دجلة(342الف كم2) في العراق، وهي تشكل 4503% من أجمالي مساحة حوض النهرين والنسبة الباقية تتقاسمها إيران وتركيا وسوريا.

نوعية المياه في الأراضي الجافة:

تتباين نوعية المياه في الأراضي الجافة ما بين ماء الشرب النقي والمياه المشبعة بالأملاح، كما هو الحال في البحر الميت، علماً أن متوسط ما تحتويه مياه الشرب من أملاح في الولايات المتحدة وبريطانيا يصل إلى حوالي 570 جزءاً من المليون. في حين وضعت منظمة الصحة العالمية سقفاً لملوحة المياه الملائمة للشرب يقدر بحوالي 500 جزء من المليون . اما الأنواع الحيوانية في الأراضي الجافة، فقد عرفت بتحملها للأملاح بنسبة تصل إلى 3000جزء/مليون. كما أن الإنسان يستطيع أن يتحمل 4000 - جزء /مليون في ظروف قاسية. وقد تتباين ملوحة الماء حسب مصدره أو نتيجة للضخ والاستنزاف بشكل غير عادي، ومثال ذلك زيادة الملوحة التي أصابت "نهر ميري" الأسترالي نتيجة الجفاف، حيث يشكل هذا النهر مصدرا مهماً لمياه الشرب في فصل الصيف، وتعتمد عليه عاصمة استراليا الجنوبية على الرغم من أن ملوحة مياهه وصلت إلى (900جزء /مليون) في صيف عامي 1967 و1968م، وعلى الرغم من أن المدينة

لاتقع ضمن الأراضي الجافة الا أنها تأثرت بالعجز المائي. أما قدرة النبات على تحمل الأملاح الموجودة في المياه، فتعتمد على أنواع النباتات المحصولية المختلفة. ويصبح ملح الطعام مؤذياً لجميع أشكال الحياة إذا وصلت نسبته إلى 0.5% من كمية المحلول.(ونذكر هنا أن ملوحة مياه المحيط تصل إلى 3.4%، وتصل في مياه البحر الميت الموجود في النطاق الجاف إلى 27.5%).

ويتم التغلب على زيادة الأملاح بزراعة بعض النباتات المحصولية المعروفة في التربة الرملية للعمل على إزالة الأملاح الزائدة كالشمندر والشعير. وهذه الأملاح التي تسبب بعض المشاكل الفسيولوجية للعضويات المختلفة، تعتبر هي نفسها مادة خام تستخدم في الصناعة، إذ أصبحت تشكل أملاح الصوديوم والمغنيسيوم والبوتاسيوم الموجودة في الأراضي الجافة قاعدة الصناعة التعدينية لهذه العناصر. فقد استخرجت من مياه البحر الميت منذ 1930 وعن طريق تبخر الماء في برك معادن البوتاس والبروم وكلوريد المغنيسيوم، وبعض المخصبات اللازمة لزراعة الحمضيات في فلسطين، كما تم تصدير هذه الأسمدة إلى الخارج.

ولا يمكن تمييز أهمية المياه الجوفية في الأراضي الجافة عنها في الأراضي الرطبة، لذا ينبغي أن يتجه الاهتمام إلى المياه الجوفية باعتبارها مرتبطة ليس بالأراضي الجافة فقط بل بالأراضي الرطبة ايضاً، فالمياه الجوفية مهمة أيضا في الجهات المطيرة الباردة، وفي الجهات الاستوائية. وقد يشكل نقص المياه الجوفية في المناطق الرطبة أحد القضايا الصعبة على نحو ما نجده في مدينة لندن (من أقاليم أوروبا الرطبة) التي تعتمد على المياه الجوفية لأغراض الشرب، لتفي باحتياجات سكانها الذين يتراوح عددهم ما بين (9-10مليون نسمة). وكذلك في امستردام عاصمة هولندا، ونيويورك، ويعود الفضل في ذلك إلى أصحاب المصانع الذين حفروا آباراً خاصة رائقة المياه قليلة الشوائب، علما أن نهر (نهر وكلين) يحمل معه كميات من الأملاح قد تضر بآلات المصنع انظر الجدول(11).

جدول(11) إمكانية زراعة المحاصيل في ترب الأراضي الجافة

أمـلاح التربـة NACL (جزء/مليون)	المحاصيل الزراعية وقدرتها على التحمل
8000-4000	الملفوف، الشمندر، محدد للقطن، الشعير، الشوفان والقمح
4000-3000	القطن والقمح والأرض الشوكي والرمان
3000-2000	البندورة والقمح والزيتون
2000-1000	معوق لزراعة البطاطا والجزر والبصل الفلفل

المصدر:Source: Adam +William 1987 Champman

الطبقات الحاملة للماء الجوفي (Aquifers):

تقسم الصخور الحاملة للماء إلى قسمين:-

1ـ صخور نفاذة: وهي التي تتسرب من خلالها المياه إلى الخزان الجوفي، وتعود النفاذية إما إلى مسامية الصخور Porosity ذات المكونات الخشنة، وضعيفة التماسك، كالحجر الرملي والحصوي(كونجلو مرات) والصخر الجيري الحبيبي، أو إلى نفاذية الصخور Permeability التي تمثلها الصخور النارية التي تكثر فيها الشقوق والفواصل والكسور تتمكن من خلالها التتسرب إلى الخزان الجوفي، إضافة إلى الصخور الجيرية والطباشيرية والكوارتز.

2 ـ صخور كتيمة: وهي صخور الصلصال، والشيل Shale، والجابرو. وتتشكل الأحواض الجوفية من طبقتين غير منفذتين احداهما فوق طبقة الصخور المنفذة، والثانية أسفلها. وتظهر عادة على سطح مكاشف الصخر المنفذ الذي تسربت من خلاله مياه الأمطار القديمة، وحينما تتشبع الطبقة المنفذة يطلق عليها حاملة الماء الجوفي (Aquifer) وفيما يلي أهم الطبقات الحاملة للماء:

1- الحجر الرملي: يعتبر الحجر الرملي من أجود الطبقات الخازنة للمياه الجوفية، إذ يصل حجم المسامات فيه إلى حوالي 40% إضافة إلى ما يوجد فيه من فواصل، وشقوق وتزداد جودته كلما كثرت فيه الفواصل، والتي بينها جيوب من الجبس، ومن أشهرها صخور الصحراء الكبرى في منطقة الواحات بمصر.

2- الحجر الكلسي: وهو مستودع جيد للمياه الجوفية، ويدل على ذلك(خسف المذنب) في السعودية، إذ استطاعت المياه إذابة الكلس وإحداث الخسف في الزمن الأول، ومن المناطق التي يوجد فيها الحجر الكلسي منطقة برقة في شمال شرق ليبيا. ويمتاز الكلس بكثرة المفاصل والشقوق. لكن في جميع الأحوال لا بد من طبقة كتيمة تحت الطبقة المنفذة لتمسك المياه الجوفية وعادة ما تكون صلصالية، أو طفلية، أو طباشيرية Chalk، ومن الخزانات الكلسية الجوفية في المنطقة الشرقية في السعودية، القطيف، والهفوف، والافلاج، وهضبة نجد، حيث توجد شقوق وعيون كثيرة يصل عمقها إلى 250م[5].

3- الصخور البركانية: هناك مناطق بركانية لا تعتبر مناطق مثالية لتخزين المياه، لعدم توفر الشروط الجيولوجية فيها. وهي عبارة عن سدود أو فواصل شقوق تحتفظ بالمياه الجوفية. قد لا تكون هناك مسامات في الصخور، ولا تجانس بينهما، نظرا لتفاوت النشاط البركاني على فترات متباعدة مما يجعلها خزانات رديئة. ومن أمثلة ذلك "خيبر" في السعودية وبعض المناطق في اليمن، وبعض أنحاء الوطن العربي. ويعتمد عمق البئر على مستوى ارتفاع المياه الجوفية، والذي يتفاوت كثيرا حسب منسوب المياه، ويمكن أن نصل بالحفر إلى طبقات أعمق، ومناسيب أكثر على نحو ما حدث في منطقة الواحات الخارجة المصرية، حيث توجد 8 طبقات من الحجر الرملي.

4- التكوينات النارية: تتفاوت التكوينات النارية التي تمسك الماء في نفاذيتها، فهناك تكوينات ذات نفاذية عالية وأخرى من الطفل، والصلصال ضعيفة النفاذية. يتجمع الماء بين الفواصل والشقوق الموجودة فيها، لتصبح خزانات ضخمة للمياه كما هو الحال في استراليا(الحوض الاسترالي العظيم).

5- الصخور المسامية(صخور السهول الفيضية): وهي غالبا ما تكون في السهول الفيضية حيث توجد أحواض تكتو نية تستمد مياهها من مناطق مطيرة عبر الطبقات المائلة، أو من المياه الحفرية، وهي عبارة عن جيوب لا تنسب إلى الجيوب الحالية، لكنها نتجت عن ظروف العصر المطير عندما كانت الصحاري

مناطق تهطل عليها الأمطار الغزيرة. وقد تسربت المياه من خلال صخورها واستقرت في خزانات ضخمة، وهي ليست ذات فائدة كبيرة، فقد لا يصار إلى استهلاكها على المدى القصير. ويعتبر الحوض الاسترالي الذي يغذيه المطر على خط التقسيم العظيم شرق استراليا من اكبر الخزانات الجوفية في العالم[4].

أما المياه الجوفية المتجددة فهي مهمة حيث يمكن الحصول عليها من الطبقات العليا بسهولة، ومن هنا كانت الواحات مناطق استقرار في الأراضي الجافة، في مختلف جهات العالم، حتى أن الأوروبيين عند وصولهم إلى أمريكا اعتمدوا على مثل هذه المناطق التي تحيط بها المرتفعات مثل البهادا والبولزن التي تشبه مناطق الدلتا والواحات الأخرى. وهي مصادر شحيحة إذا ما قارناها مع الآبار الارتوازية في الوطن العربي التي توجد في السعودية، ومصر، وبلاد الرافدين، وفي اكناف الأودية في شمال ليبيا، وشمال سيناء والإمارات، وعند أقدام جبال عمان. ويحتاج اكتشاف المياه الجوفية إلى معرفة كميات المياه المخزونة، وخصوصاً المياه الحفرية منها، كما يتطلب معرفة كمية المياه التي تغذي المياه الجوفية المتجددة على اعتبار أن سحب المياه الحفرية يعتبر عملية غير متحكم بها، لان كمية المياه غير متجددة.

ومن اشهر الأحواض الارتوازية في النطاق الجاف هي:

1- الصحراء الكبرى الأفريقية: يوجد هناك عدد كبير من الأحواض الجوفية الرئيسة، يقدر عددها بحوالي سبعة أحواض كما تقدر كمية المياه التي تغذيها بحوالي(4مليارم3).

2- الحوض الاسترالي العظيم: من اكبر الخزانات المائية في النطاق الجاف، مساحته(155مليون كم2)، يقع بين الهضبة الغربية الصحراوية وسلاسل جبال استراليا الشرقية. ويتركب هذا الحوض من ثلاث طبقات: صخور رملية منفذة تعود إلى الزمن الثالث، تغطيها طبقة صماء صلبة تهطل عليها الأمطار بمعدل يصل إلى 70سم سنويا وتتغذى هذه الطبقات أيضا مما يرد عليها من نطاق الجبال الشرقية. لكن هذه المياه تعرضت للاستنزاف الجائر الذي أدى إلى انخفاض منسوب المياه، وزيادة ملوحتها.

3- آسيا الوسطى: هناك حوض كبير يطلق عليه (حوض تسايدام) الذي تكون في الزمن الثالث والرابع، تحيط به من الجنوب صحراء(تكلاماكان) وهضبة(البامير) من الغرب، وجبال(كون لون) في الجنوب وصحراء (جوبي) في الشرق. وتغذي مياه الثلوج الذائبة صيفا الخزانات الجوفية لهذا الحوض كما تعمل على إيجاد غطاء نباتي.

مما سبق نلاحظ أن المصدر الوحيد لتغذية الخزانات الجوفية، هو ما يسيل إليها من المرتفعات من مجارٍ وسيول وجداول مائية موجودة في أحواض الصحاري، أو أواسطها. في حين لا تتغذى المنطقة المستفيدة من المياه الجوفية عدا الآبار الارتوازية آنفة الذكر، وأهمها:

1. البلاطة:

وهي عبارة عن مناطق منبسطة، أو على شكل منخفض بسيط ذي سطح غير منفذ، تتراكم عليه الارسابات التي تحملها مياه الأمطار الجارية، لكن مياهها غير مستساغة للإنسان والحيوان.

2. ظاهرة الكارست:

تتشكل هذه الظاهرة داخل الصحاري ذات الهضاب الجبلية التي تتسم صخورها بنفاذية عالية، وتكثر فيها الفواصل، وهي ذات مسطح انفصال طبقي. وتتمثل هذه الظاهرة في عدد من التجاويف والحفر التي تمتلئ بمياه الأمطار العذبة، أهمها هضبة(مارماريكا) الجيرية الممتدة بين واحتي العامرية والسلوم الليبيتين. وهناك هضبة أخرى تمتد من ساحل البحر المتوسط حتى منخفض القطارة، والجغبوب وفي برقة في شمال ليبيا وبنغازي، لكنها لا تكفي لإقامة حياة زراعية أو مدنية[5].

3. الكثبان الرملية:

تعتبر الكثبان الرملية خزانات حديثة للمياه العذبة، خصوصاً تلك التي تكون على شكل نطاق يمتد من السنغال غرباً حتى تشاد شرقاً، وتكون بعرض يصل إلى 300 كم وطول يصل إلى 4000كم. ويعتقد أن هذه الكثبان تكونت في النصف الأول من زمن الهولوسين الحالي، ومصدر المياه هنا هو الأمطار الموسمية ذات الفائدة الكبيرة، والتي

ينفذ جزء كبير منها إلى أسفل في حين لا تسمح طبقة الرمال العلوية لهذه المياه أن تتبخر. ويمكن أن نقسم قاعدة الكثيب الرملي إلى الكثبان الداخلية التي تكلمنا عنها، والكثبان الرملية الساحلية. على الرغم من قلة ما تحتويه هذه الكثبان من المياه العذبة، إلا أنها ذات أهمية اقتصادية ومن هذه الكثبان تلك المطلة على سواحل البحر المتوسط الجنوبية(دلتا وادي النيل، ودلتا وادي العريش في سيناء، يضاف إلى ذلك الحوض الساحلي لشمال سيناء) وتعتبر كميات المياه المخزنة في هذه الكثبان كافية لقيام الزراعة الحدائقية. أما على الساحل الشرقي للبحر المتوسط (ساحل فلسطين) فيمكن الاستفادة من المياه التي تختزنها الرمال بشكل أفضل لوفرة كمية الأمطار التي تهطل على هذه المنطقة، وبالمقارنة نجد أن سهول شمال سيناء تتخللها البحيرات المالحة، لكنها تتغذى على ما يتسرب إليها من مياه فروع النيل القديمة. وتطفو عادة المياه العذبة فوق المياه المالحة الثقيلة المندفعة من البحر المتوسط نحو الساحل، وتختزن المياه العذبة في غزة على مستوى تحت سطحية. ولا ننسى أن جزءاً من مصدر المياه يعود إلى ما يهطل على المنطقة الساحلية من الأمطار التي يصل معدلها ما بين(150 -170ملم) والمصدر الثاني هو ما يرد إليها من المرتفعات الشرقية ويقوم في هذه الأجزاء نوع من الزراعة المروية، والأشجار المثمرة المقاومة للجفاف كالزيتون، وغيره.

أما في سواحل الخليج العربي فتعتبر التكوينات الحصوية الساحلية، والجيرية، والطفلية، من أهم التكوينات التي تحمل المياه الجوفية. وتقدر كمية المياه بحوالي (3مليارم3) تتغذى بحوالي(40مليون م3)سنوياً من مياه الأمطار التي تصل إلى(103ملم/سنوياً). إلا أن هذه المياه عموماً غير عذبة، وتصل ملوحتها إلى(3000ج/مليون)تقريبا، لكن يمكن أن تستعمل هذه في الزراعة والصناعة المختلفة. أضف إلى ذلك أن عمرها قد يكون قصيراً بحيث يقدر لهذه المياه أن تنضب بعد 3 عقود(2030م).

أما المياه الجوفية **في سواحل شبه جزيرة قطر والبحرين والكويت**، فهي ذات مميزات وخصائص معينة، حيث توجد المياه في قطر في الصخور الجيرية والدولوميت، بنسبة ملوحة تتراوح ما بين(400-2000ج/مليون) وفي الجنوب تتراوح ما بين(3000-

6000ج/مليون) كما أن كمية المياه الشحيحة هذه تتعرض للاستعمال الكثيف، الأمر الذي يزيد من نسبة ملوحتها، وتتراوح مياه الأمطار السنوية هناك ما بين(50-70ملم).

ويقدر ما تحصل عليه **البحرين** من المياه بحوالي(150مليون/م3)، أما التكوينات التي تحمل هذه المياه فهي صخور جيرية مسامية تعود إلى الزمن الايوسيني. وهي متوسطة الملوحة، تزداد ملوحتها كلما اتجهنا نحو الجنوب، إلا أن هذه المياه تتعرض للتداخل مع مياه الخليج المالحة التي تصل ملوحتها (43000ج/مليون). وتتعزز هذه الظاهرة نتيجة زيادة ضخ المياه العذبة للاستعمال الزراعي، أو المنزلي، وزيادة عدد السكان. وتتواجد المياه الجوفية في **دولة الكويت** في طبقات صخرية ضحلة ولكنها ذات كمية قليلة، وملوحة تصل إلى(1000ج/مليون). وقد استطاعت الكويت استعمال المياه الحفرية الشحيحة. وإلى الجنوب من الكويت هناك المياه الحفرية في **الدمام**(السعودية) التي تعود إلى حوالي(40000عام) وتصل ملوحتها إلى(20000ج/مليون)،ولا تساعد هذه الملوحة على قيام أي نوع من الري بالتنقيط. وعتبر المياه الجوفية في المملكة السعودية قليلة جدا،يتراوح متوسط الأمطار السنوية حوالي(100ملم)،و في الجنوب الغربي(172ملم)،وفي الجوف(20ملم)[6].

وكانت أهم المدن السعودية الكبرى مثل مكة المكرمة، والمدينة، والرياض تعتمد على المياه الجوفية، إلا أن هذه المياه قد نضبت نتيجة زيادة الاستهلاك،و زيادة عدد الحجاج،والسكان المحليين،مما أدى إلى الاعتماد على المياه المقطرة (تحلية مياه البحر) التي أصبحت المورد الوحيد للاستعمال المنزلي. أما بقية المصادر القديمة مثل "وادي فاطمة" و "وادي حنيفة" الذي كان يزود الرياض بالمياه العذبة، وكذلك الخزانات الجوفية الموجودة في "تكوينات الساق"، و"تبوك"، و"الوجيد"، و"النحور"،و"أم رصوفا"،و"الدمام" فقد نضبت. وتعتبر المنطقة الوسطى،والمنطقة الشرقية غنية بمياهها الجوفية، لكنها غير صالحة للاستعمال بسبب شدة ملوحتها نتيجة للضخ الجائر،أو نقص كمية المياه. ويقدر عدد الآبار في السعودية بحوالي(70.000بئر)،أما منشآت تحلية المياه المالحة فقد وصل عددها إلى 22 محطة[8].

أما السهل الساحلي الضيق في الجزيرة العربية المطل على البحر الأحمر (سهل تهامة) فيعتبر من الموارد المائية الجوفية المستقبلية الهامة للسعودية واليمن، يصل طوله إلى 2000كم، وبعرض ما بين 25-50كم. قامت فيه زراعة كثيفة أدت إلى نضوب بعض الآبار في الأجزاء الجنوبية منه، وبخاصة في اليمن. ويتغذى هذا السهل من مياه الأودية التي تنحدر إليه من نطاق التلال الذي يقف إلى الشرق من السهل، ويتخلل السهل الكثير من المراوح الغرينية الخصبة التي تشكل مصبات للأودية القصيرة المنحدرة من التلال المجاورة التي تهطل عليها كمية من الأمطار بحوالي(100ملم)، وينبع عدد كبير من العيون في أسفل الارسابات الفيضية للمراوح.

المياه الجوفية أسفل قيعان الأودية:

يعتبر خزان وادي النيل، ودلتاه التي تحتوي على(5000مليون م3) من المياه العذبة من أشهر الخزانات الجوفية في الأراضي الجافة. إلا أن ملوحة المياه تزداد كلما اتجهنا شمالا مع مجرى النيل أو بعيدا شرقا وغربا. وقد تصل ملوحة المياه إلى (20.000ج/مليون)، في سواحل البحيرات الشمالية الموجودة على ساحل البحر المتوسط، وهذه المياه المالحة لا تحسب من كمية المياه العذبة. اما الملوحة في مياه بحيرات الشمال والى توغلها نحو الداخل وإلى تراجع مياه السد العالي التي تغذي الحقول الزراعية بدلا من استعمال المياه الجوفية، والى استقرار أو انخفاض مستوى المياه الجوفية التي قاومت زحف مياه البحر المالحة نحو الخزان الجوفي.

مياه الأودية والسيول في الأراضي الجافة:

سنعالج الآ استعمال المياه السطحية الفصلية التي تشمل مياه الأمطار وتجمعاتها في الأودية، والسدود، والبرك، والآبار جمع، والثمالات، والخبرات. وهي قليلة الملوحة، وقد ترتفع هذه الملوحة في بعض المياه التي تتجمع خلف السدود، أو في الأحواض الداخلية المقفلة، التي تتعرض لمعدلات عالية من التبخر. إلا أن معظم المياه السطحية صافٍ، كما أنها تعتبر مكانا مناسبا لحياة بعض الطفيليات(Parasite) وبشكل عام فان مياه الأمطار الفصلية السطحية عذبة سائغة لكل من الحيوان والإنسان.

تعتبر الكمية التي يستهلكها الفرد في الصحاري أقل من تلك التي يستهلكها الفرد في المدن الكبرى. حيث لا يتعدى استهلاك الفرد الواحد 35 لترا من الماء يوميا، ويشمل هذا الاستعمال المنزلي(الطبخ والغسيل والشرب)، وهناك عوامل مناخية وبشرية متعددة تحد من زيادة استهلاك الفرد للماء في الأراضي الجافة. أهمها عدم توفر مصادر المياه الدائمة، أو القريبة من التجمعات البدوية ومضاربهم، إضافة إلى مستواهم الاجتماعي والحضري وكذلك التقاليد والعادات. ومن خلال دراسة الكمية التي يحتاجها الفرد في فصل الجفاف، نجد أن كمية كبيرة منها تذهب للشرب، بحيث يصل استهلاك الفرد إلى 30 لترا يوميا. وهذا الاستهلاك يعتبر منخفضا اذا ما قارناه بما يستهلكه الفرد في الصحراء الاسترالية الذي يصل إلى 45 لترا يوميا.

لكن احتياجات حيوان الرعي من المياه قد تفوق ما يحتاجه الفرد، وحتى نوعية المياه التي يشربها الحيوان فهي أيضا يجب أن تراعى عند حساب كمية استهلاك الرأس من المياه. فقد يحتاج الرأس الواحد من الأغنام إلى 8 لترات يوميا كحد أدنى، على أن تكون هذه المياه عذبة وسائغة. أما الرأس الواحد من الأبقار المتجولة فيحتاج إلى حوالي 40 لترا، في حين يحتاج الرأس الواحد من البقر الحلوب إلى أكثر من 80 لترا، وتزداد الكمية التي يستهلكها الجمل لتصل إلى أكثر من 150 لترا، ويحتاج الرأس الواحد من الخيول العاملة منها إلى 75 لترا يوميا[(9)].

انظر الجدول رقم(12)، الذي يبين كمية المياه التي يحتاج إليها حيوان الرعي، وتعتبر هذه الأرقام دلائل لتقدير الكمية التي يرعونها. ويكون ذلك بضرب كمية الماء التي تستهلك يوميا مع عدد الرؤوس الموجودة في فترة محددة.

جدول رقم(12) مقارنة ما بين كمية المياه التي تستهلكها كل نوع من حيوانات الصحاري

نوع الحيوان	الكمية باللترات للرأس الواحد من المياه يوميا
الأغنام	8
الأبقار المتنقلة	40
الأبقار الحلوب	80
الخيول	75
الإبل	150

المصدر: إحصائيات حصل عليها الباحث من بعض المحطات التجريبية في فلسطين والأردن خلال زياراته الميدانية، سنة 1982

من هنا نلاحظ أن تربية الأغنام هي أفضل النوعيات الرعوية التي تربي في الأراضي الجافة لقلة استهلاكها للمياه مقارنة مع الحيوانات الأخرى، لكن الاستهلاك الفعلي والمباشر للمياه متفاوت في مناطق الصحاري، و**هذا يرتبط بعوامل أهمها، المناخ وطبوغرافية المنطقة، ونوع الأعلاف، وغيرها من العوامل الأخرى وهي:-**

1ـ درجة الحرارة: يلاحظ أن العلاقة مطردة بين ارتفاع درجة الحرارة وبين زيادة استهلاك الحيوان للماء، حيث تقل كمية الاستهلاك في فصل الشتاء.

2 ـ نوع الكلأ(الأعلاف): تحتوي الأعلاف الخضراء على كمية كبيرة من الماء في أنسجتها، مما يقلل من حاجة الحيوان للماء في فصل نموالأعشاب أو في فصل الربيع، في حين يزيد احتياج الحيوان إلى الماء في الفترة التي يتغذى فيها على الأعلاف الجافة وخصوصا في فصل الصيف. وهناك نسبة توضح كمية الأعشاب الجافة، وكمية المياه التي يحتاجها حيوان الرعي، وهي أن لكل(1/2 كغم) من العلف الجاف يحتاج الحيوان إلى(1.5 لترا) من الماء أي بنسبة(3:1).

3ـ مستوى إنتاج الحيوان: ترتفع نسبة ما يحتاجه حيوان الرعي إلى الماء في الفترة التي تزيد فيها كمية الإنتاج، والأغنام والأبقار الحلوب إلى كمية من الماء أكثر من تلك التي تربي من اجل اللحوم.

4ـ النشاط والحركة: هناك أثر للطاقة التي يبذلها حيوان الرعي من خلال حركته ونشاطه، فكلما زادت حركة الحيوان، كلما زادت كمية المياه التي يستهلكها. وهذا يجعل الأغنام من أفضل أنواع الحيوانات التي تربى في الصحاري لقلة ما تستهلكه من الماء، على الرغم من المسافات التي تقطعها في المرعى، والتي تصل أحيانا إلى 60كم يوميا. بحيث يمكنها أن تسير ثلاثة أيام متواصلة عند انتقالها من مرعى لآخر دون ماء، بسبب بعد مصادر الماء عن المرعى.

5ـ نوعية المياه: هناك تناسب طردي بين ما يستهلكه الحيوان من الماء، وانخفاض نسبة الأملاح الذائبة في المياه العذبة، وبالمقارنة نجد أن مياه الأمطار السطحية أفضل من المياه الجوفية في هذه الأراضي لأنها لا تحتوي على كمية كبيرة من مركبات بيكربونات الكالسيوم(HCaCO3)، كما تحتوي مياه الأمطار على كمية أقل من أملاح الصوديوم

والمغنيسيوم والكلور. ومن دراسة الجدول رقم(13) نصل إلى أهم الصفات التحليلية لبعض المياه الجوفية في صحراء الأردن التي تشير إلى أن مياه معظم الآبار الجوفية الهامة في المنطقة هي من النوع المتجدد سنويا، وهي صالحة للشرب، والري، والاستعمال المنزلي، دون معالجتها بأي عملية تكرير. وتتراوح نسبة الأملاح المذابة فيها ما بين(1200-4000)جزء بالمليون، في حين قد تكون نسبة الملوحة في المناطق الأكثر جفافا أكثر من ذلك قليلا[10].

جدول رقم (13) أهم الصفات الكيميائية والفيزيائية المميزة لمياه بعض الآبار في المنطقة الوسطى والجنوبية من الصحراء الأردنية:

الصفات الفيزيائية والكيميائية	الديسي	القويرة	سواقة	قطرانة
الناقلية الكهرباء (ملموز (mho\cm	355	400	1000	2500
أملاح الكالسيوم (ملغ/لتر)	227	256	640	960
كالسيوم ++ca (ملغ/لتر)	196	253	345	536
المغنيسيوم ++Mg (ملغ/لتر)	056	055	291	422
الصوديوم ++Na (ملغ/لتر)	080	100	306	5045
بوتاسيوم +k (ملغ/لتر)	011	....	014	009
كلور -cl (ملغ/لتر)	002	1010	346	686
السلفات so4 (ملغ/لتر)	046	05	20	268
بيكربونات (H2CO3) (ملغ/لتر)	198	23	464	561
الايونات Iion	346	39	101	155
القواعد cation	342	39	77	1512
الحامض Ph	7.3	7.3	7.9	7.2
نسبة امتصاص الصوديوم s.a.r	071	088	20	204

المصدر: المنظمة العربية للتنمية الزراعية - المراعي في جنوب الأردن - مرجع سابق، سنة1976م.

ونتيجة لزيادة استعمال المياه في الزراعة، وسوء صرف المياه الزائدة بعد انتشار الزراعة الحديثة، واستغلال المياه الجوفية، كل ذلك أدى إلى تسبخ المياه وملوحتها، وزيادة كمية الأملاح المذابة فيها من خلال تسربها إلى باطن الأرض.

لكن هناك تفاوتاً بين الحيوانات من حيث تحملها كمية الأملاح المذابة في الماء. فالأغنام أكثر حيوانات الرعي تحملا لها وهذه من المزايا الجيدة التي جعلت من الأغنام أكثر حيوانات الرعي تحملا لظروف الجفاف، والإبل تتحمل أكثر من الأغنام لأنها أكثر تحملا للعطش. ويبين الجدول رقم(14) أنواع حيوانات الرعي، وأقصى نسبة من الأملاح التي تقدر أن تتحملها مقارنة مع نوعية الكلأ الذي ترعاه[9].

جدول رقم (14) أنواع حيوانات الرعي وقدرتها على تحمل كمية الأملاح الذائبة في الماء.

نوع الحيوان	أقصى كمية من الأملاح(جزء بالمليون)
أغنام(ترعى عشبا اخضر)	1400
أغنام (ترعى عشبا جاف)	1300
الماعز	1200
الأبقار المتجولة	900

المصدر:Waston, J.E. 1974-op. Cit.98

و على ضوء ماسبق يمكن التأكيد على ما يلي:

1- **نوع حيوان الرعي**: ثبت أن الأغنام والإبل هما أكثر الحيوانات الرعوية تحملا لكمية الأملاح المذابة في مياه الشرب.

2- **نوع المياه**: تتفاوت كمية الأملاح المذابة في مياه الآبار الأرتوازية تبعا لفصول السنة، حيث تزداد الملوحة في الصيف، وتقل في الشتاء، بسبب زيادة كمية مياه الأمطار المتسربة إلى المخزون الجوفي، وتزداد الملوحة في داخل الصحاري وتقل في الأطراف.

3- **أحوال المناخ**: تتحمل الحيوانات نسبة أعلى من الملوحة في فصل الشتاء، حيث يكون الكلأ اخضر يانعا رطبا، في حين تحتاج إلى مياه اقل ملوحة في فصل الصيف حينما يكون الكلأ جافا، وحينما تزداد نسبة ما يفقده جسم الحيوان من الماء.

4- **سمة التأقلم والتكيف**: يمكن أن تتكيف حيوانات الرعي على شرب المياه ذات الملوحة الزائدة حتى لو رفضتها أول مرة.

5- **العمر والجنس**: هناك اعتبارات خاصة لوضع الحيوان الصحي وجنسه وعمره عند حساب تحمله لكمية الأملاح، لكنها تتفاوت من حيوان لآخر. لذا يفضل أن تتوفر مياه الشرب العذبة للحيوانات في الظروف التالية:

أ. الإناث عند الحمل والولادة.

ب.للصغار والفطام.

ت. الحيوانات الضغيفة والهزيلة.

ث. الحيوانات التي تستخدم للنقل والحراثة.

ج.أن تتوفر المياه العذبة للحيوان قبل بدء الرحلة أو خلالها.

مشكلات استعمال المياه في الأراضي الجافة:

يعتبر تأمين نوعية جيدة من المياه في الأراضي الجافة مشكلة على صعيد الاستعمالات المنزلية والصناعية، إضافة إلى مشاكل أخرى كالمشاكل اللوجستية والمشاكل النوعية للماء، نستعرضها فيما يلي:

- إمكانية الوصول إلى المصادر المائية، أو توصيلها إلى المنطقة المطلوبة.
- التعامل مع نوعية المياه.
- تنافس المستخدمين على المياه.
- عمليات تحسين نوعية الماء.

1. **إمكانية الوصول إلى الماء:**

يفضل أن يكون الماء الموجود في الأراضي الجافة في موقع قريب أو سهل التناول يغني عن استخدام القنوات أو غيرها من وسائل النقل. ويعود استعمال القنوات المائية إلى العصر الروماني. لكن نتيجة لزيادة توجه الناس في الصحاري للإقامة في التجمعات العمرانية أدى ذلك إلى ظهور مدن كبيرة عديدة على أطراف الأراضي الجافة، واصبح لا بد من نقل مياه الشرب إليها من أماكن بعيدة جدا. وفي عام 1873 مثلا حصلت لوس أنجلوس على مياهها من الثلوج الذائبة عن سلسلة جبال سيرانيفادا، وذلك

بوساطة قنوات وصل طولها إلى 373كم، وفي عام 1930م وزاد طول هـذه القنـاة حتـى بلغ 726كم، ولتصل إلى نهر كلورادو. وفي عام 1907م تم إنشاء أطول خط أنابيب في العالم، لنقل المياه العذبة من الخزانات المائية الموجودة في إقليم البحر المتوسط الذي يشمل مرتفعات دارلنج في غرب استراليا إلى مدينة تعدين الذهب(كالجوري)، إذ بلغ طوله 562كم، هذه المياه كانت تجري في قنوات مغطاة لتقلل من عملية التبخر. وقد شاع استعمال هذه القنوات منذ الدولة الساسانية(إيران) منذ أكثر من ألفي عام، ومن هناك انتقل هذا الأسلوب إلى العراق وأطراف الجزيرة العربية.

أسلوب نقل الماء:

تعتبر القنوات(الفقر) التي تكون تحت الأرض من الأساليب التقليدية لنقل الماء في بعض المناطق الصحراوية مثل البهادا البيدمنت حيث تنساب المياه عند أقدام الجبال نحو المناطق السهلية عن طريق الجاذبية وهي تصرف بالقناة أو(الفقير)، وتعتبر من أفضل طرق الري على المستوى المحلي، خصوصا في المناطق الجافة الجبلية، في جنوب غرب آسيا لاسيما في عمان. كما نفذت عدة مشاريع في استراليا وكلورادو، حيث تم نقل المياه من نهر كلورادو إلى السهول العظمى بالقنوات المغطاة[10].

أما النقل العمودي للماء في الأراضي الجافة، فكان في الآبار التي تستخدم نوعا من الطاقة، ففي الفترة التي سبقت استخدام البترول، واستعمال الآلات الميكانيكية في الحفر، حفرت أول بئر في الأراضي الجافة في مصر، هي(بئر يوسف) بالقرب من القاهرة. إذ وصل عمقها إلى 88.5متراً ويعتقد أنها حفرت عام1600ق.م. ثبت في الجزء العلوي منها سلم لولبي، وفي النصف الأدنى ثبتت بكرات ترفع المياه من اسفل البئر إلى نصفه الأعلى، ثم قام العبيد بنقل هذه المياه إلى السطح على السلم الموجود. أما في أمريكا فاستعملت البكرات التي يتدلى منها دلو مربوط بحبل يصل إلى عمق 60 متراً، وذلك في السهول العظمى من أمريكا الشمالية في الفترة 1860-1880م. لكن في أيام الرومان لم يكن بالإمكان استغلال الآبار على أطراف الصحراء الإفريقية حتى لو توفرت أدوات الحفر، وذلك لعدم توفر أدوات رفع الماء إلى السطح بشكل اقتصادي وبمقادير يمكن الاستفادة منها في تلك الفترة. وتمتاز الآبار الارتوازية بوفرة مياهها الجيدة القريبة من

سطح الأرض، وبقدرتها على رفع الماء إلى السطح بالضغط الارتوازي. ولقد أدى تطور التقنية في ضخ المياه من أعماق سحيقة إلى التوسع في استغلال مصادر المياه في ري الأراضي الزراعية في النطاق الجاف.

2. **التعامل مع نوعية المياه:**

تحتوي جميع المياه في العالم على كمية من الأملاح إضافة إلى أيونات الهيدروجين، والأكسجين مما يعني أن التفاعل الكيميائي لا بد أن يحصل في أي نوع من المياه. وفي الأراضي الجافة تعتبر المحافظة على نوعية المياه مهمة جدا للأغراض المنزلية، ونظرا لضخامة كمية المياه المطلوبة في الأراضي الجافة فان مشاكل ضبط نوعيتها، ومراقبتها تزداد خصوصا عند استخدام الماء من اجل الزراعة والصناعة. وفي حالة استخدام المياه للري فان المشكلة تتعلق بالتربة لعلاقتها بكيمياء الماء، ومدى تحمل النبات للمواد الملوثة. أما في حالة استخدام الماء في الصناعات فالاهتمام يتركز على كمية المياه.

مشكلة الملوحة:

هناك مشاكل كبيرة في الري تنجم عن ري الحياض، حيث يترك الماء راكدا فوق التربة ساعات أو أياماً، وهذا الأسلوب لا يؤدي إلى عدم تهوية التربة وحسب، بل يؤدي أيضا إلى نقص الماء، وتركز الأملاح على سطح التربة نتيجة التبخر حتى وإن كانت مياه الري نقية جدا. ولنفرض مثلا أن نسبة الأملاح في الماء كانت 1000جزء بالمليون، فان التبخر الذي ينتج عن المياه التي تغمر هكتارا من الأرض بارتفاع 30سم، سيؤدي إلى تراكم 3.13كغم من الملح أرض الهكتار. هذا ما حصل في نهر (ميري) إذ كانت مياهه تحتوي على (600 جزء/ بالمليون) من الأملاح وكانت تستعمل لري الكروم والبيارات. لكن في عام 1926 وصلت نسبة الأملاح في النهر إلى (1000 جزء بالمليون)، قبل أن تدخل هذه المياه جنوب استراليا وذلك بسبب الجفاف. ومع زيادة طلب مدينة (اوليد) على المياه من أجل الري والاستعمال المنزلي، حاولت حكومة جنوب استراليا البحث عن خيارات لضبط الملوحة حيث تراوحت كلفتها ما بين(100-200)مليون دولار.

3. **تنافس الاستخدام البشري على الماء:**

تختلف الأجسام الحية في حاجتها إلى الماء، فقد نحتاج إلى عشرة أطنان من الماء لانتاج طن واحد من أنسجة الجسم سنويا، كما يتفاوت الإنسان البالغ في حاجته اليومية له، فالأوروبي مثلا يحتاج ما بين (3.7لتر-7.5لتر/يوميا)، بينما يحتاج الفرد في العالم العربي أو الموجود في داخل الصحراء الإفريقية إلى (15لترا) يوميا ازداد هذا التباين في حاجة الإنسان للماء أثر ازدياد الطلب عليه من اجل الإنتاج الزراعي والصناعي في الأراضي الجافة، وهذا لا يعكس حساسية الزراعة في الأراضي الجافة فقط، بل يشير إلى عدم الكفاءة في استخدام الماء في هذه الاراضي. كما لا تضيع كميات كبيرة من الماء في عمليات الإنتاج فقط، وإنما هناك كميات كبيرة من الماء تذهب للمحافظة على الظروف البيئية لتحافظ على ملائمة الماء للانتاج[11]. الجدول (15)

جدول (15) كمية الماء المطلوبة للاستعمالات المختلفة

الطلب	ما تحتاجه الوحدة المنتجة من الماء (طن)
الصناعي:	
1- وحدة الطوب	2-1
2- طن من الورق	250
3- طن من النيتروجين	600
الزراعي:	
1- طن من قصب السكر المروي	1000
2- طن من القمح	1500
3- طن من الأرز	4500
4- طن من القطن	10.000يحتاج إلى حرارة وماء وتربة
الثروة الحيوانية للإنسان:	
1- طن من الأنسجة الحيوانية سنويا	10 طن من الماء
2- طن من الصوف	اكثر من 3.5 طن من الماء

المصدر:Health.1986

عمليات تحسين نوعية المياه وكميتها:

تحلية مياه البحر:

<u>التقطير:</u> وهو من الاستراتيجيات المتبعة لتطوير استعمال الماء منذ زمن بعيد تمثل تطوير عدة أساليب لتنقية مياه البحر بكميات يمكن نقلها. واتسم معظم هذه الأساليب بالبساطة والقدم. ومن ذلك ما فعله العبيد في السفن الإنجليزية التي كانت تنقلهم من إفريقيا إلى الأمريكيتين في أواخر القرن السادس عشر عندما قاموا بتحلية مياه البحر، واستعملت بعد ذلك الطرق، المعقدة لتحليته الكهربائية التي تتطلب رأس مال كبير.

وتقام محطات التحلية عادة في جميع أنحاء العالم، حيثما تقل تكاليف عملية التحلية عن قيمة كمية المياه المطلوبة. فالسفن التي تعبر المحيطات تحمل محطات تحلية للمياه، وهنا يستعمل مرجل السفينة للتقطير. كما أن المواقع الصحراوية النائية التي لا تتوفر فيها مياه عذبة مضطرة للاعتماد على المياه المعالجة، مثل مناجم النحاس في صحراء (اتكاما) حيث اجتاح العمال إلى مياه الشرب المقطرة في التسعينات من القرن التاسع عشر. أن المشكلة الرئيسة في نظم تحلية مياه البحر هي التكلفة التي تفوق قيمتها داخل الأراضي الجافة تكلفة تزويد هذه المناطق بمياه الأنابيب القادمة من أماكن بعيدة. وتعتمد تكاليف التقنية على الأسلوب المستعمل، وعلى الكمية، والنوعية المطلوبة من الماء.الجدول(16)

جدول رقم(16) المتطلبات النوعية للماء (بالدولار الأسترالي)

الاستعمال	نوعية الماء المطلوب (جزء/مليون)ملوحة	التكلفة /100 جالون	الكمية المطلوبة
المنزلي	1000-500	1.5-1 دولار أسترالي	الأدنى
الصناعي	1000-500	1.00-0.07 دولار أسترالي	....
الزراعي	400-200	10 سنت دولار أسترالي	....

ففي عام 1963 انخفضت تحلية مياه البحر من 4 دولارات إلى 1.25 دولار لكل 1000 جالون، أي ما يعادل 0.27 سنت/م3. أما في عام 1969 وصلت التكلفة إلى

80 سنت لكل 1000 جالون (أي ما يعادل 0.12 سنت/م3) وفي العام 1973 تحول الوضع المائي إلى الأسوأ بسبب زيادة تكاليف التحلية الناتجة عن حرب 1973م، ويقدر العلماء أن هذه الزيادة قد تضاعفت 200% خلال الفترة من (1973 إلى 1975) كما ارتفعت إلى 15% خلال عامي (1975-1977) وفي السبعينات كانت دول الشرق الأوسط المكان الأول في إقامة محطات التحلية، وبلغت التكلفة حوالي 39% من التكلفة الكلية للماء المقطر عام 1977، و(75%) من القدرة الإنتاجية للفترة ما بين(1978-1981) [12].

بلغت قدرة العالم الإنتاجية في عام 1977 حوالي(26 مليون /م3/يوميا) وهي اقل من المتوقع إلا أن المشاكل في نقص الإنتاج لا تعود إلى ارتفاع تكاليف الطاقة فقط، وإنما لعدم معرفتنا بالمعوقات التكنولوجية التي توجهها الدول النامية أيضا. الجدول (17)

جدول (17) محطات تحلية المياه في الأراضي الجافة

المحطات	عدد المحطات	الطاقة 1000م^2/يوم	النسبة 100%	عدد المحطات	القدرة الإنتاجية 1000م^2/يوم
الشرق الأوسط	329	1800	%49.5	17	1318
إيران	1	197	....	1	197
الكويت	2	189	....	2	719
قطر	2	134	....	2	134
السعودية	7	139	....	7	539
الإمارات	5	229	....	5	259
أمريكا الشمالية	681	360-645	%13.8	1	360
آسيا	114	318	8.5	-	-
استراليا	7	5	0.1	-	-
إفريقيا	132	319	8.6	1	48
أمريكا الجنوبية	35	28	0.8	1	9
أوروبا	366	450	12.1	1	15
الاتحاد السوفيتي	7	115	3.2	-	-
المحيط الهادي	11	6	0.1	-	-

المصدر: Health –opcit , 1986

وفي أواخر السبعينات (باستثناء بعض محطات التحلية التي تتعدى قدرتها الإنتاجية 20-30/م3/يوم) فان المحطات ذات الإنتاجية العالية اعتمدت على ثلاثة أساليب رئيسية هي : **التقطير** باستخدام الزيت الحفري الذي يشكل (77.5%) من إجمالي التقطير وتنتج حوالي(99.4%) من مياه البحر المعالجة .اما **أسلوب الترشيح الغشائي** الذي يتم بضغط الماء المالح من خلال أغشية لفصل الأملاح فانه ينتج حوالي (22.5%) من باقي الطاقة المنتجة وتساهم **طرق التقنية بالتجمد** بحوالي (0.02%) من الإجمالي. وتختلف تكاليف التحلية، إلا أنه رخض تكلفة معالجة المياه(المالحة) بالترشيح الغشائي أدى إلى التوسع في استعمال هذه الطريقة خلال السبعينات بسرعة كبيرة حيث قدرت كمية الإنتاج بالترشيح عام1977 بكمية أضعاف ما أنتجته محطات التقطير سنة 1970 وذلك بفضل الزيادة في كفاءة عملية الترشيح بالأغشية، انظر الجدول(18)، وعند توفر الماء فان أسلوب الأغشية يعطي حاليا معدلات أرخص في معالجة نوعية الماء وتحسينها.

جدول(18) أساليب تنقية المياه المالحة وتكلفة إنتاجها(بالدولار)

العملية	درجة الملوحة	الطاقة المطلوبة	تكلفة رأس المال	تكلفة التشغيل
(1000ملغ/لتر)	ملغم/لتر	ك واط/يوميا	دولار م3 يوميا	دولار م3 يوميا
1-التحلية عن طريق التقطير أ-مباشرة من مياه البحر ب-عن طريق البخار المضغوط(آليا)	 50-10 50-10	13-8 حراري 16.6 (أليًا)	 1125 -	 1.2 1.0
2-عن طريق الغشاء: أ-الطريقة الاسموزية مياه مالحة مياه البحر ب-التحلية عن طريق التحليل الكهربائي: مياه مالحة	10-0.7 30 5-1	2.1 9-6 2.6	225 1030 200	0.33 1.06 0.25
3-عن طريق التجميد: مياه البحر	50-10	12.4	800	0.7-

حرب المياه الإسرائيلية العربية:

تعد فلسطين المحتلة الدولة التي استعملت التكنولوجيا المعاصرة بشكل فعال في استغلال المياه المتاحة، وتقدر الأراضي الجافة أو شبه الجافة في فلسطين ب (76%) منها حوالي (61%) ما بين جاف أو جاف جدا، وتتراوح أمطارها ما بين (700-800ملم) سنوياً في الشمال،لكنها تنخفض إلى25ملم سنوياً عند ايلات على الحافة الجنوبية لصحراء النقب، وقد أدت زيادة سكان الأرض المحتلة نتيجة هجرة اليهود من دول أوروبا بعد عام 1948 إلى ازدياد الطلب على المياه لمراكز العمران والزراعة مما أدى إلى ظهور محاولات جادة لتكثيف الزراعة بحيث زادت رقعة الزراعة المروية عن عام 1948 فصارت تستغل حوالي 17% من مصادر المياه، واستطاعت هذه الكمية أن تروي مساحة زراعية تصل إلى 17 ألف هكتار.و استجابة للحاجة المتنامية للمياه، صدرت عدة قرارات باستغلال المصادر المتاحة، مثل الينابيع، والمياه الجوفية داخل المنطقة وعلى الرغم من أن ادارة المياه الفعلية بقيت على مستوى محلي فقط خلال الخمسينات من هذا القرن، الا أن الموقف السائد كان ناقدا للخطة العامة مما دفع المخططين الإقليميين إلى محاولة نقل الفائض من المياه المحلية الشمالية الغنية إلى أراضي المناطق الجنوبية (النقب) التي تعاني من نقص حاد في المياه غير أن الحاجة المستمرة للمياه أدت إلى تعديل جديد للمشاريع المائية في بداية الستينات بحيث اقيم خط نقل كبير يقطع البلاد من شمالها إلى جنوبها وتضمنت الخطة ضخ المياه العذبة من بحيرة طبريا(التي تنخفض212 م دون مستوى البحر) بوساطة قناة اصطناعية ترفع المياه إلى المرتفعات المجاورة لتصب في خزان اصطناعي عند عرابة البطون ومن ثم تنقل قناة أخرى من الخزان المياه جنوبا إلى المناطق الحضرية الرئيسة والزراعية الموجودة في صحراء النقب ووادي عربة التي تحتاج إلى هذه المياه، للزراعة المروية. وفي السبعينات أدت زيادة الطلب على المياه لاول مرة إلى محاولات لوقف الاستعمالات غير المجدية للمياه، وحصرها في الاستعمالات الزراعية، وإيجاد مصادر مياه بديلة أينما وجدت، ومن أهم هذه التحسينات ما يلي:

أهم التحسينات التي ادخلت على كفاءة استعمال المياه:

1- تبني نظم التنقيط.

2- استعمال الماء على طريقة النظم الإلكترونية.

3- السيطرة على بيئة الزراعة مثل البيوت الزجاجية أو المغطاة بالبلاستيك.

4- الانتقال من زراعة المحاصيل ذات القيمة المنخفضة إلى المحاصيل عالية القيمة، وقد أثرت هذه جميعها في استراتيجية إسرائيل في تصنيف الزراعة. ونتيجة لحرب عام 1967 فقد اتسعت المساحة التي سيطرت عليها إسرائيل باحتلالها أراضى سوريا ولبنان والأردن(الضفة الغربية) وشبه جزيرة سيناء. وحاولت إسرائيل استغلال مساحات كبيرة من هذه الأراضي في الزراعة المروية التي تطلبت كميات كبيرة من المياه السطحية(بحيرة طبريا، ونهر الاردن، والينابيع الموجودة على امتداد وادي الأردن والبحر الميت) الشكل (22).

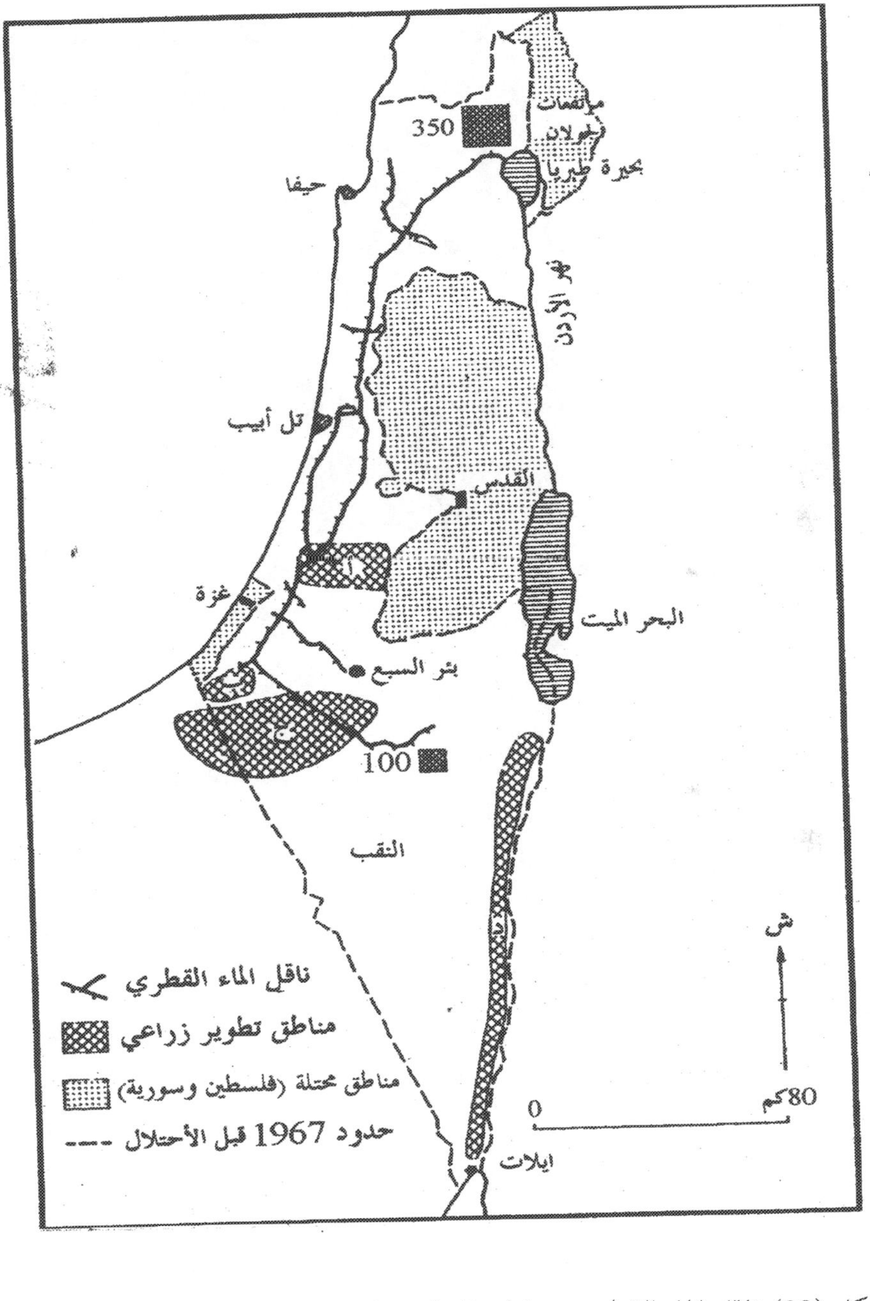

الشكل (22) ناقل الماء القطري ومناطق التطوير الزراعي في فلسطين (النطاق الجاف)

صاحب هذه العمليات الزراعية توسع استيطاني امتد كالسرطان في أرجاء المناطق المحتلة وتمثل بانتشار المستوطنات التي تمارس أنواعاً من الزراعة الكثيفة، إضافة إلى زيادة الكثافة السكانية في هذه المنطقة. وزادت كمية المياه المستهلكة حيث استقدمت إسرائيل أعدادا هائلة من المهاجرين من جميع أرجاء العالم حيث شهد عام2000 اكتمال المليون مهاجر من الاتحاد السوفيتي السابق لوحده، فلو تخيلنا ما تستهلكه هذه الأعداد من كميات هائلة من المياه اللازمة للاستعمال المنزلي بمستوى يتضاعف فيه استعمال الفرد الإسرائيلي بحوالي 5 مرة عما يستعمله الفرد الفلسطيني، نجد أن المنطقة مشرفة على كارثة بيئية خطيرة، الأمر الذي يضع المنطقة في حالة من الاهتزاز السياسي والاقتصادي تنذر بأخطار الحروب التي ستقوم بها إسرائيل مع الدول المجاورة من اجل حصولها على مياه النيل، أو الفرات أو من تركيا.

حتى عام 1997 كانت الاستعمالات المنزلية والصناعية تستهلك اكثر من 75% من مصادر المياه المنقولة داخل إسرائيل، مما سمح بزيادة الأرض الزراعية المروية من 17 ألف هكتار عام 1948 إلى 200 ألف هكتار عام 2001 وهذا يعني زيادة حجم الأرض الزراعية المستعملة إلى 12 ضعفا عما كانت عليه. في حين ازداد عدد السكان حوالي أربعة أضعاف، كما ارتفع معدل العمالة الزراعية إلى 40% نتيجة زيادة الطلب على الزراعة الذي استمر إلى ما بعد عام 1980. الا أن التخطيط في الثمانينات كان محاولة لمراقبة مصادر المياه غير المنقولة واستعمال مياه المجاري بعد تكريرها، مما أدى إلى انخفاض استهلاك البلديات للمياه العذبة إلى 25% عما كانت عليه سابقا. وفي التسعينات، يتوقع أن تصل هذه الحصة إلى الثلث. كما يتوقع للمياه المعالجة أن تستعمل في الزراعة والصناعة. ولقد صاحب اتساع الطلب على الماء في الأرض المحتلة اتساع مجال البحث والتخطيط، وذلك بتوسع التخطيط للاستصلاح ومعالجة المياه المستعملة، وهناك توجه نحو تحلية مياه البحر.

يتمثل المفهوم السياسي لوجود إسرائيل واستمرارها في أن هذا الكيان لا يمكنه أن يعيش الا على الاستغلال الجيد والفاعل لمصادر المياه المتاحة، وأي فشل في التعامل معهما يؤدي إلى انتحار الدولة كليا وتدميرها الأمر الذي يؤكد بأن حروبها المستقبلية مع

الدول المجاورة ستكون من اجل الحصول على كفايتها من المياه. وبناء عليه فقد قامت بالاستيلاء على مياه نهر الأردن ونهر اليرموك سنة 1967، بعد الاجتياح الإسرائيلي للبنان في عام 1982 تمكنت إسرائيل من الاستيلاء على مياه نهر الليطاني، والينابيع الموجودة في المنطقة. كما كانت تتطلع عند معاهدة السلام مع مصر عام 1979 إلى سحب مياه النيل لكن هذه الأمنيات والتطلعات لم تتحقق حتى الآن مما جعلها تتجه نحو استيراد المياه من تركيا لتتغلب على حاجتها الملحة لها.

الأمن المائي العربي:

سبق أن أشرنا إلى أن هناك مساحات شاسعة تغطي أرض الوطن العربي بعضها يقع في قلب النطاق الجاف، وبعضها على أطرافه، والبعض الآخر قد يتأثر جزئيا بالجفاف. الذي يعتبر سمة للمنطقة التي يتراوح معدل أمطارها ما بين(75-400ملم) سنويا. فالمناطق الجافة الساحلية والمرتفعة قد يصل معدل أمطارها ما بين (400-450ملم) سنويا (و هذا يشمل معظم مناطق الشرق الأوسط والشمال الإفريقي واليمن) ويصحب هذا الجفاف عادة ساعات مشمسة تصل إلى (2900ساعة سنويا) نتيجة لصفاء السماء التي تعمل على زيادة معدلات التبخر إلى مستوى عالٍ جدا، انظر الجدول رقم(19). إلا أن هناك عددا من الخزانات الجوفية الكبرى داخل الوطن العربي تعود مياهها إلى العصر المطير، والبعض الآخر يتغذى من خارج المنطقة.

جدول(19) معدلات الأمطار وساعات الشمس والتبخر السنوية في النطاق الجاف العربي(ملم) سنويا

المنطقة	كميـــــة الأمطـــــار السنوية(ملم)	ساعات التشمس/سنة	التبخر(ملم)سنويا
صحراء مصر	5-0	3277	4890
صحراء السعودية	100-50	3244	3670
بادية الشام	250-200	2950	2450
(سوريا،الأردن،فلسطين)	200-50	....	....
السواحل والمرتفعات	500	2875	1900:البحر الأحمر
المناطق الداخلية	....	3790	3580
القاهرة	....	3290	3839
أسوان	....	3290	5644

الخزانات المائية الرئيسية:

توجد في **المنطقة الجافة العربية ثلاثة أحواض مائية كبيرة النطاق الأول:** تشمل أرض مصر التي تتألف من حوض النيل الشمالي، وحوض النيل الأعلى، وحوض الواحة الداخلية في الصحراء الغربية المصرية، وتقدر مساحة هذه الأحواض بحوالي 630 ألف م2، وتغطي 63% من إجمالي مساحة مصر. ويصل منسوب الطبقة الحاملة للماء إلى 1000م وأحيانا إلى 3500م وتقدر كمية المياه الحفرية الموجودة فيها بحوالي 5 الأف مليون م3. **أما النطاق الثاني** فيقع في الجزيرة العربية، ويشمل أرض السعودية حيث لا توجد فيها مياه جارية دائمة، باستثناء بعض الينابيع في نجد والمنطقة الشرقية، وتشمل الطبقة الحاملة للماء التي يطلق عليها**(الطبقة الساقية)** المنطقة الممتدة من صحراء النفود جنوبا حتى الحدود الأردنية العراقية شمالاً، في حين يصل سمكها 600م، وتتراوح نسبة الملوحة ما بين(0.1-1.0/جزيء بالألف).

وهناك في الجزيرة العربية منطقة **(تبوك)** شمالا على الحدود الأردنية(تمتد من تبوك حتى العقبة) ويصل سمك هذه الطبقة الحاملة للماء إلى 1000م. و**النطاق الثالث:** هو طبقة **(وجيدة) التي** تقع ما بين السعودية واليمن. أما طبقة**(منجوب)** فيتراوح سمكها ما بين(300-350م) وهي تزود منطقة الرياض بما تحتاجه من المياه العذبة. وتجدر الإشارة

هنا إلى أن الأجزاء الشمالية والشمالية الغربية للهضبة الوسطى من الجزيرة العربية قادرة على التخزين في حين نجد أن التكوينات الجنوبية التي تشمل الصخور البلورية لا تسمح بتخزين المياه على الرغم من كمية المياه الكبيرة الهاطلة [13].

يعتمد معظم الدول في النطاق الجاف إما على المياه القادمة من مناطق رطبة خارج النطاق الصحراوي أو على المياه الجوفية الحفرية، أو على المياه الجوفية المتجددة خصوصا في المناطق الساحلية أو المرتفعات التي تغذيها مياه الأمطار الهاطلة على الشريط الساحلي (للبحر المتوسط والأحمر). وتقدر كمية المياه التي تم سحبها من المنطقة عام 1990 حوالي (13.430مليون/م3) إلا أن عملية سحب المياه تعترضها مشاكل تقنية واقتصادية. ولا ننسى ما لطبيعة المياه الحفرية من خواص سلبية مثل عدم تجددها باعتبارها مياه تعود إلى عشرات الآلاف من السنين، كما تمثل مخزونا من المياه القديمة التي لا يمكن تحديد كميتها لذا لا يمكن الاعتماد عليها. وتعاني هذه المياه من بعض الملوثات مثل زيادة الملوحة بسبب زيادة تحلل المعادن، ومواد الصخور الملحية في الماء. وتقدر كمية المياه الحفرية التي تستعملها البلدان المختلفة في الجزيرة العربية بحوالي (17.5مليون م3)، وذلك عام 1990 مقارنة مع كمية المياه الجوفية المتجددة التي لا تزيد عن 400 مليون م3 سنويا.

وتجدر الإشارة إلى أن الطبقات السفلى من المياه الحفرية أكثر تملحا، وهذا يعني أن زيادة الاستهلاك تؤدي عادة إلى زيادة نسبة الملوحة في المياه. وكذلك الأمر بالنسبة للمياه تحت السطحية العذبة التي توجد في الشريط الساحلي، فزيادة الاستهلاك فيها يسرع من نضوبها، مما يدفع بمياه البحر المالحة المجاورة بالاندفاع نحو اليابسة لتحل محل المياه العذبة المستهلكة، وخير مثال على ذلك مياه غزة في فلسطين في منطقة (المواصي) ومناطق ساحل الخليج العربي(قطر، الكويت، البحرين)، حيث تضاعفت كمية الأملاح إلى 20 ضعفاً خلال فترة العقدين السابقين(0.25-5 جزء/الألف).

اثر التلوث وزيادة السكان على نوعية المياه الجوفية

أدى استعمال المبيدات، والمخصبات في الزراعة المروية في هذه المناطق الجافة وعدم وجود مصارف جيدة للمياه الزائدة إلى تسرب هذه المواد إلى المياه الجوفية، مما زاد من نسبة الملوثات، يظهر هذا جليا في الدول التي تستعمل ما بين (80%-90%) من كمية المياه المتاحة للزراعة. وفي مصر يذهب حوالي 84% من إجمالي كمية المياه للزراعة كما يذهب حوالي (86%) من المياه المتاحة للزراعة في معظم دول الخليج أيضاً. ويعود سبب هذه الزيادة في كمية المياه إلى زيادة عدد السكان، وزيادة الطلب على المنتجات الزراعية التي تتضاعف كل 30 سنة[14] (*).

وتجود الزراعة في هذه الأقاليم إذا كان نصيب الفرد من الماء أكثر من (1700م3) سنويا الا أن كمية المياه المتاحة للفرد في الجزيرة العربية لا تزيد عن (1000م3)، وفي دول الشرق الأوسط الجافة تصل هذه الكمية إلى اقل من (500م3) سنويا. ويتفاقم الوضع في فلسطين المحتلة التي تضاعفت فيها الأعداد السكانية بسبب زيادة المهاجرين اليهود، وانتشار المستوطنات الإسرائيلية الزراعية وطبيعة هذه الجماعات التي اعتادت على الاستهلاك الكبير للمياه في الاستعمالات المنزلية (*).

وبذلك أصبحت الظروف الديموغرافية والاجتماعية تشكل ضغطا على الموارد المائية المحدودة، مما ينذر بحلول كارثة بيئية خلال العقدين القادمين، وهذا أيضا ينطبق على معظم دول الشرق العربي الذي يعاني من زيادة سكانية هائلة طرأت خلال العقدين الماضيين. ففي حين كانت حصة الفرد من المياه المتاحة في الثمانينات والتسعينات حوالي (6580م3) يتوقع انخفاضها بمعدل (570م3) في عام 2020، لتصل حصة الفرد إلى (1200م3)، والى (600م3). ففي لبنان مثلا تصل إلى اقل من (9م3)، وفي فلسطين إلى

---

* - حسب المقاييس العالمية نجد أن الزراعة تجود في الأقاليم التي تزيد كمية استهلاك الفرد فيها عن (1700م3) سنويا مقارنة مع كمية المياه السنوية للفرد الواحد في الخليج العربي التي لا تزيد عن (1000م3) سنويا نجد أن الوضع المائي في المنطقة شحيحا وغير ملائمة للزراعة.
* - اسقدمت إسرائيل في عام (2000) إلى فلسطين عددا من المستوطنين وصل إلى مليون شخص معظمهم قدموا من الاتحاد السوفيتي.

(56م3)، وكذلك في دول الخليج. ومن أجل التقليل من خطورة هذه الكارثة القادمة كان لا بد من قيام الدول المعنية بتمويل الاتجاهات الاقتصادية، والتركيز على قطاعي الصناعة والخدمات بدلا من الزراعة المروية، أو اعتماد الأساليب العلمية الحديثة في الزراعة التي تقلل من كمية المياه المستهلكة عن طريق الري بالتنقيط، والزراعة المغطاة، وتحلية مياه البحر[15].

مراجع الفصل الرابع

1. Heathcot, (1986). Op.cit. p.

2. جودة حسين (1996)، مرجع سابق ص 170.

3. ابو علي، منصور، (1982)، البادية الأردنية، مرجع سابق، ص48.

4. أبو الحجاج، يوسف، مرجع سابق، ص56.

5. جودة، حسين، مرجع سابق، ص176.

6. Paul Sanlaville, (2000), "Moyen Orient". Rep. 7.

7. Armond Colin, (2000). Re[. 4. Paris. P. 284. in: Paul Sanlaville. Op.cit.

8. أبو علي، منصور(1982)، مرجع سابق، ص60.

9. نفس المرجع.

10. المنظمة العربية للتنمية الزراعية (1979)، المراعي جنوب الأردن، الجامعة العربية، الخرطوم، ص265.

11. Heathcot: op.cit. p.

12. Ibid: p. 61.

13. Ibid: p

14. عبد الرزاق- فاطمة حسين (1971) مشكلة المياه في الكويت، رسالة ماجستير غير منشورة- كلية الآداب- جامعة القاهرة.

15. Tsoar, H., (1990), "The Ecology, Background. Nd. Op.cit. p.

16. Watson, J.E., (1974), “Make Best Use of your rainfall”, Journ of Agric of west Australia – p. 74

الفصل الخامس

النظام الحيوي

الترب والنبات الطبيعي والتصحر

أولاً: الترب في الأراضي الجافة (Aridisols):

تربة الأراضي الجافة تربة معدنية ذات قطاع سطحي (Epipedon) باهت اللون، وتوجد هناك علاقة وثيقة بين التوزيع المكاني لهذه التربة، وبين المناخ الصحراوي في العالم، ويقع أوسع امتداد لها في "الصحراء الكبرى" و"ناميبيا" "في افريقيا"، و"اتكاما في تشيلي" "امريكا الجنوبية" وفي "صحراء سارونا" في الولايات المتحدة، والصحراء الغربية في استراليا، وثار وجوبي في آسيا. لهذه الترب قطاعات ضحلة تفوق أياً من تلك الترب التي تطورت اقليميا على مستوى رتبة الترب الجافة، وترتبط صفات العمق واللون الباهت لهذه الترب بالمناخ الذي يعاني من نقص في كمية الرطوبة، وغطاء نباتي شحيح.

ولما كانت هذه الأراضي تتعرض لدرجات حرارة عالية أعلى من المعدل الطبيعي الذي يلائم الموقع الفلكي، فإن العلاقة بين الطاقة المتاحة التي تعمل على فقدان الماء عن طريق النتح والتبخر من جهة، والماء الموجود في البيئة من جهة أخرى، تشكل عاملا مهما في تحديد درجة الجفاف. أما الرطوبة التي تصل السطح فتعتبر مصدرا غير مضمون، وكميتها قليلة، كما أن ترطيب الترب ونفاذيتها من خلال قطاعها فهي ضئيلة أيضا. وقد أدى هذا الدور العابر قصير الأمد للماء السطحي داخل الصحراء، لاعتقاد العلماء بان قطاع الترب في الأراضي الجافة نتج عن الظروف المناخية السابقة التي تميزت بكميات أكبر من الامطار، وأكثر انتظاما وذلك خلال الفترة المطيرة، أو أواخر عصر- البليوسين.

ومن أجل تأكيد أهمية ارتباط النظام الصحراوي بالجفاف يجب الإشارة إلى أن الجفاف ظاهرة مرتبطة بالمناخ وحسب، وليس ظاهرة تخص النبات أو نوع الترب. لذا تمثل ظاهرة الجفاف في الأراضي الجافة نقصا في الرطوبة، وفي كثير من الأحيان تعتمد

القياسات البسيطة للجفاف -جزئياً أو كليا- على سجل الأمطار لمنطقة ما بشكل عام، الأمر الذي نتج عنه تحديد خاطئ للصحار المناخية. ومن الأمثلة على ذلك تصنيف منطقة الانتاركتيكا (القارة المتجمدة الجنوبية) التي يبلغ معدل أمطارها ما بين (100-140سم) ضمن الصحار القطبية، ومن الواضح أن مثل هذا الوصف أمر غير مقبول على الرغم من أن المنطقة تتلقى كمية ضئيلة من الرطوبة، والا فكيف يمكن للجليد الموجود بلا حدود في مناطق الرطوبة المنخفضة أن يتراكم إلى أعماق تصل إلى الآف الأقدام داخل الهضبة القطبية إذا كانت فعلا تعاني من نقص في الرطوبة أو تعتبرها منطقة جافة[5].

كما أن من الخطأ اعتبار جميع الصحار مغطاة بكثبان رملية نشطة متنقلة، في حين أن هذه الكثبان الرملية لا تغطي سوى (25%) من صحار العالم ، أما الباقي فتغطيه التربة الجافة والنباتات الطبيعية. وللنباتات في البيئة الصحراوية وسائل متنوعة تمكنها من العيش مثل بعثرتها، ونقص اجمالي المادة الحيوية (Biomass) في منطقة يقل فيها الماء. ومع ذلك فإن هناك حضارات قديمة عاشت داخل هذه الأراضي مورست فيها الزراعة بشكل متقدم، وفي داخل الصحار قامت زراعة متنقلة مارسها البدو الرعاة في المنخفضات والأودية.

لا توجد خرائط تفصيلية للتربة في معظم الأراضي الجافة، وبشكل عام نجد أنه كلما زاد المناخ جفافا قلت المعلومات حول تربة المنطقة (Dregne, 1976). وأدى ذلك في تباين الانتشار الواسع الاوروبيين في أراضي الاستبس شبه الجاف في آسيا الوسطى، وكان هذا التباين يرتبط بظروف المناخ المؤثرة في تكوين التربة الصحراوية.

ويوضح جلينكا (1908) أن تربة الأراضي الجافة غير ناضجة لقلة تأثرها بالعوامل المناخية الرطبة، بحيث يظهر الافق (أ) على الصخر الأم الموجود تحت سطح التربة الرقيقة مباشرة. كما ركز العالم الأمريكي هلجارد (Hilgard, 1916-1833) الذي بدأ أبحاثه عام (1875) حول تربة الأراضي الجافة كمناطق مستقبلية للزراعة، على دور المناخ، لا سيما تأثيره في زيادة عمق القطاع الذي تصل إليه المواد التي تغسلها مياه الأمطار من سطح التربة وترسبها على الأفق(ب) في أسفل قطاع التربة. وبالمقارنة فإن مستوى الارسابات في تربة الأراضي الرطبة أعمق من مستوى نطاق الجذور مقارنة مع

تربة الأراضي الجافة، التي يكون مستوى تراكم المواد المغسولة فيها قريبا من السطح، أو على السطح مباشرة، وذلك بسبب قلة مياه الأمطار التي تحول دون ترسب هذه المواد إلى أسفل. كما دحض (هلجارد) الفكرة السائدة حول الأراضي الجافة التي تقول: أن التربة الثقيلة هي التربة الخصبة، وقال: "أن التربة الخفيفة الموجودة في الأراضي الجافة تحتوي على العديد من المحاليل الكيمياوية المفيدة للنبات (كالكلس والمنغنيز)التي غسلت من المستويات العليا فيها[6]".

وتعكس التربة الجافة نتاج فترات مناخية قديمة رطبة، وبالمقارنة مع ظروف التربة في الأراضي الرطبة، يتنبأ (هلجارد) بمستقبل زاهر للزراعة في الأراضي الجافة خصوصا في مناطق (الاستبس)، والأراضي العشبية الطبيعية الموجودة على هوامش الأراضي الجافة أو حتى داخلها وحتى على رمالها.

وفي نهاية القرن التاسع عشر شكل انجاز العلماء الروس والأمريكان دعماً علمياً لإعادة تقييم الامكانات الزراعية للمناطق الجافة، في فترة تزامن ذلك مع اندفاع المستوطنين الأوروبيين بنظمهم الزراعية في كل من أوروبا، وروسيا، والأمريكيتين، وجنوب افريقيا، واستراليا نحو الأراضي الجافة البكر، وقد ظهرت في تلك المناطق الزراعية المروية والجافة بعض المشاكل البيئية بسبب ضغط عامل الأمطار القليلة. أما في فترة الثلاثينات من القرن الماضي، ونتيجة لموجة النقل الاعمى للتكنولوجيا الزراعية من الأراضي الرطبة إلى الأراضي الجافة وشبه الجافة، في كل من الولايات المتحدة، واستراليا، وروسيا، وأجزاء من الوطن العربي خصوصا في البوادي العربية من الجزيرة العربية، وشمال افريقيا، فقد تدهورت الأرض الزراعية ذات الطبيعة الهشة، تمثل ذلك بتعرية الطبقة العليا من الأرض الزراعية وانجرافها. وقد حملت العواصف الرمال والأتربة نحو العواصم والمدن القومية المختلفة وردمتها، كما قامت بردم مساحات واسعة من الأراضي الزراعية الخصبة المجاورة[7].

ونتيجة للجهود والأبحاث التي تلت هذه الفترة، نجح القائمون على حماية التربة وحفظها، في وقف نزيف أراضي الميراث القومي من الأراضي، إلا أن الاستيعاب والفهم الشامل لاستخدام تربة الأراضي الجافة لم يتحسن بشكل كبير. ويتجدد الاهتمام مرة أخرى

بعد الكارثة التي حصلت في السبعينات من (1972-1975)، نتيجة سلسلة من فترات القحط المتتالية، تمثلت بظاهرة (التصحر) التي أظهرت مدى نقص المعرفة بنظم التربة الجافة. في الواقع لم تتوفر أي دراسة علمية شاملة حول المميزات التفصيلية للتربة الجافة، قبل ظهور كتاب درين (Dregne) تربة الأقاليم الجافة عام (1979).

عمليات تكوين التربة الجافة:

يختلف غطاء التربة في الأراضي الجافة عنه في الأراضي الرطبة أو الأراضي شبه الرطبة. حيث اشتقت معظم مكونات التربة في المناطق الجافة خلال الفترة المطيرة والفترات التي تلتها، فقد شهدت المنطقة نشاطات تعرية وتطور جيوكيماوي. إلا أن العديد من المعادن التي احتوتها التربة كالجبس والجير والسطوح الملحية والملاط وغيرها تشكلت تحت ظروف طبيعية سادت في الفترة القديمة التي تختلف عن الظروف الحالية.

ارتبط وجود المياه تحت السطحية والترب الصحراوية خلال الفترات المطيرة، لكن فترات الجفاف التي تأتي عادة بعد الفترات المطيرة، ساعدت على تراكم تكوينات مثل الكربونات والأملاح القابلة للذوبان، إضافة إلى الجبس والأكاسيد، والسليكا. وهذا ما تظهر على قطاع التربة الصحراوية (وسط آسيا وافريقيا وأمريكا) (Kova 1946, (Durand, 1963[9].

أما السطوح التي تحتوي على مركبات الحديد (الحمراء) الناتجة عن التربة التي تتشكل في الأقاليم الرطبة المدارية، فتنتشر بشكل واسع في صحار أستراليا والجزيرة العربية وافريقيا، وأما السطوح التي يعتبر السليكون المكون الرئيس لها (والتي تطورت نتيجة استبدال الفترات المطيرة بالفترة الجافة) فهي موجودة في صحراء أستراليا وأمريكا بشكل خاص، لكن بقية الصحار وشبه الصحار في أمريكا الشمالية وافريقيا والقارات الأخرى قد تشكلت في العصور البليستوسن والعصر الحجري القديم (soil Conserv-Service, 1970) إلا أن هذه التربة بشكل عام تطورت تحت نظم حرارية ومائية وتضاريسية جيولوجية اكسبتها صفاتها الخاصة.

نظام الحرارة:

تقع معظم الصحاري في العالم تحت نظام حراري متشابه ويمكن أن نميز ذلك من خلال فصلي الشتاء والصيف (البرودة والحرارة العالية)، وتسجل الحرارة أعلى معدل لها داخل الصحار الحارة (المدارية وشبه المدارية)، لتصل درجة حرارة سطح التربة الرملية في الصحراء الغربية 81°س والصحراء الكبرى 83°س، واريزونا 70°س، في حين تصل درجة حرارة سطح تربة الصحار المعتدلة أقل من ذلك، إلا أن المدى الحراري الفصلي فيها هو الأعظم في العالم حيث يصل إلى 120°س (صحراء كراكورم وتكلامان) في وسط أسيا، فالحرارة تنخفض في فصل الشتاء إلى 40°س، لكنها ترتفع في فصل الصيف إلى 80°س. وبذلك فقد تتجمد التربة في فصل الشتاء، كما أنها تصل إلى درجة الصفر في الصحار المدارية وشبه المدارية شتاءً تحت هذه الظروف لا يمكن للنبات أن ينمو خلال هذين الفصلين.

لذا يعتبر فصلاً الربيع والخريف (اللذان يخلفان فصلي الحرارة المتطرفة) الفترة المثلى لنمو النبات الطبيعي ففي الربيع تحدث فترة النمو الأولى، وفي الخريف فترة النمو الثانية ويظهر الجدول (20) أهم الترب حسب التصنيف الأمركي.

الجدول (20) ترب الأراضي الجافة/ حسب التصنيف الأمريكي الشامل

رتب الترب	مساحة الأراضي الجافة			القارات (نسبة التربة من الأراضي الجافة)				
	المساحة مليون كم2	نسبة التربة من اجمالي الأراضي	نسبة التربة من اجمالي العالم	افريقيا	آسيا	استراليا	امريكا الشمالية	امريكا الجنوبية
تربة الالمنيوم والحديد Alfisol	3.1	6.6	2.1	11.8	-	0.7-	3.8	13.4
التربة الجافةAridisols	16.6	35.9	11.3	27.7	41.7	44.2	44.8	27.9
التربة الحديثةEntisols	19.2	41.2	13.1	58.4	33.7	36.6	8.0-	41.4
التربة الناعمة Mollisols	5.5	11.9	3.7	0.7	19.8	-	-	17.3
التربة المتقلبة Vertisols	1.9	4.1	1.3	1.4	5.4	12.2	2.3	-
	%41.3	%100	%31.5	%100	%100	%100	%100	%100
المجموع				%59.2	%33.0-	%82.1	%18-	%16.2

وصف الترب:

1. المنيوم وحديد: السطح فاتح اللون آفاق زراعية متوسطة الاشباع بالقواعد.
2. التربة الجافة: تربة معدنية محتوى عضوي ضعيف آفاق صلبة ملحية.
3. تربة حديثة: غير متطورة الآفاق، أهمها الترب الفيضية والرمال.
4. التربة الناعمة: تربة معدنية داكنة اللون غنية بالكالسيوم وهي تربة الأراضي العشبية.
5. التربة المتقلبة: ترب طينية عميقة تتشقق في فصل الصيف.

المصدر: Dregne, 1976.

نظام الرطوبة:

تحدد كمية الأمطار أو مظاهر التكاثف الأخرى المحدودة نظام تربة الصحار العام على الرغم من تعرض هذه الرطوبة لمعدلات عالية من التبخر والنتح ويصل المعدل السنوي للأمطار هنا إلى (50-75ملم) في حين يصل معدل التبخر للصحار المعتدلة ما بين (1000-1500 ملم) إلى (2500ملم) أما داخل الصحراء المدارية فيصل أحيانا إلى (3000ملم)، وتؤثر المرتفعات والأودية والأشكال التضاريسية الأخرى إضافة إلى نوع الصخر الأم المكون للتربة في الميزانية المائية لتربة الصحار مثل (معدل التبخر، والمخزون المائي، والجريان المائي، وعمق مستوى الرطوبة داخل التربة). وتعتبر التربة

الرملية الصحراوية ذات نظام مائي متميز حيث تتسرب الرطوبة إلى أعماق كبيرة لتشكل أكبر خزان للماء تحميه الرمال من التبخر، في حين يعتبر نظام ماء التربة اللويسية (سهول اللويس) هو الأسوأ.

ويتشكل قطاع تربة اللويس من طبقات طينية غير منفذة للرطوبة، مما يعرضها للتبخر بسرعة بسبب سوء الصرف، فالأمطار التي تهطل على تربة اللويس تحدث مجاري وسيولاً مائية سطحية تتبخر بسرعة لتربة الصحار الحجرية وخصوصاً على المنحدرات نظام وظروف مائية جيدة، فالصخور أو الحجار التي تقوم بتظليل طبيعي للتربة الرطبة تقلل من شدة التبخر، ومن شدة تصلب الطبقة السطحية لها كما تعمل على إعاقة الجريان المائي مما يسمح للرطوبة في التسرب داخل التربة.

وهنا لا بد من الإشارة إلى نظام الرطوبة داخل التربة الرملية، ويعتبر هو الأفضل داخل الصحار وبخاصة للنبات الطبيعي. ويعود ذلك إلى قدرة الرمل على النفاذية، وقلة ما يفقد من منها عن طريق الجريان المائي، التبخر، وانخفاض مستوى سوء الصرف. وتقوم الرمال بتقطير (تكثيف) بخار الماء الصاعد إلى سطح التربة بشكل متميز وذلك من خلال انحدار درجات الحرارة داخل الرمال، وهذه الخصائص تشمل جميع صحار العالم.

وعلى الرغم من غياب الأمطار فإن نطاق الرطوبة داخل التربة تصل إلى عمق (200سم) في الطبقة تحت السطحية، وقد يحدث هذا بعد هطول الزخات الأولى من الأمطار، كما يؤدي إلى نقص التبخر في طبقات التربة السفلى.

يعيش على هذه الرطوبة القليلة غطاء عشبي فقير جداً، على الرغم من وجود ارسابات ملحية على سطح التربة، كما تقوم الأمطار الغزيرة، والفجائية بتشكيل مجار مائية وتزيل الأتربة الناعمة عن سطح الصخر، يساعدها في ذلك التذرية الريحية لتتجمع هذه الإرسابات المنقولة مع مفتتات ورقائق حجرية بعد جفافها وتشكل درعاً حصوياً أو حجرياً يغطي أجزاء كبيرة من سطح الصحراء، يطلق عليه (الرصيف الصحراوي)، وقد يتشكل هذا الرصيف من بقايا ارسابات الفترة المطيرة الأخيرة (النيوجين) التي التحمت مع بعضها بوساطة أكاسيد الحديد والمواد الكلسية الأخرى المذابة.

التجوية وتكوين التربة:

على الرغم من انخفاض نشاط عمليات التجوية في التربة الجافة إلا أن إرساباتها (مفتتات وحصى) تشكل معظم تربة الأقاليم الجافة، وقد ساعد تعاقب تغيرات درجة الحرارة وما تحويه التربة من الرطوبة في فترات الجفاف على سيادة عمليات التجوية الكيماوية كالأكسدة والتحلل المائي، والتموء التي أدت إلى تحلل وتعقيد عناصر التربة المعدنية كما نتج عن التجوية تفكك المواد المعدنية الأخرى، وترسبها كالاملاح القابلة للذوبان، وكربونات الكالسيوم والمغنيسيوم.

ولقد لعبت كربونات الكالسيوم دوراً مهماً في تثبيت المواد الطينية التي تعود إلى عصر البليستوسين في اماكنها، من خلال تلاحمها معا. ومن خلال دراسة قطاع التربة الصحراوية نجد أن حدود الأفق الطيني، وحدود نطاق الجذور، والعضويات الدقيقة، مرتبطة مع ذلك الجزء من قطاع التربة الذي يتم ترطيبه في فصل الأمطار. وتساعد جميع هذه الظروف على زيادة نشاط التجوية الكيماوية والعضوية لمواد الصخر الأم التي تشكل الترب الحديثة. تتميز تربة بعض الصحار بأنها مضغوطة أو ملتحمة تعرف بالملاط (pan). وقد تشكلت هذه الآفاق ذاتياً من تراكمات المادة اللاحمة التي تعود إلى الفترة المائية السابقة.

وتحدد التجويه داخل الصحراء مستوى خصوبة تربة الصحراء الفقيرة، ويظهر التجفيف على شكل احمرار بسيط على لون التربة، يصحبه اختزال ناتج عن انخفاض الرطوبة اللازمة لأكاسيد الحديد. وهنا تنفصل أكاسيد الحديد على شكل طبقات رقيقة تغلف مواد التربة التي تتناثر فوق سطح المواد العضوية. أما مادة الميكا (أكالسيد مائية حديثة) فتعتبر من مواد التربة الصحراوية البارزة. وتحدث عملية التخصيب عادة في القشرة السطحية للافق الطيني من قطاع التربة. ونتيجة لارتفاع درجة حرارة الميكا الرملية ما بين (70-100°س) تظهر طبقات الحديد على حبيبات المواد الشفافة. أما المواد العضوية القليلة الموجودة في الطبيعية فتعمل على تلوين التربة الصحراوية والرمال باللون الأصفر.

تكوين الطبقة السطحية الصلبة التربة (Pan, Durpan):

من مظاهر تطور التربة الصحراوية انتشار طبقات سطحية مسامية صلبة على أفق رملي خشن رقيق. ويمكن ملاحظة السطوح الطينية الصلبة في الصحار المدارية والمعتدلة على حد سواء. (Millervskujin, 1972). ويصل سمك هذه الطبقة ما بين (8-10سم)، وعلى الرغم من عدم وضوح الآلية التي تشكل هذه الطبقة الصلبة، إلا أنها تتميز بنقص في تطور نطاق الجذور، وغياب مادة الدوبال (العضوية) في الأفق السطحي، ويعود ذلك إلى ارتفاع نسبه الكربونات في التربة، ووجود الماء المتحرك، إضافة إلى تناوب نظم حرارية ومائية فصلية، وتتطور هذه الطبقة عندما يصيب البلل كتلة التربة ثم تتعرض للجفاف نتيجة ثم ترتفع درجة حرارتها بسرعة ويتشكل عندها الحجر الكلسي. ونتيجة انطلاق غاز ثاني الكربون المرتبط مع بايكربونات التربة تتشكل في التربة فتحات (مسامات) عديدة في هذه الطبقة. أما الكربونات والميكا فتقوم بلحم حبيبات كتلة التربة وتقوية جدران الفتحات المسامية داخل هذه الطبقة، وقد لا يكون للمواد العضوية (الأشنات والطحالب) دور واضح في تشكيل هذه الطبقة[10].

تراكم الأملاح الذائبة (الجبس والكربونات):

من المظاهر البارزة في التربة الصحراوية ارتفاع كمية الأملاح، وتراكمها على السطح ويعود ذلك إلى عدم وجود مجارٍ مائية لصرف المياه، ونقص في كمية مشتقات الصخر الأم. والأملاح القابلة للذوبان هي (الكلورات وسلفات الصوديوم) لكنها لا تغسل من التربة، وتبقى لفترة زمنية غير محدودة، وهذا ينطبق أيضا على الأملاح قليلة الذوبان مثل الجبس والكالسيوم وكربونات المغنيسيوم.

<u>ويعمل الغطاء النباتي المالح، كعامل عضوي يزيد من تراكم الكربونات والأملاح في الأفق السطحي لقطاع التربة.</u> وعندما تتسرب هذه المواد مع التكوينات الناعمة الناتجة عن التجوية الريحية (الغبار)، فإنها سوف تشكل مصدراً عضوياً مهماً يدخل في محتوى الجذور والأجزاء العلوية للنبات الطبيعي.

كما تحمل الشجيرات الملحية كلوريدات الصوديوم والكربونات والكبريتات إلى السطح، مما يرفع نسبة الملوحة والقلوية في التربة الصحراوية ومن أشهر هذه المعمرات (الشجيرات) نبات السلماس العصاري (Holyxina)، والقطف (Atriplex) (Bazilevich, 1972)، وتقدر كمية الأملاح عن هذه الطريقة في التربة حوالي (80غم/سم2/سنوياً). كما تصل كمية القلويات إلى (70غم/سم2/سنويا) ويصل مستوى الحموضة (PH) في الأفق تحت السطحي إلى ما بين (8-9). كما يتراكم على السطح في صحار وسط أسيا حوالي (18%) من أملاح (كربونات الكالسيوم والمغنيسيوم، وأقل من ذلك قد يوجد على سطح التربة).

أما العمليات البيولوجية والكيماوية المؤثرة في تشكيل التربة الجافة فقد لعبت دوراً مهماً في تشكيل قطاع التربة الصحراوية. خصوصاً خلال فترات الترطيب (الأمطار) قصيرة الأمد. ويحدث تفتيت المواد العضوية في الآفق العلوي من التربة الصحراوية حيث تنشط عمليات تحلل المواد العضوية هناك، فيما تبقى الطبقة السفلى خالية من أي نشاط عضوي. لذا فإن كمية ثاني أكسيد الكربون المنطلقة من التربة السطحية على عمق (3سم) تعادل ضعف الكمية المنطلقة على عمق (5-10سم)، وتصل إلى خمسة أضعاف الكمية المنطلقة من عمق ما بين (100-130سم).

وينطلق من الطبقة السطحية حوالي (40 ميكرون/ملم) من (CO_2) لكل غرام من التربة في الدقيقة الواحدة. كما يزيد نشاط اختزال الهيدروجين (الذي يميز النشاط العام البيولوجي للتربة في المنطقة العليا) بمعامل يصل إلى 10 أضعاف ما يحصل في الأفق الأدنى على عمق (100-130سم) لدرجة أنه يصعب تحديد أي نشاط هناك، وكذلك الأمر بالنسبة لتحلل البروتين.

ويكون الأفق العلوي للتربة أكثر نشاطاً من الناحية البيولوجية ويبقى هذا على عمق 3سم من السطح. أما بالنسبة لدورة النيتروجين في التربة، نجد أن أقصى تركيز لها في الطبقة السطحية إلى عمق (3سم)، ويصل نسبته إلى (3%) ثم تنخفض بعد ذلك لتصل إلى (0.04%). كما يعتبر فصل الأمطار (الربيع والخريف) فترة تراكم للنتروجين لأنه ينتج من تحلل بقايا النباتات، وتشكل الأمونيا (النيروجين) حوالي (99%) من مركب

المواد العضوية في حين تشكل النيترات (1%) ويشهد فصل الحرارة الصيف نهاية حياة العضويات.

مشكلات التربة الجافة:

تعاني التربة الجافة كلها من نقص في الرطوبة وزيادة في معدلات التبخر والنتح، مما أدى إلى تراكم الاملاح الذائبة، إما على سطح الأرض أو الطبقة القريبة من السطح، في حين تختلط الأملاح في المناطق شحيحة الأمطار مع المواد التي تحملها الرياح كتربة اللويس. والتربة الجافة بشكل عام هي من النوع الكلسي (بيدوكال، Pedocal) مقارنة مع تربة الأراضي الرطبة التي تتشكل من المواد الحديدية والالمنيوم (Pedalfer) التي تعاني من نقص في القواعد،ولا يقتصر تأثير نقص الرطوبة على بطء نشاط العمليات الكيماوية وحسب، بل يعمل على تحطيم مواد النبات أيضا، ويحول مادة الدوبال التي تتشكل داخل الأراضي الجافة إلى مستوى منخفض من تماسك التربة بحيث تزول بسرعة أمام طبيعة الأمطار الغزيرة الفجائية في هذه الأراضي.

تم تحديد خمس رتب رئيسة لتربة الولايات المتحدة الجافة تدخل ضمن التصنيف العالمي، اثنتان منها ذواتا طبيعة جافة بشكل خاص، الأولى وهي التربة الجافة (Aridisols) ذات تركيز معدني عال، وانخفاض في المحتوى العضوي، وصلابة الطبقة تحت السطحية (الكاليش) بسبب تركز المواد المعدنية فيها، أما الرتبة الثانية فهي التربة الأولية (Entisols)، وهي تربة رملية فيضية غير مميزة ليست ناضجة مميزة. وتغطي هاتان الرتبتان حوالي (77%) من اجمالي مساحة الأراضي الجافة، وتشكل حوالي(35%) من مساحة الأراضي الجافة في الولايات المتحدة، في حين تشكل (86%) من اجمالي الأرض الجافة في افريقيا. وتوجد داخل الأراضي الجافة أنواع من التربة لا تمت بصلة إليها، مثل التربة المتقلبة (Vertisols) التي تغطي حوالي (12%) من اجمالي تربة الأراضي الجافة، وهي عبارة عن أطيان متشققة (Gilgai) غير تابعة للنظام الجاف، أما التربة الناعمة (Mollisols) الخصبة، فتنتشر على أطراف الاقليم الجاف. وتغطي حوالي خمس الأراضي الجافة في أمريكا الجنوبية وآسيا .

وهناك صفة رئيسة للتربة الجافة، وهي زيادة نسبة ملوحتها سنة، بعد سنة إلا أن العالم الروسي كوفدا (Kovda) وضع بعض التقديرات للتربة المالحة حسب انتشارها داخل كل دولة، وقدر أن الدولة الموغلة في الجفاف تحتل المركز الأول في ملوحة التربة بحيث تبلغ مساحتها حوالي ثلثي مساحة التربة الجافة في العالم.

وتسود الأراضي الجافة ظاهرتان مؤثرتان في العمليات المكونة للتربة، الأولى "التكلس" (Calcificatiom)، وهي منتشرة في قطاعات واسعة من مناطق الأرض التي تفتقر إلى الرطوبة. والثانية "التملح"، وهي مركزة في وحدات مساحية محدودة من الأراضي الجافة.

التكلس (الكاليش):

يعني تلك العمليات التي تتم من خلالها تراكم كربونات الكالسيوم والبوتاسيوم وكربونات المغنيسيوم في قطاع التربة. وينتج عن هذه العمليات تكوين أفق كلس أو صخر كلسي، وكاليش (Caliche). ترتبط هذه الظاهرة - طبقة الكلس (Calayer) عند وصف قطاع التربة الجافة- بالأفق (C) تحت السطحي. لكن ظروف الجفاف الشديدة تدفع بالكلس نحو الأفق العلوي (A) ويصل سمك طبقة الافق الكلسي الغني بالكربونات أحياناً إلى (6بوصات). والعامل التطوري الأولي لهذا الأفق هو الأمطار المحدودة التي لا تكفي لإزالة الجير من البوصات السطحية القليلة للتربة بشكل عام. وعندما تزداد نسبة كربونات الكالسيوم في الأفق وتتماسك يطلق عليه الصخر الكلسي (Petrocalcic) حيث يكون صلباً ومتماسكاً، ويشكل عادة الطبقات الأقدم من التربة، تعلوه الطبقات الكلسية الأكثر حداثة.

التملح (Salinization):

تؤدي عملية تمليح التربة إلى تراكم الأملاح المعدنية في قطاع التربة الجافة بتركيز يؤدي، واقتصار النمو على أنواع من النبات لها قدرة على تحمل الاملاح عالية التركيز، كالنباتات الملحية (Halophyte). ويرتبط التملح في المناطق الجافة بشكل كبير بفقدان قدر ضئيل جداً من الماء السطحي في مناطق متفرقة ذات صرف داخلي، مثل السبخات (Playa)، حيث يصبح ماء المطر محجوزاً في قيعان الأودية. وفي المناخ

الجاف يعمل تبخر الماء الهابط من المرتفعات المحيطة على تراكم الأملاح الذائبة ونقلها إلى الحوض الذي يمثل بركة مؤقتة في موسم الأمطار. ويتميز الماء المحصور هذا في الفترة ما بين فصلي الأمطار بشدة الملوحة ليكون أفاقاً من كربونات الصوديوم أو (ملحية) في التربة يصل سمك الواحد إلى (6 بوصات) على الأقل. أما الأفق الصوديومي فهو نوع خاص من الترب الطينية البيضاء له بناء منشوري يكون في بعض أجزائه مشبعاً بالصوديوم الذي تصل نسبته إلى (15%) على الأقل.

وتعتمد طبيعة الأملاح على طبيعة تركيب الصخر الأم، وعلى عملية التجويه، ومن آثار الأملاح في التربة وقف عملية التبادل الكتيوني، وتناقص وجود ميكروبات التربة، كما تؤثر سلباً على انشطة الجذور، وخواص التربة الفيزيائية.

وهناك صفة فريدة تميز معظم التربة الجافة، هي كانت تغطي الطبقة السطحية للصخور والحجارة والحصى المكشوفة حالياً والتي ازيلت عن طريق التذرية الريحية، والتعرية المائية.

استخدام التربة الجافة وإداراتها:

سبق وأشرنا بأن للتربة الجافة قدرات زراعية جيدة، أما سبب وجود هذه التربة فيعود إلى الفترات الرطبة السابقة التي سيطرت على الأراضي الجافة في نهاية البلبوسين، ولوجود المعادن غير المغسولة (المزالة داخل نظام الجذور)، إضافة إلى أن تربة بعض التضاريس داخل المناطق الجافة أفضل من غيرها. وتوجد أفضل الترب الجافة في نطاق الأودية والمسيلات المائية والسهول الصحراوية، والمراوح الغرينية، وفي الأرض المغسولة الجافة، ويندر وجودها في الأراضي الرديئة (Badland).

وتغطي التربة الزراعية ما بين (14-32%) من مجموع الأراضي الجافة، في حين تشكل التربة الزراعية في الولايات المتحدة حوالي (59%) من إجمالي الأراضي الجافة. وتتباين قدرات التربة على حفظ الرطوبة واحتفاظها، والمواد الغذائية اللازمة لنمو النبات، وخير مثال على ذلك أواسط أسيا، والنقب الفلسطيني، وجنوب استراليا. فبالإضافة إلى تركز الرطوبة في ارسابات الأودية فإن الكثبان الرملية نفسها تمثل النظام المثالي لحفظ الرطوبة، والمياه اللازمة لتغذية النبات، فالتربة الرملية تحتفظ في أسفلها بأعظم

خزان للماء المتاح للنبات، لأن المياه تغوص فيها إلى أعماق كبيرة مما يحول دون تبخرها.

وتحافظ التربة الجافة على رطوبتها بسبب طبقتها السطحية الصلبة، أو عن طريق وجود طبقات الحصى والرمال التي تغطي المجاري المائية، مما يجعلها تحافظ على أدنى معدلات للتبخر إلى أن (80%) من الرطوبة المخزونة تضيع عادة عن طريق نتح النبات الطبيعي. وتعتبر نظم الماء في السهول التي تغطيها التربة الطمية واللويس من أفضل النظم المائية، اما المسطحات الصحراوية التي تغطيها كتل من الحجارة والحصى الموزعة بشكل طبيعي فقد تحول هذه الحجارة دون قيام مجاري مستمرة لمياه الأمطار وتقلل من معدلات التبخر. وتغطي تربة اللويس، والتربة الطينية عادة بطبقة سطحية صلبة، تتصف بضعف نفاذيتها، والاحتفاظ برطوبتها (C.Perry, 1979) في حين تعتبر الترب الرملية أكثر قدرة على امتصاص أي كمية صغيرة من مياه الامطار، مما ينعكس على الحياة الرعوية نتيجة استجابة النبات الطبيعي السريعة للأمطار، وقد لا تكون الكمية كافية لقيام حياة نباتية. الشكل (23)

ويتميز النبات الطبيعي هنا بأنه ذو دورة حياة صغيرة، أو من النوع المعمر المقاوم للجفاف، وتنحصر الاستخدامات الرئيسة للأرض في تربة المناخ الجاف في الرعي، والإنتاج الكثيف للمحاصيل المروية في منطقة الواحات. ويسود المراعي في معظم التربة الجافة في العالم، إلا أنها تحتاج إلى شيء من الري السطحي أحياناً لإنتاج غذاء تكميلي للمرعى تخزن لغذاء الحيوان من خلال فترة الشتاء ويتروح مستوى الرعي ما بين المتنقل البسيط لقطعان الأغنام والماعز والإبل في مناطق العالم الاكثر فقر وبين الرعي الكثيف (داخل المزارع المسورة) الواسعة، وعلى نطاق تجاري في المناطق المتقدمة اقتصاديا. وتعاني الترب من نقص في المواد العضوية والنتروجينية، ونقص في الرطوبة، وتشكل الشجيرات والأعشاب المعمرة الخشنة المبعثرة الغطاء النباتي الرئيس كمادة للاستهلاك الحيواني.

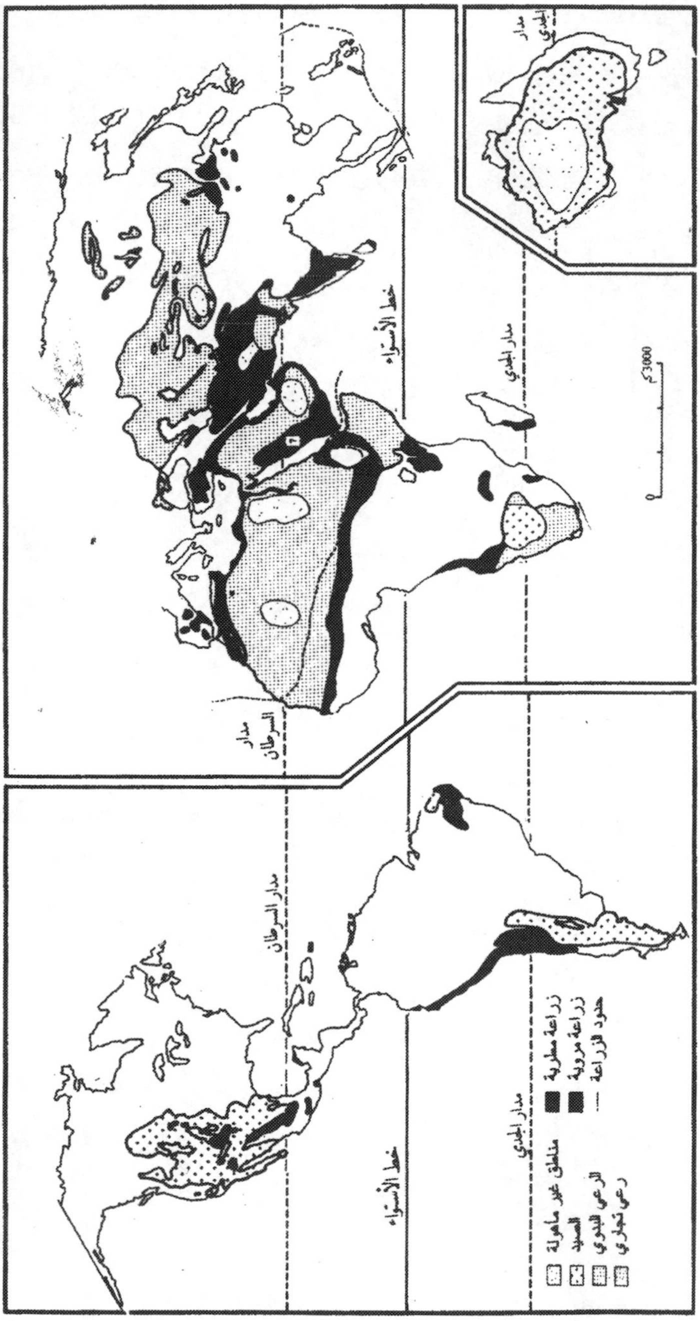

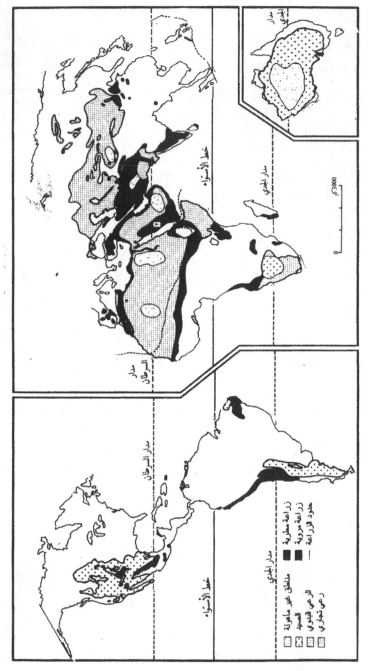

الشكل (23) أنماط استعمال الأرض في النطاق الجاف

وتعاني الأراضي الرعوية في الأراضي الجافة من (حمولة رعوية عالية)، لذا فالقطيع يحتاج إلى مساحات واسعة من أراضي المرعى الطبيعي للحصول على غذائه، ومن هنا كان لا بد من حركة القطيع من منطقة إلى أخرى خلال رحلات موسمية أو سنوية، وإلا فالغطاء النباتي سيتعرض لرعي جائر، وبالتالي يؤدي إلى تدهور البيئة، وتعرية التربة وانجرافها مما يؤدي إلى القضاء على النبات الطبيعي نتيجة تعرض سطح التربة العليا للانكشاف أو إلى التشمع (Sealing) نتيجة ترص حبيبات التربة وتماسكها وعدم نفاذيتها، مما يشكل بالتالي السيول الغطائية، ولذا فإن أهداف إدارة وحماية تربة الأراضي الجافة كانت بايجاد غطاء نباتي كثيف جيد التوزيع، والمحافظة عليه عن طريق تنظيم عملية الرعي، كما يمكن تحقيق إدارة ناجحة للتربة على نحو (90%) من مساهمة المراعي، وذلك عن طريق التحكم في حجم حيوان الرعي طبقاً لقواعد أربعة من الاستخدام هي:

2. التوزيع المتوازن للأغنام والماشية لضمان استعمال منتظم للعلف الأخضر المستعمل في كل وحدة من أراضي المرعى.
3. تربية نوع أو أنواع من الحيوانات التي تستغل نباتات المرعى الطبيعي بشكل متزن.
4. ضبط حجم القطيع وإحصاء أعداده من للمحافظة على حد معين من استعمال نباتات المرعى، وتوفير اعلاف تكميلية.
5. المحافظة على بقاء الأنواع الرعوية التي يستسيغها الحيوان وتوفيرها بشكل اقتصادي أو استزراعها، ويمكن للتربة المروية الجافة أن تكون ذات إنتاج عال، إذا توفر الماء، بحيث يكون المردود الزراعي لها أعلى بكثير من مردود تربة الأراضي الرطبة، وذلك بسبب طول فترة التمثيل الضوئي والدفء.

ومن أهم مشكلات الرعي ندرة المياه اللازمة لسقي حيوان لذا فالمطلب الاول في مشاريع استصلاح الأراضي الجافة هو إقامة تجهيزات لسقي الحيون وري محاصيل الأعلاف ثم غسيل سطح التربة للتخلص من الأملاح الضارة.

ثانياً: النبات الطبيعي:

تعيش في أراضي العالم الجافة حالياً مجموعة من النباتات تتكيفت مع الظروف الجافة، ونباتات أخرى انتشرت في مساحات واسعة لكنها لم تتأقلم مع الجفاف، بل تعيش على ما يكفيها من رطوبة التربة في الأدوية والمجاري المائية.

ومن أجل تخطيط جيد لإدارة المصادر النباتية، يجب أن لا تقتصر على تحسين وتطوير مصادر الماء والتربة وحسب، ولكن لا بد من فهم وتحديد مدى إمكانية إدخال استراتيجية لضمان بقاء النبات الطبيعي مع النباتات المستأنسة التي يبدو أنها قد تكيفت مع الجفاف. وما دام الإنسان قد سكن أجزاء من الأراضي الجافة لفترة تزيد عن مئة ألف سنة، ونتيجة لازدياد سيطرة الإنسان على البيئة، لذا كان من المتوقع أن يترك دلائل آثاراً بيئية عديدة تشير إلى ماضيه وحاضره، وممارسة نشاطه في بيئات الأراضي الجافة. وعند الحديث عن النباتات تهتم بما يلي:

أولاً: استراتاجية التكيف المعيشي الموروثة للنبات مع أشكال الحياة السائدة في الأراضي الجافة، وطريقة استخدام الإنسان لها.

ثانياً: دلائل التغيرات التي حصلت على المصادر النباتية على مر العصور في الأراضي الجافة. وأخيراً محاولة تقييم مدى وفرة المصادر الحالية والامكانيات المتاحة لتحسينها في المستقبل.

النظام البيولوجي للنبات الصحراوي: (النبات والماء والتربة):

حدد علماء الايكولوجيا بشكل تقليدي ثلاثة أنواع أساسية من النباتات المعروفة من خلال قدرتها على "التمثيل الغذائي"، وتحملها نقص رطوبة التربة" وهي:

1. نبات متوسط الرطوبة mesophyte يحتاج إلى توفر تربة رطبة.
2. نبات صحراوي xerophyte قادر على تحمل ظروف التربة الجافة لفترات طويلة معتمداً على توفر الرطوبة من خلال هطول متجدد للأمطار، أو توفر مياه جوفية دائمة.
3. نبات محب للرطوبة (الهيدروفايت Hydrophyte) الذي يعيش في مستوى رطوبة عالية، ويشير الجدول (21) إلى استجابات النبات لظروف التربة، ويمكن

تلخيص ذلك بالطريقة التالية: "أن معظم تربة الأراضي الجافة يحتوي على كميات قليلة من الرطوبة، وقد تهطل كمية كافية من الأمطار تستطيع رفع نسبة رطوبة التربة إلى مستوى السعة الحقلية (Field Capacity).

جدول (21) العلاقة بين النبات الطبيعي والماء والتربة

نوع النبات	مستوى الرطوبة	مستوى الماء
1- محب للرطوبة Hydrophyte	مستوى الماء الجوفي (الاشباع)	%100
	ماء حر Free water	%50
2- متوسط الرطوبة Mesophyte:	السعة الحقلية	%30
	إشباع	%25
	(إشباع) فترة مؤقتة	%20
3. نبات صحراوي (Xerophyte)	نقطة الزبول	%15
	تربة صحراوية جافة مؤقتة	%5
	جفاف تام	%0.00

المصدر: Heath, 1989

تتباين هذه النسبة بحسب قوام التربة المختلفة، فتكون في التربة "الطفالية" 19.6% وهي في التربة الرملية أقل من ذلك، وأعلى منها التربة الطينية. وفي هذا الحال، فإن وجود صرف حر في التربة، يعني أن الرطوبة الزائدة لن تتراكم في التربة، لكنها تفقد على شكل مياه جارية، أو صرف عميق. وإذا أعيق الصرف، وازدادت نسبة الرطوبة لتصبح التربة مشبعة بالماء كلياً، و(قد تصل هذه النسبة إلى 50%) عندها يكون مستوى الماء الجوفي قد وصل إلى سطح الأرض[1].

النبات الطبيعي في الأراضي الجافة (Xerohpyte):

تغطي الأراضي الجافة وشبه الجافة مساحات شاسعة من النباتات الطبيعية، منها الشجيرات المعمرة Perennial التي تغطي معظم أراضي المراعي. ويتوزع النبات الطبيعي هنا على هيئة مجموعات مبعثرة، كما تتسم هذه النباتات بانخفاض إنتاجها وقيمتها الغذائية.

وتشمل الأراضي الجافة جزئياً مناطق أعشاب الاستبس القصيرة المنتشرة في أطراف المنطقة الجافة وعلى أجزاء تقع ضمن القطاع الصحراوي الجاف جداً. لذا كان من الصعب الفصل بين أعشاب الاستبس ونبات الصحراء الخشن والشوكي، وذلك لتداخل مميزات النبات شكلاً وتركيباً. وعندما نصف نبات المنطقة الطبيعي بأنه من نوع الاستبس، يجب أن نعرف فيما إذا كانت ظروف المنطقة يمكن أن توفر مناخا لحياة هذا النوع، لذا كان لا بد من الإشارة إلى بعض الباحثين الذين درسوا هذه الظاهرة، والظروف التي أوجدتها. وأشهر من تعرض لهذا الموضوع العالم الروسي (Berg, 1951)، الذي عرف مناطق الاستبس بأنها "تلك المساحات المستوية طبوغرافيا والتي تتخللها بعض الرؤوس الجبلية، وتخلو من الأشجار الكبيرة، كما أنها تفتقر إلى المجاري المائية الدائمة، وما يجري فيها عادة هي مياه الأمطار الحملية الطارئة التي تجري في أودية أو مسيلات تشكل عادة فيضانات فجائية، لكنها ذات تصريف جيد"[(2)].

وتتميز أراضي الاستبس بتغطية الأعشاب لها معظم أيام فصل الربيع، وهي أعشاب فقيرة شحيحة، وذات تربة منخفضة الخصوبة. يسود هذه المنطقة مناخ دافئ في الشتاء حار جاف صيفاً، حيث يصل معدل الحرارة القصوى إلى 35°م. أما معدل الأمطار السنوي فهو أقل من 250ملم. من هنا نرى أن مصطلح الصحراء يتوافق إلى حد كبير مع مفهوم (الاستبس) حسب ما يرى السوفيات (الذين يعتبرون أفضل من صنّف النبات الطبيعي في العالم) أن معظم صحار أقليم الهلال الخصيب الممتدة من شمال شرق العراق إلى جنوب غرب فلسطين هي مناطق استبس.

ويؤكد عالم النبات السوفياتي (Rubstov, 1956) على أن هناك تداخلا في تصنيف السهوب والصحراء من حيث النبات الطبيعي، مؤكداً بأن السهوب أو الاستبس والصحار هي مناطق ذات نبات طبيعي شحيح فقير، تنتشر في مساحات متناثرة تخلو من الأشجار، وهذا طبعاً يفرق بين مفهوم الصحراء والاستبس من حيث النبات الطبيعي. فالسوفيات يطلقون مصطلح الصحراء على المساحات التي تغطيها الأعشاب، بنسبة 100% ولا يميزوها عن تلك الأراضي التي يغطيها النبات الطبيعي بنسبة (10%) من المساحة الكلية. من هنا نجد أن الأمر يتعلق بالنبات، ولا فرق بين الاستبس ونبات

الصحراء الجافة، فالاختلاف بين الاستبس والصحراء اختلاف مناخي أكثر منه نباتي. لكن العلماء الأوروبيين يميزون بين الاستبس والصحراء، ويرون أن هناك منطقة انتقالية بين نطاق الصحراء القاحلة والاستبس ذي الأعشاب الأكثر كثافة. فهم يحددون الأراضي الجافة بأنها تختلف بطبيعتها المناخية والنباتية عن الصحراء والاستبس.

ولا بد هنا التمييز بين مفهوم السهوب والصحراء. فالسهوب هي تلك المساحات التي لا تحتوي على الأشجار، ويكون النبات الطبيعي فيها متناثراً وقليل الإنتاج. إذن فالنبات هنا لا يتعدى كونه مجموعات عشبية (Herbs) حولية، وشجيرات قزمية معمرة (Perennial)، كما أن كمية الأمطار لا تكفي لقيام نوع من الزراعة الحقلية.

أما المساحات الزراعية في هذا الإقليم فهي في حالة مد وجزر مرتبطة بظروف الرطوبة أو تذبذب الأمطار، وهذا ما يعرضها إلى فترات متتالية من الجفاف الذي يقضي على حياة الأعشاب والحيوان. ويبدو من كل ما سبق صعوبة وضع حد فاصل بين نطاق الاستبس والصحراء الجافة جداً وشبه الجافة. ومع ذلك يمكن أن يحدد النبات الطبيعي في الأراضي الجافة بالمناطق التي يقل معدل أمطارها عن 250ملم سنوياً.

جدول (22) مميزات نبات الأراضي الجافة حسب تحمله للجفاف

المميزات	متهـرب مـن الجفاف	متفادي للجفاف	مقاوم للجفاف	متحمل للجفاف
دورة العمر	الفصـليات والحوليات تتلاءم مع ظروف النبات متوسط الرطوبة	المعمرات	المعمرات	المعمرات
مميـزات ملائمة بيئياً	لا تخصص	مـع جـذور عميقة	عصارة بـدون أوراق	شـجيرات دائمـة الخضرـة ونـوع الـورق صغير أو بدون أوراق
التمثيـل الضوئي	معدل عالٍ عندما يتوفر الماء	لا يوجد تخصص واضح	مـنخفض جـداً لكنـه ممكـن في جميع الأوقات	مـنخفض جـداً لكنـه يسـتطيع التمثيـل تحـت ظـروف العجـز المائي
اقتصاد بالماء	لا تخصص	تحصل على الماء مـن اعـماق سحيقة	يختزن الماء	متخصـص في احـتمال نقـص الماء والجفاف

متطور عن شولتز Solbrig & Orians 1986

يعتبر(Eigسنة 1951) أول من عمل تصنيفاً للمجموعات النباتية في المراعي الجافة وشبه الجافة، أخذ عنه زهري(Zohary.M)، وكتب أول بحث كامل حول النبات الطبيعي لفلسطين وشرقي الأردن في كتابه (Plant life of Palestine) ،وأتبعه بكتابه الثاني ضمنه نباتات الشرق الأوسط مركزاً على النبات الطبيعي في فلسطين وشرق الأردن ، وكان ذلك في عام1973 بعنوان (Geobotanical Foundation of Middle East) [4] وكتب العديد من علماء النبات في العالم بعد ذلك تقارير مختصرة حول النبات الطبيعي تضمنت معلومات عامة في بعض الأعشاب والشجيرات. الجدول (22)

الصفات الفسيولوجية لنبات الصحاري:

يتميز النبات الطبيعي في الأراضي الجافة (Xerophyte) بأنه يتحمل نقص الرطوبة ما دون نقطة الذبول، لأنه يكون في حالة سبات مؤقت إلا أنها قد تموت عندما تهبط رطوبة التربة إلى أقل من 5%، ومع تجدد الرطوبة، وتوفر الماء إلى نسبة 10% أو أكثر، فإن النبات ينتعش وتجدد دورة حياته. ولا يمكن أن يعيش أي نبات إذا ما هبطت رطوبة تربته إلى أقل من 5% ما لم يكن له مورد مائي منفصل، معتمداً على الرطوبة الجوية مباشرة. وتعكس قدرة النبات على التكيف مع الجفاف في حالة (الجهد البيئي) هو النظام الذي يحصل من خلاله النبات على عنصر الكربون من الجو. فنجد مسامات النبات في المناطق الرطبة في الظروف العادية مفتوحة أثناء النهار، حيث يتم من خلالها امتصاص ثاني أكسيد الكربون، وتعرف النباتات في هذا النظام بأنها من فئة " C3". لكن النباتات الجافة التي تتحمل ظروف الجفاف وتمتص (CO_2) ليلا، وتكون مسامات الأوراق عادة مغلقة في النهار (و ذلك من اجل التقليل من النتح، وامتصاص (CO_2)للقيام بعملية التمثيل الغذائي بشكل بطيء) يطلق عليها نباتات من الفئة(C4). وهناك فئة ثالثة من النباتات الجافة التي تبدو قادرة على التأقلم وتأخذ من (CO_2)، وتستفيد منه وتحوله إلى نظام فئة (C3) أو (C4)، وتعرف هذه النباتات أنها تابعة لنظام(Cam) نسبة إلى أنواع النبات(Crassulance) التي اكتشف فيها حامض عملية التمثيل الكلوروفيلي (cam) (1978 Adams+ Walter)[5].

و بناءاً على ما سبق، فان النبات القادر على العيش في اشد البيئات جفافا هو من فئة (C4) مثل الشجيرات الملحية القطف (Atriplex) والاثل (Spinifex)، ونبات (Zygochlous) أو بعض نباتات الفئة (Cam) مثل بعض أنواع النبات الذي يعيش في ناميبيا، (Weltwifachia). وتحقق دراسة النظام الحيوي لهذه النباتات إمكانية إنبات أو تهجين هذه المميزات الفسيولوجية إلى الغلات المحصولية التجارية. كما يتميز النبات الطبيعي بقدرة هائلة على التعامل مع فترات الجفاف الطويل الأمد التي تتبعها فترات قصيرة، تهطل خلالها كميات كبيرة من الأمطار. لذا كان لا بد من قدرة النبات على امتصاص الرطوبة بسرعة عند توفرها، وعلى تحمل درجات الملوحة العالية التي تحتويها

هذه المياه، أو أن يقتصد في استخدام هذا الماء غير المتاح دائما كأن يقلل من فقدان الماء من خلال دورة حياة قصيرة جدا تتمشى مع فترة وجود الماء فقط.

و تستعمل العديد من النباتات في الأراضي الجافة الماء الذي يتجمع عبر المجاري والسيول في مساحة تفوق نطاق امتداد جذورها. لذا تجد جذور الشجيرات ممتدة على طول المجاري المائية، كما تنمو مجموعات من النبات المبعثر على امتداد مجمعات الأمطار والسبخات الموجودة عند أقدام المنحدرات التي تسيل فيها المياه. وتتشابه النباتات في النطاق الجاف في قدرتها على مواجهة ظروف (الجهد البيئي) الناتج عن درجات الحرارة اليومية العالية، ويبذل من خلالها النبات جهدا بيئيا فسيولوجيا عاليا يزداد مع شدة الإشعاع الشمسي، ويتمثل ذلك في تحور وظائف أنسجة النبات بفتح المسامات الموجودة على الأوراق وإغلاقها، وما يرتبط بها من عمليات النتح والتبخر. كما أن الرياح الجافة قد تكون مدمرة للنبات وذلك عن طريق زيادة الجفاف، وتناقص الرطوبة، أو أن يطمر بالمواد التي تحملها هذه الرياح من الرمال والغبار. وتعمل عادة السيول الفجائية المتكررة التي تجري على سطح التربة الجافة على جرف التربة، وغمر النبات بالأطيان والرمال.

آلية البقاء لدى النبات الصحراوي:

ومع تنوع النبات الطبيعي في الأراضي الجافة تتنوع "آلية البقاء" لهذه النباتات وقدرتها على استغلال تغيرات الجفاف عبر الزمان والمكان. هناك آليات عامة تستخدمها معظم النباتات، وأخرى خاصة تنسجم مع كل منها. وتشتمل آليات البقاء العامة الطرق المختلفة التي يجد فيها النبات تلاؤما مع الجفاف، وهذه الطرق هي "آلية سلوكية وشكلية وتشريحية". ويستعمل كل نوع من النباتات ما يلائمه من هذه الآليات التي يستطيع بواسطتها مقاومة الجهد البيئي المتمثل في نقص الرطوبة. وتمثل هذه الآليات وسيلة لتوسيع دائرة البحث عن الماء، أو تقليل استعماله في العمليات البيولوجية المختلفة للنبات، أو لتحمل درجات الحرارة العالية، وضبط دورات التكاثر بشكل محكم.

هناك "أربع آليات" تقوم على أساس تأقلم النبات مع الجفاف، وهي معروفة وذات قيمة عند معظم الباحثين وهي: النباتات(الهاربة من الجفاف) drought escaper تعيش

في ظروف بذور متناثرة ساكنة خلال فترات الجفاف الطويلة، وتشمل هذه الفئة الأنواع النباتية الحولية والفصلية والأعشاب التي يزداد معدل تمثيلها الضوئي وتزداد الطاقة لديها عند توفر الماء ليساعدها في إتمام دورة حياتها بشكل سريع. وهناك الأنواع التي (تتفادى أو تتجنب الجفاف) drought evader، وتشمل الأنواع المعمرة perennial، كالأشجار القزمية، والشجيرات التي تأقلمت من خلال نظم الجذور العميقة الواسعة القادرة على الوصول إلى الماء الجوفي. لذا فهي نباتات مستقلة عن رطوبة التربة السطحية. ومنها ما يحتمل الماء المالح ويفراز مادة سامة (exudation) تعمل على تسمم النبات الموجود في مدى نموها الحيوي، وهي طريقة تقضي بها النباتات على ما ينافسها من النباتات المجاورة. مثل شجرة الكريوسات(Creosate) التي يستخرج منها مادة راتنجية، كما يحمل هذا النبات ظاهرة التقزم في أثناء فترات الجفاف.

أما النباتات التي (تقاوم **الجفاف** drought resisters) فتشمل العصاريات والصبير(Cuctus) وهي تختزن الماء في جذورها وأنسجتها وسيقانها في فترات الفائض المائي وتستعملها في فترات الجفاف. ويلاحظ أن هذه النباتات قادرة على امتصاص الرطوبة من الجو مباشرة عبر أنسجتها لذا نرى أشجار الصبير التي ليس لها جذور مثل tillandia تبدو قادرة على البقاء معتمدة على الندى والضباب، كما هو الحال في بيرو في بأمريكا اللاتينية. أما **الصنف الرابع** من نبات الصحاري الخشن فهو (**المحتمل للجفاف**) drought endurer، ويمثل هذا الصنف الشجيرات المعمرة والتي يمكنها الوصول إلى الماء الجوفي الدائم، والحفاظ على الرطوبة عن طريق سيطرتها الفاعلة جدا على معدلات منخفضة من النتح عن طريق التخلص من الغطاءات الواقية لسطوح الأوراق أو بقائها في حالة سكون أو ركود خلال فترات الجفاف الطويلة[6].

الخصائص الشكلية للنباتات الصحراوية:

هناك بعض المميزات العامة التي ساعدت هذا النبات على المقاومة والتكيف مع الظروف المناخية القاسية، تلك المميزات التي لا تنفرد بها هذه النوعيات عن غيرها من النباتات الطبيعية. وفيما يلي عرض لهذه المميزات ومدى استجابتها للظروف القاسية تفاوتها بين النبات.

1. **تنوع القدرة على التكيف:** تظهر في الصحاري أشكال متعددة من الحياة، تعكس القدرة التي تتحلى بها هذه النوعيات على التعايش مع ظروف البيئة المحيطة. وتعتبر الحرارة ذات أثر كبير في تحديد وتوزيع النوعيات العشبية. حيث قد تختفي بعض هذه النوعيات في السنين التي تقل فيها نسبة الرطوبة عن معدلها السنوي، مما يعزز أثر الرطوبة وأهميتها في حياة النبات، وثبت أن (80%) من النبات الطبيعي يعتمد كليا على مياه الأمطار بطريقة مباشرة، أو غير مباشرة (عن طريق الندى أو الأودية التي تصرف إليها المياه في فصل الشتاء)، في حين نجد أن النسبة الباقية(20%) قد تكيفت في الحصول على ما تحتاجه بالتحايل على الجفاف(drought evader) عن طريق تحورة أوراقها الصغيرة عن تلك التي كانت عريضة في فصل الرطوبة، لتقلل من كمية النتح، وبالتالي من كمية ما يفقده النبات من مخزون الماء. وهناك نوع آخر قد يختفي تماما في ظروف الجفاف الشديدة. لكنه يعود للظهور مرة ثانية عندما تتوفر له ظروف رطبة ملائمة. وعلى الرغم من كل هذه القدرات، والعمليات البيولوجية التي يقوم بها النبات الطبيعي، إلا أنه لا يمكن أن يعيش بعيدا عن مياه الأمطار.
2. **أنواع الجذور:** هناك نماذج قليلة يمكن من خلالها تحديد أنواع الجذور، وأهم هذه الأنواع: الجذور الليفية(fibrous)، والجذور الوتدية، وهذه لا تلائم بيئة الصحراء، وتبدي الجذور هنا قدرا من المرونة في التكيف تبعا للتقلبات السائدة، وتبعا لظروف التربة من حيث عمقها وعمق مستوى الرطوبة. فهناك مناطق تكيفت فيها الجذور مع طبيعة مستوى الرطوبة الغائر في طبقات التربة العميقة، حيث بدت طويلة في التربة الرملية المفككة بسبب غور الرطوبة فيها. أما في التربة الطميية فتكون الجذور قصيرة، تكيفت عن طريق الاستطالة والامتداد إلى عمق يزيد عن 50سم، كما هو الحال في نبات الشيح. ولا تقتصر مرونة جذور النبات في قدرتها على الاستطالة بشكل عمودي، فقد تمتد أحيانا بشكل أفقي حيث تتوفر الرطوبة، ولما كانت حركة الرطوبة تتسم بالبطء والترنخ عند تسربها في التربة، فان هذه الجذور تكون لها قدرة على امتصاص الرطوبة مباشرة قبل أن تهبط إلى الطبقات السفلى[(7)].

3. **تقلص مساحة سطح ورقة النبات الطبيعي حسب الفصول:** من أكثر الوسائل فاعلية في خفض استهلاك النبات للماء والرطوبة قدرته على تقليص مساحة أوراقه التي تجري فيها عملية التمثيل الغذائي. ويؤدي تقليص مساحة الورقة إلى التقليل من كمية الماء التي تطلقها النباتات عن طريق النتح فترة الجفاف، ويكون بإحدى الطرق التالية:

أ- **تناقص عدد المفردات(النبات)**، يتوقف بعض النبات عن النمو بسبب شح المياه، وهذا يؤدي إلى الحفاظ على كمية الماء الموجودة لبقية النوعيات الأخرى.

ب- **تناقص ما يفقده جسم النبتة**، ويكون ذلك بتخلص النبات من أوراقه في بداية فصل الصيف مثل نبات النتول أو النبات(chameaphytes)، وتستبدلها بأوراق صغيرة تشبه البراعم.

ج- **مرونة استبدال الأوراق:** هناك بعض الأنواع النباتية تسقط أوراقها في بداية فصل الصيف، ثم تعود هذه الأوراق للظهور مرة ثانية في بداية فصل الشتاء بسبب زيادة الرطوبة مثل نبات العوسج(Lycirum).

اما قدرة النبتة على تقليص مساحة أوراقها، فتعتمد على نوع النبات وفصيلته، فقد وجد (Orshan) سنة 1961م) أن النبات يفقد بعض أنواع أدوات النتح عن طريق (المسامات) في أثناء فصل الصيف، بحيث تقل نسبة المسامات لتصل إلى (28%) عما عليه في فصل الشتاء. كما في نبات الشيح، في حين تصل نسبة ما يفقده نبات (phyllam dornos) حوالي (96%)من عدد مساماته، وأكثر نبات صحراوي استعدادا لهذا التكيف هو(الروثا) (noae mucronata) الذي يستطيع التخلص من كل مساماته.

4- **طبيعة النبات الطبيعي ومستوى الرطوبة:** نتيجة دراسة المميزات الخاصة للنبات تشريحياً (Anato-morph) فقد تبين أنه بعدد من المميزات جعلته يحتفظ بأكبر كمية من الرطوبة، وهذه المميزات هي:

- يغطي النبات الطبيعي الصحراوي نسيج سطحي سميك، وجدران داخلية سميكة، وعدد من المسامات على سطح الورقة.

- تقوم بعض الأوراق أحيانا بالتفافها حول نفسها تفاديا لزيادة تعرض سطح الورقة للجو في فصل الصيف، مما يقلل من نسبة ما تفقده الورقة من الماء.
- فصلية النمو: ومن المميزات البارزة لهذا النبات أن عملياته خلال فترة النمو الحيوي(biomass) تحدث في فترات زمنية متنوعة، إلا أن هناك اختلافاً بين النبات الفصلي، والحولي، والمعمر، يعتمد على مدى استجابة (response) لدى هذه النباتات لكمية الأمطار الشحيحة، وعلى الوقت الذي تحتاجه للاستجابة لمياه الأمطار.

غير أن العلاقة الأساسية بين هذه النباتات موجودة، ففي بعض المناطق نجد أن كمية من الأمطار لا تتجاوز(75ملم) تهطل خلال يومين تكفي لتزويد القطعان الرعوية في هذه المناطق بالكلأ لفترة سنة كاملة. حيث تبدأ فترة بروز النبات بعد يومين يليان زخات من المطر الأولى لتصل إلى قمة نموها بعد أسبوعين، ويظهر هذا بوضوح في النبات الفصلي، ويتبعه النبات الحولي. أما المعمرات التي تبدو لا حياة فيها فقد تتأخر لمدة تزيد عن عدة أسابيع، وتتم دورة حياة الفصليات خلال فترة زمنية قصيرة تليها الحوليات التي تكمل دورة حياتها بعد أن تكون عقدت بذورها، ومع بداية فصل الجفاف تجف هذه النباتات وتتساقط.

- أما **المعمرات** التي تستمد رطوبتها من أعماق التربة فتكون قادرة على توفير نسبة من مادة غذاء الحيوان لفترة ما بين (1 -2)%. أما توزيع النباتات الصحراوية داخل الأرض الجافة الفقيرة فيكون منسجما مع فقر التربة وخصوبتها، وهنا تشتد المنافسة بين النباتات فيما بينها للحصول على الرطوبة المتاحة، الأمر الذي يجعل إمكانية إدخال مزيد من النبات وتكثيفه أمرا غير ممكن. فالمعمرات قد تسمح لبعض النباتات الفصلية أو الحولية بالنمو بينها، إلا أن أي محاولة لإدخال مزيد من الأنواع المعمرة الأخرى داخل المسافات الموجودة بين الشجيرات المعمرة سيؤدي حتما إلى موت هذه الشجيرات الجديدة لان زيادة المنافسة على الرطوبة تؤدي إلى زيادة الجهد البيئي على النبات الأصلي الموجود بسبب تقلص مساحات مصادر الرطوبة لنطاق الجذور. وتجدر الإشارة هنا إلى أن التوزيع العددي يرتبط بالتوزيع المكاني الذي يتعرض

لهطول الأمطار المتذبذبة وكميتها. وفيما يلي دراسة بعض الأنواع الحولية والمعمرة[8]:-

- **النسيج النباتي الصحراوي(الزمان والمكان)(صحاري الشرق الأوسط)**

1. النباتات والأعشاب المعمرة(الشجيرات القزمية) perennial
2. الأعشاب الحولية annual
3. الأعشاب الفصلية ephemeral

أولا: المعمرات(الشجيرات القزمية) وهي شجيرات قزمية خشنة مبعثرة تسود في النطاق الأكثر جفافا، ومعظمها شوكي وأهمها:-

1. **القرط(Calliogonum Comsum)** شجيرات ليست طويلة، ولكنها منتشرة في جميع أنحاء الأراضي الجافة، تظهر بين هذه النوعيات بعض الحوليات، لكن يصعب تمييزها عن بعضها بسبب تعدد النوعيات داخل الفصيلة الواحدة، وتظهر بعض هذه النوعيات على الكثبان الرملية، وخصوصا إذا كان قوام التربة ناعما. وأنواع هذه العائلة قليلة جدا، لكنها قريبة من المجموعة النباتية الأخرى، وتظهر هذه في المناطق الأكثر جفافا بسبب قدرتها العالية على تحمل نقص الرطوبة، وزيادة الجفاف.

   تعتبر هذه النوعيات قليلة القيمة الغذائية، ولا تصلح إلا لغذاء الإبل (Srekahia)"1" سنة 1956)، كما أن هذه النوعيات لا تأكلها الأغنام، وكثيرا ما يستعمل البدو هذا النبات وقوداً في الاستعمال المنزلي.

2. **الصر(Noea Macronata)** يعتبر هذا النوع من الشجيرات من أوسع النوعيات انتشاراً على هوامش الصحاري، وتتفاوت أطواله بتفاوت طبيعة رطوبة المنطقة، ففي المناطق المتطرفة يكون نموه أفضل مما هو عليه في وسط الصحراء. وتنتشر هذه النوعيات في التربة الطينية الطميية، وبخاصة في مجاري المياه والأودية لحاجتها إلى كمية وفيرة من الأمطار.

3. **الرمث(haloxylon Salicornic)**: ينتمي إلى هذا النوع مجموعة كبيرة من الأنواع الفرعية، لكنها تعيش في مناطق محدودة، فقد توجد في منطقة البلايا أو

الأحواض الداخلية المالحة. ويعتبر هذا النوع من الشجيرات ذا قيمة اقتصادية عالية حيث تفضله الأغنام والماعز والإبل عندما يكون اخضر يانعا في فصل الربيع.

4. **العرفاج(Rhanterium)**: يمكن تمييز هذه المجموعة من الشجيرات في المناطق الجافة حيث تنتشر في الأراضي المستوية، على الكثبان القليلة الارتفاع، ولها قدرة على مقاومة الجفاف. ويعتبر هذا النوع من النبات من أفضل النوعيات التي تتغذى عليها الأغنام والماعز والإبل في المناطق الموغلة في الجفاف، كما يستعمله البدو وقوداً.

5. **القيصوم(Achilla fragantissi)**: تعيش في المنخفضات والأودية ويزدهر في التربة ذات القوام الناعم(الطينية والطفلية)، التي تغطى الأراضي ذات الرطوبة العالية. (الأودية والسبخات المنخفضات والقيعان).

وهو ذو قيمة غذائية جيدة في فصل الربيع وأوائل الصيف عند موسم الأزهار مفضل عند الأغنام والماعز لكنه قليل القيمة وقوداً وذا رائحة جيدة.

6. **علندا(Ephadra Alata)**: وهي شجيرات صغيرة، لا تحتمل درجات الحرارة العالية. حيث تجف وتختفي مع قدوم الصيف. تنتشر هذه النوعيات في التربة الطينية المتماسكة التي تحتوي على كمية من الجبس. والتربة هنا متطورة تظهر عليها الآفاق الثلاث، ويزيد من قيمة هذه النوعيات الغذائية تعددها، وعلى الرغم من ذلك فإنها لا تتعرض للرعي الجائر لأنها في المناطق النائية بعيدة عن مصادر الماء، لذا فالإبل هي الوحيدة التي تقدر على الوصول إلى هذه النوعيات بسبب قدرتها على تحمل العطش. وتعتبر هذه النباتات مستساغة لدى جميع الحيوانات الرعوية، وقد تستعمل أحيانا للوقود.

7. **الكداد(الشداد)(Astragalus Spinaosis)**:يوجد هذا النبات في البادية الأردنية ضمن مجموعات من نفس النوع مثل السل Zilla Sponoses، والرمث Haloxylon artic، وتنتشر هذه النوعيات في المناطق التي تتعرض للرعي الجائر، وخصوصا في المناطق الجافة جدا، وتعيش في التربة ذات القوام الخشن،

وهي من النوعيات الجيدة، وقد حافظت على بقائها بسبب كثرة أشـواكها، حيـث لا يقوى على أكلها سوى الإبل، مما حذا بالبدو إلى استعمالها وقوداً الجدول (23).

8. **الحرمل(Paganum harmala):** تتميز هـذه النوعيـات بأنهـا سـامة لا تأكلهـا حيوانات الرعي، وقد تستساغ بعد أن تجف في فصل الصيف. والحرمل مـن النبـات الذي استطاع أن يقـاوم ظـروف الحراثـة والرعـي الجـائر، ويلاحـظ أن ظهـور هـذه النوعيات يعني اختفاء نوعيات ذات قيمة غذائية عالية.

ثانيا: الحوليات(Annuals):

تعتبر الحوليات من أفضل النوعيات الرعوية التي تتغـذى عليهـا الحيوانـات إذا قورنـت بالشـجيرات المالحـة. ويمكـن تقسـيمها إلى فصـيلتين مميـزتين هـما: النجيليـة والبقوليـة، وتعتبر البقوليات من أغنى النوعيات الحولية بالمواد الغذائيـة، وتعـيش هـذه النوعيات متداخلة مع المعمرات، لا تخلو منطقة من الصحراء منها، لكنهـا تـزداد كثافـة مع الرطوبة. وتنمو في التربـة الطينيـة الفيضـية وذات قطـاع متطـور. فـيما يـلي دراسـة مختصرة لأهم النوعيات:

- **أعشاب رعوية:**

1. **خبز الراعي (Medicago orbiculata):** نبات بقـولي حـولي ينمـو في جميـع أرجـاء الصحراء وفي المناطق الموغلة في الجفـاف شرقـا، وتحبـذه الحيوانـات. وهنـاك أنـواع عديدة من هذه الفصيلة يصل عددها إلى(20 نوعاً).
2. **سنسان(hiparrhenia hitra):** وهو من الأعشاب الحولية أثبتـت التجـارب التـي أجريت عليه في الولايات المتحدة أنه هذا النوع ذو قيمة غذائية منخفضة"1".
3. **الحلبة (Trigonella):** نبات بقولي سـائغ للرعـي تسـتعمل بـذوره غـذاء للمـواشي. وهناك العديد من النوعيات البقولية مثل البرسيم(Trifolium lathyrus) ومكنسة الراعي(Pisum fuloum)، ولكن هناك بعض النوعيـات الرعويـة يمكـن أن تسـتغل لاستعمالات غير الرعي مثل استخراج المواد الطبية منهـا، وقـد تسـتعمل دواء وهـي خضراء أو مجففـة. كـما توجـد بعـض النوعيـات السـامة. وفي مـايلي دراسـة أهـم الأعشاب الطبية والسامة الموجودة في مناطق الشرق الأوسط.-

جدول رقم(23) مقارنة بين النوعيات المفضلة لدى حيوانات الرعي مع تحديد درجة التفضيل لديها، ويشمل الشجيرات والأعشاب الحولية.

درجة التفضيل	الأغنام	الإبل
1. مفضل بدرجة عالية جدا	الأعشاب الحولية جميعها	الأعشاب الحولية وبعض الشجيرات مثل: الروثا، الصر، وغيرها
1. مفضل بدرجة عالية	الشيح(اخضر وجاف)	النيتول(اخضر وجاف)
2. مفضل بدرجة متوسطة	السلماس(اخضر وجاف)	العلندا(اخضر وجاف) الشيح(اخضرو جاف)
3. مفضل بدرجة منخفضة	النيتول(اخضر) الكداد(اخضر)	الكداد(اخضر) السلماس
4. غير مفضل	القيصوم(فقط أوراقه الخضراء)	القيصوم الجاف

المصدر: نتائج الدراسة الميدانية 1982 ـ البادية الأردنية/ بادية الشام.

- **<u>أعشاب طبية:</u>**

1. **البابونج (Matricaria aura):** يستعمل بعد أن يغلى كدواء منزلي، وخاصة لآلام المعدة والصدر، وينتشر في المراعي، وسفوح المنحدرات وقد يجفف لاستعماله في الصيف"2".
2. **الحلبة(Trigonella foerum):** وهو من الأعشاب التي تستعمل بعد أن تغلى بذوره الجافة، أو تنقع كدواء للمواشي لمعالجة بعض أمراض البطن، وكدواء مقوي. وقد تطحن بذوره الجافة وتستعمل مع البهارات المختلفة في الطعام، وهي نبات يسقط النحل عليه لامتصاص رحيقه.
3. **الزعتر(Thymous mara):** يستعمل زيته في علاج للمعدة والأمعاء،وفي الطعام المنزلي، بحيث تجفف أوراقه وتطحن، ويضاف إليها بعض البهارات والسماق والسمسم وتأكل مع الزيت والخبز"1".

4. **العلندا(Ephadra alata):** وهي شجيرات ذات سيقان متعددة، وأوراق حرشفية. يستخرج من هذا النبات مادة الافورين التي تستعمل في الطب لعلاج الالتهابات الرئوية والسعال.

5. **الميرمية(Slavia triloba):** يتميز هذا النبات المعمر برائحة زكية، ويستعمل بعد أن يغلى مع بعض الأدوية لمعالجة آلام البطن، وهو أكثر النباتات انتشارا بين السكان، بحيث لا يخلو بيت من هذا النبات.

6. **الغار(Vetix gnus):** عرف هذا النوع من أيام اليونان والرومان، تضعف بذوره الرغبة الجنسية، ومن هنا سمي فلفل الرهبان (Chirste grass) لبذوره رائحة زكية ويستعمل في علاج العيون. **(انظر الملحق 1،2، 3)**

- **أعشاب سامة:**(للأغنام وليس للإنسان)

1. الحنظل (Citrullus Colocynthis): تظهر أزهار هذا النبات في فترة ما بين مايو وحتى أوائل أكتوبر، وتحتوي ثماره على مواد فاعلة تهيج المعدة والأمعاء وتسبب الإسهال الشديد.

2. أم الحليب(Ephoorbia holios): نبات حولي تظهر أزهاره في الفترة ما بين مارس وابريل وتحتوي بذوره على مواد سامة للخيل والأبقار والأغنام.

3. لفيتة (Sinapis aevensis) : عشب حولي ينمو في الحقول، ويزهر في الفترة ما بين مارس وابريل، وتحتوي بذوره على مواد سامة للخيل والأبقار والأغنام.

4. ورد حوذان(Crepis Foetide) :عشب حولي, يزهر في الفترة ما بين أبريل ويونيو, تحتوي جذوره وسيقانه على مادة فاعلة تسبب حمى الأغنام.

5. البنج(Hyoscyamus retic): عشب حولي يزهر في الفترة ما بين مارس وأبريل، تحتوي بذوره وأوراقه على مواد سامة للحيوان، وتؤثر في الجهازين العصبي والهضمي.

6. الخشخاش الأحمر (دحنون) (Papaver rhoes): عشب حولي يزهر في الفترة ما بين مارس وأبريل تحتوي أزهاره على مادة سامة تؤثر على الجهازين الهضمي والعصبي.

7. الضريسة(Tribulus terrestris): عشب حولي منبطح, مشهور بتأثيره المميت على الأغنام بصورة خاصة، ويزهر عادة في الفترة ما بين مايو وأكتوبر.
8. حشيشة الفرس (Sorghum halepense): عشب ينمو بين الشجيرات، وفي السفوح الشرقية لهضبة وادي الأردن الشرقية، في فصل الصيف, ويصبح هذا العشب ساما في أوقات تحتوي أوراقه وسيقانه الذابلة على حامض هيدروسيانيد السام.

يتبع في نهاية هذا الفصل دراسة خاصة عن النبات الصحراوي في فلسطين واستعمالاته.

- **القيمة الغذائية للنوعيات الرعوية: (الصحاري المعتدلة)**

لا بد لنا قبل أن تدرس القيمة الغذائية لبعض النوعيات الرعوية أن نتعرف على الفترات التي تنمو فيها أجزاء النبتة، وأثر ذلك في الدورة الرعوية، ولأهمية ذلك عند قياس الإنتاجية، حيث أننا نختار الوقت المناسب لدراسة هذه النوعيات من المرعى، وقد تكون قمة النمو لإحدى النوعيات في فترة معينة تختلف عن غيرها من النوعيات. فالتباين في دورة ومراحل النمو للمعمرات متنوع، وكذلك هناك تباين بين مراحل نمو الحوليات والمعمرات. لذا لا بد لنا أن ندرس هذه الدورة قبل الدراسة التحليلية للقيمة الغذائية للنبات.

1. **المعمرات** تشكل المعمرات معظم الغطاء النباتي والمساحات الرعوية في الأراضي القاحلة. وتتميز فترة نموها بسلسلة متصلة من التطورات، فلا تظهر فيها فترة بارزة تمثل قمة النمو، وأخرى تمثل نهايته، كما هو الحال بالنسبة للحوليات(Annual) فقد تبدأ فترة النمو بعد فترة سكون صيفية، بعد بداية أمطار الخريف بحوالي (10)أيام، لكن نموها في هذه الفترة يكون بطيئا إذا ما قارناه بنمو الأعشاب الحولية، وقد تظهر براعم الشجيرات مع بداية شهر نوفمبر"2". ولا تمثل إنتاجية النبات في هذه الفترة أكثر من نسبة بسيطة من متوسط الإنتاجية السنوية. والمرحلة الثانية عادة تمثل نمو البراعم وتتحول إلى أوراق كاملة النمو، وتأتي هذه المرحلة بعد بداية الأمطار بحوالي(7 أسابيع)، أي مع بداية فصل الربيع. وقد تنمو وتكبر مع بداية فصل الخريف، وخصوصا في المنخفضات. ويعتبر شهرا ديسمبر ويناير من الأشهر التي يضعف فيها نمو النبات بسبب شدة البرودة، وتعتبر فترة نهاية الربيع وبداية الصيف فترة تطور جديدة، حيث

تأخذ هذه الشجيرات بإسقاط أوراقها العريضة، واستبدالها بأخرى صغيرة لمقاومة الجفاف.

وبشكل عام فان فصل الربيع هو فترة النمو الرئيسة لهذه الشجيرات. تمتد من (مارس) حتى (يونيو) ويعدها يأخذ نمو الشجيرات في التناقص حتى شهر (أغسطس) وبداية (سبتمبر). الذي يمثل فترة الخريف ويتباين موسم الأزهار من نبتة إلى أخرى، ومن نوع إلى آخر إلا أن معظم الزهور عادة تظهر في بداية فصل الربيع، حيث تبدأ في شهر(مارس) وتنتهي في شهر(ابريل). أما عقد البذور فهي مرحلة تبدأ بعد ذبول أزهار النبات"3". وتبدأ البذور بالنضج مع بداية شهر(مايو). أما في اشهر الصيف فتسقط هذه البذور لتبدأ بالظهور والنمو مع بداية شهر سبتمبر[(9)].

ب - **الأعشاب الحولية:**

تعتمد هذه النوعيات في نموها على انتظام هطول الأمطار. فتبدو الأراضي التي تغطيها هذه الأعشاب عارية تماما قبل فصل الأمطار. وما أن تسقط زخات المطر الأولى مع أواخر شهر أكتوبر وبداية شهر (نوفمبر) حتى تنمو الأعشاب بعد فترة تتراوح ما بين (5-15) يوما مباشرة. وتعد الحرارة عاملا مؤثرا في زيادة النمو، وقد تصل كثافة المفردات إلى حوالي(600نبتة/م2) وذلك في بداية الأمطار، لكنها تزداد كثافة مع زيادة كمية الأمطار لتصل إلى حوالي(4500نبتة/م2)، وذلك في ظروف لا يقل معدل الأمطار السنوي فيها عن(220مم)، كما هو الحال في أطراف الصحراء الشامية، ويعتبر شهرا (ديسمبر ويناير) من الشهور التي يصل نمو الحوليات فيهما إلى أدنى مستوى بسبب انخفاض درجات الحرارة.

وتأخذ الأعشاب في النمو التدريجي مع ارتفاع درجات الحرارة في شهر(فبراير) لتصل إلى قمة النمو في شهر (مارس) حيث يكون معدل النمو اليومي حوالي (17غم/م2)، وهذا يساوي كتلة خضرية تصل إلى(170كغم/هكتار)، وتستمر فترة النمو هذه حوالي(4اسابيع) في المناطق الأكثر جفافا. وقد تمتد إلى أربعة شهور في القطاع الأكثر رطوبة في الصحراء. أما في بداية شهر(مايو) فتأخذ الحوليات بالجفاف وتبدو الأعشاب جافة ملوية على بعضها تتحلل مع بداية فصل الأمطار.

والجدير ملاحظته تناقص وزن هذا النبات نتيجة تساقط البذور بعد نضجها، وبذلك تفقد النبتة (25%) من وزنها الإجمالي مما سبق نجد الأمور التالية:

1- لا يمكن أن يعيش أي نبات إذا هبطت رطوبة تربته إلى أقل من 5%، ما لم يكن له مورد مائي منفصل ينظم امتصاص الرطوبة الجوية مباشرة.

2- تتوفر مجموعة ظروف رطوبة التربة التي تسمح للنباتات متوسطة الرطوبة أن تعيش في ظلها في أي موقع، ولو كان صغيراً جدا. كما أن أي تغيرات ايجابية بسيطة في رطوبة التربة قد تعطي بعض النتائج المتوقعة كالأزهار الموسمية، ونمو النبات الحولي، الذي ينمو عادة بعد عاصفة مطرية في الأراضي الجافة.

3- إذا أعيق صرف التربة فان توفر الماء قد لا يكون كافيا لإعالة حياة النبات- فقد يخلق فائضا مائياً محلياً نوعا من التشبع أو التسبخ للتربة- ويؤدي إلى موت النبات عن طريق نقص O2 الأوكسجين في منطقة الجذور[10].

واستنادا إلى مفهوم النمو الحيوي المتاح للنبات خلال فترة زمنية نجد أن هناك اختلافات ما بين النبات الفصلي ephemeral، والحولي annual والمعمر perennial. ونتيجة لذلك يكون لكل منها شيء من الاستجابة (response) للرطوبة بعد الأمطار. ففي حين يتباين توقيت استجابة النباتات فيما بينها، فإن العلاقة الأساسية تبقى موجودة بينها. وبالتأكيد فإن الرعاة وقطعانهم في الأراضي الاسترالية الجافة، يعتبرون كمية الأمطار التي تتراوح ما بين(50-75ملم) والتي تسقط خلال 48 ساعة كافية لتزويد حيواناتهم بالماء لفترة تصل إلى 12 شهرا. كما يتوقع أن يحدث أول بروز للنبات استجابة للأمطار – خصوصا النباتات الفصلية- خلال يومين أو ثلاثة أيام. كما أن وصولها إلى قمة نموها قد يستغرق ما بين "1-2 أسبوع" من بداية هطول المطر وتلك النباتات التي كانت تبدو وكأن لا حياة فيها كالشجيرات الجافة أما الشجيرات اليابسة، فإنها تتأخر عن ذلك لمدة تزيد عن عدة أسابيع. وتتم النباتات الحولية والفصلية دورة حياتها خلال عدة أسابيع وأشهر قليلة، أما المعمرات، والتي تستمد رطوبتها من التربة العميقة فإنها تكون قادرة على توفير مصادر للرعي لفترة تتراوح ما بين (1-2سنة) بعد هطول كمية من الأمطار بفترة طويلة وحتى قبل أن تعقد هذه النباتات بذورها فإنها تسقط أوراقها وتستعد للرقود.

ويعكس توزيع المسافات بين النبات في الأراضي الجافة، مدى المنافسة على الرطوبة المتاحة.

يتصف توزيع النبات في الأراضي الجافة بعدم الثبات، من حيث الموقع والتوقيت أو فترة حياته. من هنا كان لا بد من التأكد على أن مصادر النبات استغلت بشكل غير متزن. لذا فالباحث في الأراضي الجافة يجب أن يكون معدا إما للحركة بسرعة فوق مساحات شاسعة، لان الفرصة السانحة لاستغلال هذه المصادر سريعة الزوال. [11].

- **<u>إنتاجية النبات الطبيعي داخل النظام البيئي الجاف:</u> أن** الاستخدام المناسب المتزن للنبات الرعوي هو الاستراتيجية الملائمة للاستغلال الامثل لنبات الأراضي الجافة، لكن يجب معرفة دور النبات في النظام البيئي، لتقييم مدى استعماله نظاما قادرا على التحمل. وحسب مفهوم إنتاج المادة العضوية الجافة فان المناطق الجافة والجافة جدا تنتج حوالي(0.1-0.5غم/م2/يوم) مقارنة مع (0.5-3غم/م2/يوم) الذي تنتجه أراضي الأعشاب" الأراضي شبه الجافة". أما إنتاج النظم البيئية المثالية العالمية فيتراوح إنتاجها ما بين (10-25غم/م2/يوم) كالسهول الفيضية أو مصبات الأنهار. وتشير أرقام صافي إنتاج الكربون لكل وحدة ارض أن الأراضي الجافة، وشبه الجافة تساهم بأقل من خمس الإنتاج من متوسط الحبوب الحقلية في العالم، وحوالي 2% من إنتاج الغابات المطيرة. وهنا نتساءل هل يمكن لهذه الأرقام المطلقة أن تتغير من خلال تحسين النظام البيئي لصالح الأراضي الجافة والإدارة الجيدة له. انظر الجدول رقم(24)

جدول(24) إنتاج مقارن للمواد العضوية في الأراضي الجافة.

النبات	إجمالي الإنتاج للمادة العضوية الجافة غم/م2/يوم	إجمالي إنتاج الكربون غم/م2/يوم
شديدة الجفاف أو جافة	0.5-0.1	16
أراضي الأعشاب شبه الجافة	3-0.5	28
أراضي الأعشاب الرطبة	-	179
محصول الحبوب	-.2	149
السهول الفيضية والدلتا	25-10	-
الغابة المطيرة	-	1200

المصدر Odum 1963 Deavy 1971

وتختلف الأراضي الجافة عن الغابات المدارية التي تغوص معظم عناصرها الغذائية في أعماق التربة، في حين نجد العناصر الغذائية في الأراضي الجافة محصورة في التربة السطحية فقط. وعلى الرغم من انخفاض النمو الخضري، وقلة بقايا النبات في المنطقة الجافة، إلا أن هذه التربة لا تزال تقدم أفضل الفرص لاستغلال المواد الغذائية من نظامها البيئي، انظر الجدول رقم(25).

جدول رقم(25) الخصائص المعدنية لنظم النبات في البيئة الجافة

النظام البيئي	ما تختزنه من المعادن		حركة المعادن السنوية		النيتروجين
	نمو خضري كغم/ هكتار	بقايا كغم/هكتار	النمو الحيوي نمو خضري كغم/ هكتار	الفضلات كغم/هكتار	(%)من إجمالي المحتوى
أملاح الصحراء	143	-	85	84	13
شجيرات الصحراء	185	-	60	59	27
أراضي العشب الجافة	345	70	162	161	27
أراضي الأعشاب السفانا	978	-	319	312	26
الغابة الاستوائية	11.081	178	2028	1540	22
تندرا القطب الشمالي	159	280	38	37	53

المصدر: Gersmehl 1976 P.229

وسنرى فيما بعد أن استبدال النبات المعمر ذي الجذور العميقة بمحاصيل الحبوب الحولية ذات الجذور الضحلة، قد أحرز إنتاجا سنويا عالياً من المادة العضوية، لكن يتم ذلك على حساب نوعية التربة من خلال زيادة مستوى ملوحتها السطحية وبالتالي إنهاكها، ومن الاستعمالات الزراعية للأراضي الجافة.

- **الاستعمالات الصناعية العالمية للنبات الطبيعي (المستزرع)**

هناك صناعات عديدة تعتمد على نباتات الأراضي الجافة مثل الخشب الصلب الذي يستعمل في صناعة الأدوات والأسلحة والأثاث، وألياف بعض الشجيرات العصارية والحوليات في صناعة الحاويات. وقد أولت الولايات المتحدة اهتماما كبيرا لإمكانات المتاحة لتصنيع مواد النبات في النطاق الجاف. حيث يشكل الجنوب الغربي منها والمكسيك مصدرا للمواد الخام التي يمكن الحصول عليها من أجل الصناعة مثل:

1. **نبات الغويول Guayule:(بديل للمطاط الطبيعي) (Heave)**

أدى إيقاف إمداد الغربيين بخامات المطاط القادمة من جنوب شرق آسيا في أثناء الحرب العالمية الثانية إلى زيادة اهتمامهم بنبات يسمى غوايول guayule، وهو شجيرة تسمى Parthenuim argentium تعيش في الإقليم شبه الجاف، وينتج المطاط من أوراقها ومن اللحاء، وقد تم إنشاء مشروع لإنتاج المطاط في ظروف الطوارئ، وقد برهن هذا المطاط على كفاءة فاعليته، إلا أنه أضعف قليلاً من حيث التمدد والمرنة بالمقارنة مع المطاط التقليدي.

وبعد عودة امدادات المصدر التقليدي، قل الاهتمام بهذا البديل المكلف نسبياً، وعاد الاهتمام بهذه الشجرة مرة أخرى في السبعينات من هذا القرن العشرين حين زاد الطلب على المطاط في العالم حيث وصلت إنتاجه إلى 45% من اجمالي إنتاج المطاط في الفترة ما بين 1975-1985م. في فترة زيادة تكلفة العمالة المتصاعدة في إنتاج المطاط الشجري التقليدي (Hevea)حيث وصلت هذه الزيادة في مرحلة جمعه من الأشجار إلى "50%"،و قد أدى النقص في كمية الإنتاج والارتفاع الباهظ للأسعار إلى عقد مؤتمر دولي حول نبات(الغوايول) في مدينة ساليتلو (Saltillo) في المكسيك في سنة 1977م. كما تناوله اللقاء الخامس والعشرون الذي نظمته مجموعة دراسة المطاط الدولية المنعقد في واشنطن

العاصمة الأمريكية سنة 1978م. كما أقامت شركتا المطاط الأمريكيتان "Good year" و"Firestone" محطات تجارب لزراعة هذه النبتة وفحصها. وتمكن موظفو "شركة فير ستون" من تقدير أرباحهم المستقبلية للإنتاج التجاري. ومع زيادة الاهتمام بهذه النبتة فإننا نتوقع أن تقوم هناك مشاريع ستعمل على تطوير هذه النبتة، "الغوايول" في 5-10 سنوات القادمة[14] جدول (26).

جدول (26) تكاليف إنتاج الغوايول في جنوب غرب الولايات المتحدة سنة 1985

تكلفة المصنع ومعداته	35 –50 مليون دولار
تكاليف الإنتاج (أنص/سنت$)	
الزراعي	38-29
التصنيع	28-20.5
الإجمالي	66-46.5
اقل من المنتجات المرافقة	20-12
صافي التكاليف	54-29
أسعار المطاط 1985م سنت/أونس	63-54
بعد عائد الضريبة على الاستثمار"%"	%25

المصدر: Weith et al. 1986, P. 242

2.نبات هوهوبا (Jojoba) (زيوت المستحضرات الطبية):-

زاد الاهتمام بهذه النبتة، بعد أن تمكن الصناعيون من استعماله كزيت شمعي وأصبح يشكل مادة خام لكل من مواد التجميل والأدوية والطباعة وتشحيم الآليات. وقد شجع القائمون على حماية البيئة على زراعة هذه الشجيرة باعتبارها بديلاً مباشراً عن زيت الحوت sperm whale المستعمل في التشحيم في الآليات عالية الحرارة، وذات والضغط والتأكسد العاليين خصوصاً للمركبات ذات نظام التحويل الذاتي "سيارات الاتوماتيك". وعلى الرغم من استعمالاته الكثيرة في صناعة زيت صابون الشعر والمحرك، ومن زيت الطبخ إلى الشموع، ومن الشموع الواقية إلى أحمر الشفاه ومن علف

الماشية إلى نباتات الزينة في الحدائق، إلا أن المتحمسين الداعمين للاستغلال يعتبرونه محدود الاستعمال نوعاً ما.

وحالياً تجري دول عديدة على هذا النبات تجارب لجعله سلعة تجارية، حيث أمكن زراعته في مناطق تبلغ أمطارها السنوية ما بين 150-450ملم على الرغم من أن العديد من الباحثين يرون أن أعلى إنتاج يمكن أن يحصل تحت أمطار يصل معدلها إلى"900ملم" وفي بعض الحالات قد تساهم الاستعمالات التجارية للنبات الطبيعي في إمكانية استصلاح الأراضي الجافة عديمة الفائدة " وقد أظهر بحث أجري في مصر على مدى قيمة بعض الأعشاب التجارية مثل الأسل، والسمار والبوص rushes الذي تستعمل أوراقه لصناعة مقاعد الكراسي أهمية هذه النباتات في المجال الصناعي".

- وقد تمكنت بعض الأنواع النباتية من العيش في بيئات ذات ملوحة عالية مثل أرض السبخات "البلايا"، والسطوح المالحة، مثل نبات "البوص" Juncus الذي يمكنه أن يسحب الأملاح الموجودة في التربة، ويخزنها في ساقه الأجوف، وبذلك أمكن من خلال هذا النبات السنوي إزالة ما تحتويه التربة والمياه الجوفية من الأملاح، وعند معالجته بمخصبات النيتروجين والفسفور أصبح نمو النبات كافياً ليس فقط لاستصلاح المسطحات الملحية ولكن لإنتاج الآليات اللازمة لصناعة الورق، والزيوت من بذورها التي تحتوي على الأحماض الأمينية والكربوهيدرات أيضاً.

- وهناك منطقة أخرى تجري بحوث فيها حول تربية البلانكتون النباتي في المحاليل الغنية بالمواد الغذائية المالحة. وباستعمال أساليب أحواض التبخر الشمسي لإنتاج الملح التجاري "مياه البحر" سيزيد إنتاج المواد الغذائية. كما يمكن من خلال معالجة مياه المجاري أن تزداد زراعة البلانكتون النباتي، وهو منتوج طحلبي يمكن استخدامه كمادة خام للفيتامينات والأصباغ الطبيعية وأحماض الدهون غير المشبعة لصناعة غذاء الحيوان والإنسان، وأهم هذه الطحالب هي (Spirulina) (Thiobaciui) الذي يؤكسد السلفايد Sulphidis المعدنية غير القابلة للتحليل[15].

- وهناك نوع من النبات الطبيعي داخل المرعى ليس مستساغا غير أنه دواء نافعا لمرض (الجعم)، وفي هذه الحال تستفيد الأغنام والإبل من المرعى الذي يوجد فيه

بعض النباتات الحولية مثل(الحمض) ذي مذاق حمضي- أو ملحي ومثل القطف والغضة والعراد والفرس وغيرها. وهذه الأنواع قادرة على قضاء أنواع الطفيليات الضارة. وهناك جداول للاستعمالات المختلفة لأنواع النبات الطبيعي في النطاق الجاف من فلسطين (النقب)، انظر الملحق (1).

مشكلة التصحر والنطاق الجاف:

يقصد بالتصحر هو تناقص القدرة الانتاجية للتربة، نتيجة سوء استخدام الانسان لها - أي طغيان الجفاف على الأراضي الزراعية، وتحويلها إلى أراضٍ قاحلة - بسبب النشاط الإنساني وسيادة العمران على حساب الأرض الزراعية، والتصحر هو : "تدمير الأرض، وإنهاكها بسبب سوء استخدام الإنسان والتغيرات المناخية في المناطق الجافة وشبه الجافة وشبه الرطبة". وهي ظاهرة ممتدة في جميع أنحاء العالم لم تترك قارة إلا وأصابتها.

والتصحر ظاهرة عالمية في آثارها البيئية والاجتماعية والاقتصادية، فالأراضي الجافة باستثناء الصحار شديدة الجفاف تغطي (40%) من مساحة اليابسة، حيث يوجد حوالي (110,000 هكتار) منها ضمن الأراضي الجافة، كما أن هناك ثمانين دولة نامية تعاني من التصحر(desertification)، يعيش فيها أكثر من (1000 مليون) نسمة ويتعرضون لخطر تأثير الإنتاجية في اراضيهم[15].

وعليه اصبحت الحاجة ملحة لبحث مشكلة التصحر باعتبارها مشكلة عالمية، تزايد أهميتها بشكل متواصل، فهو السبب الرئيس في فقدان مصادر الأرض المنتجة على مستوى العالم، كما يساهم في فقدان التنوع الحيوي العالمي، وفي نقص النمو الحيوي أو الإنتاج الحيوي على سطح الأرض. كما يساهم التصحر أيضاً في التغير المناخي الذي يؤدي إلى عدم ثبات أو اهتزاز الاقتصاد، كما يؤدي إلى عدم الاستقرار السياسي في الأراضي التي يحل بها، كما انه يمنع من تحقيق التطور الثابت. الشكل (24)

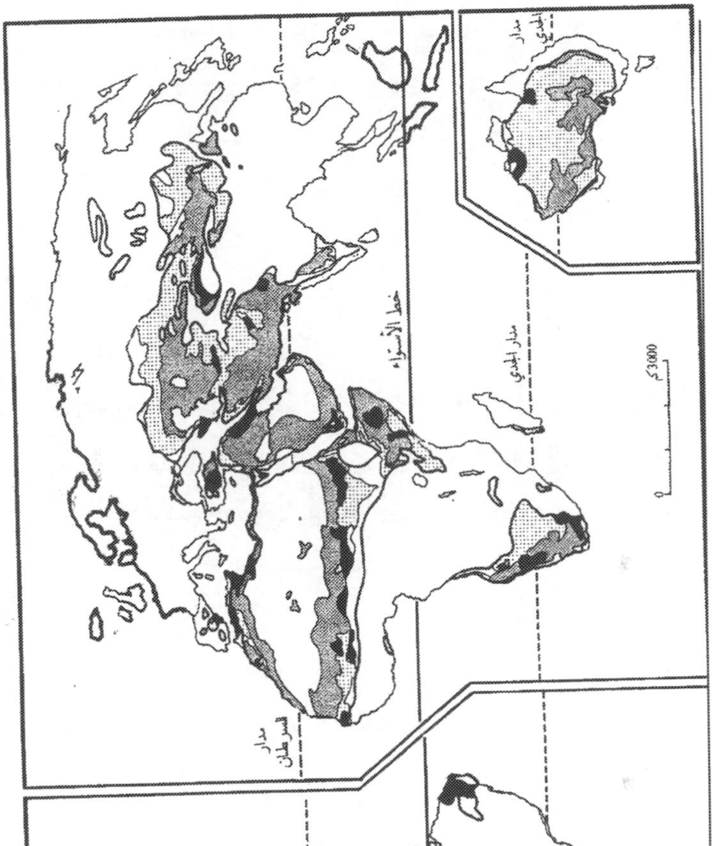

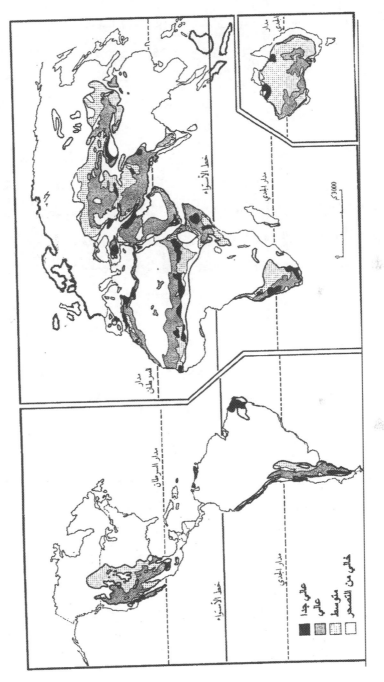

الشكل (24) درجة خطورة التصحر داخل النطاق الجاف

وعلى الرغم من أن التصحر مشكلة عالمية، إلا أن العلماء تتبعوا هذا المصطلح ليختاروه عنواناً ينطلق من منطقة البحر المتوسط مع قرارات هيئة الأمم، باعتبار أنه وجد لينسجم على الشواطئ الجنوبية والشرقية للبحر المتوسط .*

ويدعو ميثاق هيئة الأمم إلى مقاومة التصحر، باعتباره للأراضي الجافة وشبه الجافة وشبه الرطبة، كما أنه يشمل مجموعة من العمليات مثل زحف الرمال، وتناقص خصوبة التربة، ونقص الماء، والغطاء النباتي وتلاشي التنوع الحيوي الذي يؤدي إلى تناقص قدرة البقاء للحيوانات البرية والعضوية الأخرى. ودراسة هذه المشكلة ستعمل على ايجاد خطط لمكافحتها، واستصلاح الأراضي لإنتاج الغذاء لملايين البشر.

مظاهر التصحر :

من المظاهر العامة للتصحر انجراف طبقة التربة السطحية - تآكل التربة ونقلها بوساطة الرياح والمياه بسبب نقص رطوبة التربة. ويتعزز زحف الرمال نتيجة القضاء على الغطاء النباتي المجاور للمناطق الزراعية،وتدهور الغطاء النباتي - كتدهور الغابات الذي يعتبر من أكثر اشكال التصحر في المناطق الرطبة وشبه الجافة، واتجه تدهور الغطاء النباتي في المراعي اشكالاً متعددة منها:- أ) انخفاض انتاجية المراعي. ب) وانقراض الانواع المرغوبة واستبدالها بأنواع أخرى سامة شوكية غير مستساغة، وكذلك تملح التربة الزراعية مما أدى إلى خفض خصوبتها. ويرجع تملح التربة إلى الأساليب الزراعية الخاطئة (حيث تضاف كميات كبيرة من مياه الري تفوق حاجة المحاصيل الزراعية التي ينتج عنها سوء الصرف أو التسبخ) وزيادة تذرية كميات هائلة من الأتربة التي يحملها الهواء والناتجة عن نقص الأمطار في الأراضي المحروثة.

---

* أن النقاش المتعلقة الآن سيكون حول التراجع الكمي والنوعي للنظام البيئي في فلسطين والذي يرتبط بالنشاطات البشرية،(علماً بأن ثلث فلسطين يقع في نطاق الأراضي الجافة وشبه الجافة التي تشكل جزءا كبيرا من الضفة الغربية وقطاع غزة، ويمكن القول أن الانسان قد دمر مساحات واسعة غتطها الغابات والأعشاب، في حين لم يستطع تحويل مناطق الاعشاب إلى حقول، فالبيئة الفلسطينية وتاريخها يبديان بشكل واضح أن هناك تغيرات قد حصلت في الاحراش الجبلية والاعشاب في السهول والمنخفضات، إلا أن هذه التغيرات لا تعود إلى تغيرات موازية في المناخ كما يبدو كما قال همبولت(انها الحضارة أو المدنية التي ادت إلى الجفاف وان حداثة الاحراش يبرهن على حداثة هذه الحضارة، لذا فاننا نوافق بأن الصحراء لم تتقدم ولكنها خلقت).

* **درجات التصحر :**

يمر التصحر بمراحل مختلفة، يمكن تحديد أربع منها واضحة(كما ورد في مؤتمر الأمم المتحدة المنعقد في نيروبي سنة 1977) وهي[17] :

أ- تصحر أولي خفيف : حيث يظهر تلف بيئي خفيف.

ب- تصحر معتدل: حيث يكون هناك تدهور مقبول في الغطاء النباتي وتعرية خفيفة للتربة.

ج- تصحر شديد: ويتمثل بنقص واضح في نسبة النباتات المرغوبة في الغطاء النباتي.

د- تصحر شديد جداً : وهو المرحلة القصوى للتدهور البيئي، حيث تصبح الأرض جرداء وتتحول إلى كثبان رملية وهو من أخطر حالات التصحر[16].

الآثار العالمية : وتتمثل في انخفاض إنتاجية الغذاء على المستوى العالمي، وخسارة في التنوع الحيوي الذي يشمل انقراض بعض الحيوانات وتدمير بعض النظم البيئية، وقد تحدث تغيرات في المناخ نتيجة الغبار الموجود في الهواء الذي يمكن أن يؤدي انتشاره إلى امتصاص الاشعة الشمسية وتبعثرها في الجو. وهذه لها نفس التأثيرات الأخرى المعروفة باسم غازات الدفيئة. كما أن زوال الغطاء النباتي أو تدهوره يؤثران في ميزان الطاقة ودرجة حرارة الهواء في المناطق المجاورة،اللذين يحدثان بوساطة عمليتين هما :

أ- زيادة الألبيدو - ALBEDO- (معامل الانعكاس) الارضي.

ب- انخفاض في رطوبة التربة عن طريق التبخر نظراً لتدهور الغطاء النباتي وانكشاف الأرض.

وقد بينت الدراسات وجود ارتفاع واضح في درجة حرارة سطح التربة وطبقة الهواء المجاورة نتيجة التصحر. ويمكن آثار التصحر عن طريق حساب الخسارة في القدرة الانتاجية التي يسببها تدهور الأرض (Degradation).

وأخيراً فالتصحر تعبير اقتصادي يدل على عمليات اجتماعية حضارية، وهي عمليات تعمل على تدمير توازن التربة والغطاء النباتي في المناطق التي تتعرض إلى جفاف مناخي أو تدمير.

ويشمل التصحر مجموعة واسعة من الظواهر والعمليات يمكن اختصارها في نقاط هي:

أ) يعبر عن مشكلة التصحر بأنها تناقص إنتاجية الأرض إلى ما دون مستوى قدرتها الإنتاجية العادية، وفي هذه الحالة يمكن قياس التصحر بمقاييس مختلفة، ونتائج متنوعة وبالمقارنة بين ظاهرات التصحر المتنوعة والعديدة فإن الكثير منها قد لا يكون له صلة بالصحاري، لذا فإن عملياتها وآلياتها قد تختلف عن مفهوم تدهور الأرض الذي يعني نقصاً في انتاجية الأرض فقط.

ب) التصحر يشمل المفهوم الاقتصادي والاجتماعي والبيئي للأرض الزراعية الذي يفسر سبب هجران الأراضي الرعوية والحقلية ويصاحب ذلك عادة نزوح السكان الريفيين نحو المدن أو الهجرة، وقد يؤدي إلى هزات فجائية للسوق أو تؤدي إلى القحط، وفي العديد من الحالات فإن هجران الأرض يؤدي إلى تحويل الأرض المنتجة للمحاصيل الزراعية إلى أراضي ذات إنتاج أولي طبيعي.

ت) يعني التصحر امتداد ظروف شبه الصحراء نحو الأراضي المزروعة أو المفلوحة، وهذا ما يطلق عليه الزحف الصحراوي.

ث) يمكن قياس ظاهرة التصحر أو تعييرها (Paramereized)، فإنتاجية الأرض التي هي من اهتمام التصحر يمكن قياسها بطرق عديدة أهمها:

1. فياس الطاقة.
2. قياس الانتاجية العضوية.
3. قياس القيمة الغذائية.
4. قياس ظروف الاقتصادية والاجتماعية.

مظاهر التصحر:

تتميز الأقاليم الجافة وشبه الجافة بأنها بيئات شديدة الحساسية إزاء أي عمل يقوم به الإنسان أو الحيوان، لذا يطلق عليها البيئة الهشة، الأمر الذي يؤدي إلى تذبذب مناطق الاستغلال الرعوي أو الزراعي.

وتتمثل هذه الظاهرة بتقلص المساحات الرعوية نتيجة الاخلال في توازن النظام البيئي في هذه المناطق ذات الطبيعة الهشة. وأهم العوامل المؤثرة في هذه الظاهرة، تذبذب سقوط الأمطار التي تصاحبها فترات جفاف وقحط متتالية كما حدث في المنطقة خلال خمسة العقود الماضية. يضاف إلى ذلك عوامل بشرية أخرى مؤثرة مثل زراعة الأراضي الحدية. وقطع الشجيرات واستعمالها وقوداً ولكن تبقى مشكلة توفر المياه هي المشكلة الرئيسة التي تواجه المخططين في هذه المنطقة. إلا أن الماء بحد ذاته لا يشكل الضمان الرئيس لحل مشكلة المراعي، حيث تزيد الظروف الاجتماعية والاقتصادية والمستوى التكنولوجي المنخفض من تعقيدها[1]، لذا سنعالج هذه المشكلة من جوانب أربعة هي:

أ. كمية الأمطار وتذبذبها.

ب. زراعة الأراضي الحدية (الرعوية).

ج. قطع الشجيرات واستعمالها وقوداً.

د. الرعي الجائر.

أ. تذبذب كمية الأمطار:

تصل فترة الجفاف في الأراضي الجافة وشبه الجافة ما بين (7-10) شهور، يصاحبها زيادة معدلات التبخر التي تفوق أحياناً (2400م)، وهذا له أثر على نسبة رطوبة الجو التي تتناقص من منطقة إلى أخرى، وخصوصا عندما نتجه إلى قلب الصحراء. أما معدل الأمطار هنا فعلى الرغم من أنه قد يتراوح ما بين (40-250ملم) سنويا إلا أن هذه الأمطار تتسم بأنها تسقط في فصل الصيف وأحياناً في الشتاء، مما يقلل من كمية الرطوبة المفقودة عن طريق التبخر. من هنا يمكننا أن نعالج الأمطار في الصحراء من خلال

طرق خاصة يمكن بوساطتها أن نصل إلى أثر تذبذب الأمطار في الحياة الرعوية أو الأراضي الرعوية، وأهمها ما يلي:

- كمية الأمطار وتذبذبها.
- درجة غزارتها.
- موسم هطول الأمطار.
- درجة القارية.

كمية الأمطار وتذبذبها: تسقط معظم الأمطار في الفترة الأولى من (ديسمبر- ابريل)، وقد تسقط في (اكتوبر – نوفمبر)، وهي قليلة لا تزيد عن (250ملم) سنويا في أفضل الأحوال، ويتراوح معدل تذبذب الأمطار السنوي ما بين (30-70%). وهذا يعني أن معدل كمية الأمطار الفصلية يتذبذب عن المعدل الفصلي العام بنسبة كبيرة مما يؤدي إلى فشل المحاصيل الزراعية، ونقص قدرة النبات الطبيعي على الإنتاج، ويقود هذا حتما إلى جفاف قاس في المراعي. ويشير (White, 1968)[18] إلا أن المنطقة الجافة أو شبه الجافة لا زالت تتعرض لفترات من الجفاف متتالية بسبب تذبذب الأمطار التي تنتهي عادة بسنوات من القحط والكوارث، ويستدل على ذلك من معدلات الأمطار في خمسين سنة الأخيرة وأن المنطقة شبه الجافة والجافة تتعرض لنقص في معدلات الأمطار السنوية مع ارتفاع في معدلات درجات الحرارة، ويصل هذا النقص من (5-10%) من كمية الأمطار السنوية.

درجة غزارة الأمطار: تتميز الأمطار الحملية التي تهطل على المنطقة بغزارتها حيث تهطل معظم الأمطار الفصلية خلال فترة قصيرة من الزمن تصاحبها العواصف والرياح، وقد لا تستمر لأكثر من يوم، وقد تصل غزارتها إلى (90ملم) في الساعة. وأكثر المناطق التي تتعرض لآثار هذه الظاهرة هي المناطق شديدة الجفاف والمنحدرات، ومن الآثار السيئة التي تخلفها المجاري المائية سريعة الجريان التي نتجت عنها جرف معظم التربة السطحية مما يؤدي إلى تعريتها ويمكن ملاحظة ذلك في المنحدرات الجبلية لوادي الأردن الأدنى، والبحر الميت، ومعظم مناطق الجافة في أمريكا واستراليا وآسيا.

أما أثر هذه السيول على النبات الطبيعي، فيظهر بزوال التربة السطحية التي تعتبر البيئة الملائمة لنموه كما أنها قد تجرف البذور التي تسقط من النبات بعد نضجها، ويعزز هذا القول "أن المنخفضات التي تصرف إليها هذه المياه، وما تحمله من تربة خصبة وبذور تعتبر من أفضل المناطق الرعوية الصحراوية، حيث تتوفر الرطوبة والتربة الخصبة والبذور القابلة للنمو". وكما تدل إنتاجية النبات فإن أفضل مناطق الرعي إنتاجا تلك المناطق ذات الأمطار الوفيرة نسبيا والمنخفضات، وأقلها تلك المراعي التي تغطي المنحدرات[19]. وقد دلت بعض الدراسات التي قامت بها شركة [4] على أن الرواسب التي حملتها السيول والمجاري المائية وتجمعت خلف (سد الملك طلال) في الأردن بلغت حوالي (21%) من ارتفاع السد. كما يبين الجدول (27) كمية الأمطار التي تتجمع خلف السدود في الصحراء الأردنية مثل سد السرحان والقطرانة، والسلطاني، التي بلغت على التوالي (6، 4، 4.5 مليون م^3)، في حين بلغت كمية المواد المنقولة حوالي (29.7)، (17.7)، (26) ألف طن على التوالي. وتراوحت نسبتها ما بين (0.8، 0.4، 0.55%) من كمية المياه المحصورة خلف السد.

وهذا يدل على أن المجاري والسيول في الأراضي الجافة قد تجرف حوالي (14سم) من الطبقة السطحية للأحواض التصريفية للأمطار خلال (100عام). وإذا قارنا هذه الكمية من المواد المنقولة التي تجرفها السيول بلد آخر مثل (بريطانيا) التي فيها كمية الأمطار أكثر من معدل الأمطار في الصحراء، فإننا نرى أن مجاري المياه في هذه المنطقة الرطبة لم تجرف من التربة السطحية سوى (5سم) خلال (1000عام) وهذا يعود لظروف هطول الأمطار وسعة مساحة الأحواض التصريفية للأمطار[20]. ومن هنا نلاحظ أن غزارة الأمطار وقصر مدة هطولها، هما من الأسباب الأساسية إلى تحول مساحات من الأرض الرعوية إلى مساحات جرداء قاحلة، ومع زيادة تعزيز هذه الظاهرة تزداد المساحات القاحلة العارية من أي نبات طبيعي. الجدول (28)

جدول (27) كمية المواد المنقولة من التربة السطحية والرواسب الأخرى الأردنية 1981

السد	كمية المياه مليون م^3	المواد المنقولة بالطن	نسبة المواد المنقولة بالنسبة للمياه %	مساحة مستجمعات الأمطار كم^2
السرحان	6	29750	0.8	2240
القطرنة	4	17700	0.45	1550
السلطاني	4.52	26000	0.55	990

المصدر: سلطة المصادر الطبيعية، مقسم المياه السطحية، تقرير (5) عمان، 1979.

جدول (28) بعض المواقع في الصحراء الأردنية ويظهر قوام التربة لتلك المواقع ومعدل التسرب (ملم/الساعة) 1981

الموقع	نوع التربة	القوام	معدل التسرب(ملم/ساعة)
الشمالية (الجفور)	رمادية	طمي/فيضي	35-30
الشرقية (الأزرق)	رمادية	طمي/فيضي	30-25
الشمالية غ(سما السرحان)	بنية	طمي/فيضي	15-4
الشمالية غ(الضليل)	بنية	طمي	25-20
الوسطى (القطرانة)	بنية	طمي/فيضي	9-3
الجنوبية (أبو اللسن)	بنية	طمي/فيضي	45-40

المصدر: سلطة المصادر الطبيعية، قسم التربة، عمان، سنة 1978.

درجة الانحدار: يساعد انحدار الأرض في مناطق الصحاري على سرعة جريان مياه الأمطار. وهنا نلاحظ ظاهرة الأحواض والسبخات أو البلايا التي تصرف إليها مياه المرتفعات مثل حوض الحماد في شمالي شرق الأردن الذي يقع على مستوى (600م) فوق سطح البحر، وكذلك (حوض الأزرق) الذي يمثل الجزء الشمالي لوادي السرحان في الجزيرة العربية والذي يصل ارتفاعه إلى ما بين (400-500م) فوق سطح البحر، و(حوض الجفر) الذي تحيط به المرتفعات الغربية التي يصل ارتفاعاتها أحياناً إلى (1200م). ومن الآثار البارزة لانجراف التربة ظهور الصخور العارية على السطح.

كما يلاحظ في العديد من الأودية الفصلية المؤقتة الجافة التي تجري فيها المياه في فصل الأمطار زوال المواد العضوية، وانجراف المواد الخشنة التي تساعد على زيادة نفاذية التربة.

موسم هطول الأمطار: تسقط معظم الأمطار في صحار البحر المتوسط في الفترة ما بين (اكتوبر- ديسمبر)، وهي الفترة التي تلي موسم الصيف، وتمتد هذه الفترة حتى شهر مايو، وهي فترة تتسم بالبرودة مما يقلل من كمية التبخر التي لا تتعدى (400ملم). لكن الصيف يعتبر فصل الجفاف اذ تصاحبه درجات الحرارة المرتفعة التي تؤدي إلى زيادة كمية التبخر، وتناقص معدلات الرطوبة النسبية، حيث يتراوح المعدل السنوي للتبخر ما بين (400-2400ملم) سنويا. لكن معدل التبخر هذا يزيد مع الاقتراب من جوف الصحراء، وهنا تصل كمية التبخر السنوي إلى قمتها مع زيادة درجات الحرارة وانحسار هطول الأمطار، وإذا مرت سنوات من الجفاف ولم تسبقها سنوات أخرى رطبة، فإن ذلك يؤدي حتما إلى القحط الذي يعني تعرض المساحات الرعوية للانجراف نتيجة تذرية الاتربة المفككة كما يعمل الجفاف على زيادة تفكك التربة في المنخفضات والاحواض التصريفية، حيث تتكون التربة السطحية من قوام (رملي/فيضي). وزيادة التفكك هذه تعمل على تعرض التربة للانجراف أمام حركة الرياح التي تهب من الصحراء[21] مما يؤدي إلى انتشار كثبان رملية تدعى النبك (Nebka) تتراكم حول النبات الطبيعي، والتي تغمر الأراضي بالأتربة والرمال، خصوصاً على اطراف السبخات وغيرها.

ب- استغلال الأراضي الحدية لزراعة المحاصيل الحقلية:

يحاول السكان في البوادي (هوامش الأراضي الجافة) زراعة أفضل المساحات الرعوية بالمحاصيل الحقلية، تلك المناطق التي تستقبل اكبر كمية من مياه الأمطار، وتحتفظ أيضا بها مباشرة أو عن طريق المجاري المائية التي تعبر المنطقة، كما تشكل أكبر مخزون جوفي للماء في المنطقة. وهذه المساحات على شكل شريط يحاذي سفوح المرتفعات، ولما كانت تسبق عملية الفلاحة، إزالة غطاء النبات الطبيعي أدى ذلك إلى ترك الأرض مكشوفة.

وأهم المحاصيل التي تزرع في هذه الأراضي الشعير، الذي تسود زراعته في الأجزاء الجافة من الصحراء، لتحمله درجات الجفاف والملوحة العالية، وإنتاج هذه المناطق منخفض جداً لا يتعدى (8كغم/دونم) من القمح، أو (100كغم/دونم) من الشعير. أما في السنين الجيدة فقد يصل إنتاج الدونم الواحد من القمح ما بين (60-80كغم)، ويعطي الشعير عائدا اعلى من القمح، أما في السنين التي يتوقع فيها المزارعون انخفاض إنتاج المحصول فيجعله المزارعون علفاً للحيوانات وهو أخضر[22]. وتحدث المشكلة بعد حصاد المحصول حيث تترك الأرض عارية، وتكون الطبقة السطحية مفككة، بعد أن أزيلت الحجارة التي كانت تعمل على تماسك جزئيات التربة وحمايتها، وأصبحت الاثلام تشكل مجاري لمياه الأمطار، وبذلك تصبح الأرض مهيئة للانجراف بواسطة المياه أو الرياح مما يعني انجراف الطبقة السطحية للتربة والقضاء على ما كمية المواد العضوية اللازمة لنمو النبات، وأكبر دليل على دور الرياح والمياه في جرف التربة وجود طبقة من الحصى والحجارة تغطي سطح حقول المحاصيل في هذه المنطقة.

أما استغلال بعض المساحات الرعوية للزراعة على المستوى المعيشي- فهو عمل مارسه البدو قديما، لكنه لم يترك أثراً سيئا، حيث كانت المساحات المستغلة محدودة، وأساليب الحراثة بدائية، ولم تكن عميقة كما هي الآن، حيث أن جذور النبات التي ازيلت قبل الحراثة بقيت في التربة، والفرصة تبقى مهيأة أمامها لتظهر من جديد في المستقبل. فقد وجد الباحثان (Bataroung -Zaki)[23] أن الحراثة المستمرة تؤدي إلى تغيرات في الصفات الفيزيائية للتربة، كما وجد أن زراعة هذه المناطق بشكل مستمر ولسنين عديدة يؤدي إلى فقدان الخصوبة في هذه المساحات بسبب انهاكها، وهذا ما يلاحظ من تناقص إنتاج الدونم من سنة لأخرى.

ومن الآثار السيئة لفلاحة الأرض هنا أيضا حدث عكس ذلك حين تتعرض الطبقة السطحية للتشمع (Sealing) وهذا يعود إلى ضعف نفاذيتها أمام الأمطار التي تهطل في هذه المنطقة بغزارة، فالأمطار عندما تختلط بالتربة السطحية الناعمة تشكل طبقة لزجة من المياه العكره الممزوجة بالطين، بعدئذ تحمل المياه هذا المزيج من المواد، وتلقيه على سطح التربة جيدة النفاذية فتسدها، مما يقلل من حجم المسامات وعددها في سطح التربة.

كما يزيد من تماسك الطبقة السطحية، وما أن تجف هذه الطبقة تصبح صلبة جداً وتعمل على اضعاف معدل تسرب مياه الأمطار إلى باطن الأرض وتعمل على تهيئة التربة للانجراف. أو قد تشقق الطبقة السطحية وتحدث فيها اخاديد عميقة تؤدي إلى تعرض الطبقة تحت السطحية إلى فقدان كمية كبيرة من رطوبتها وزيادة ملوحتها. وتزداد العملية خطورة لأن معظم هذه المناطق المستغلة هي قيعان الأودية أو المنخفضات وهي المناطق التي تستقبل أكبر كمية من مياه الأمطار.

ومن الآثار السيئة للزراعة في هذه المنطقة، رفع درجة ملوحة الأرض الزراعية لأن معظم نظم الزراعة هنا قامت على مياه الآبار الجوفية. وقد شجع وجود المياه الجوفية على زراعة أنواع من المحاصيل إضافة للحبوب والخضروات، وأشجار الفاكهة، الذي صاحبه سوء صرف التربة ساعد على ذلك ظروف الجفاف التي ادت إلى زيادة التبخر مما أدى إلى زيادة درجة ملوحة التربة. وكان لهذا أثر سيء على خفض إنتاجية التربة بسبب ملوحتها، التي لها أثراً مباشراً على خصوبة التربة.

وقد لاحظ الباحث أن معظم المزارع في المناطق الصحراوية تعاني من (سوء الصرف) وحيث تبقى المياه على سطح التربة لفترة طويلة، كما لاحظ طبقة رقيقة من الأملاح على سطح التربة. وهذا لا يعني أنه لا تقوم زراعة على نظام الري في المنطقة، بل على العكس تعتبر الزراعة المروية أكثر جدوى في هذه المساحات من الزراعة البعلية (الجافة). لكن الزراعة هنا ومعتمدة على المياه الجوفية تحتاج إلى خطة حكيمة تنظم عملية الري، واعداد نظام علمي لصرف الماء الزائد، ولو عولجت هذه المشكلة بشكل علمي لتجنبت هذه المساحات خطر الزحف الصحراوي.

كما أن استعمال الماء الجوفي هنا لم يكن حكيماً، إذا قام السكان بحفر العديد من الآبار الارتوازية على حسابهم الخاص (من اجل الزراعة وسقي حيواناتهم) وأحياناً دون علم الحكومة، أدى ذلك إلى ضخ كميات كبيرة من المياه في مناطق تفوق حاجتها مما عرض الأراضي الزراعية لزيادة ملوحتها نتيجة سوء صرف الماء الزائد، يضاف إلى ذلك ضخ كميات كبيرة من مياه الآبار الجوفية، الأمر الذي أدى إلى هبوط مستوى مياه بعض الآبار الأخرى المنتشرة في الصحراء، ونضوبها لحساب آبار أخرى أكثر عمقاً.

وتتراوح أعماق الآبار في معظم الأراضي الرعوية ما بين (100-150م)(والجدير بالذكر أن زيادة عمق البئر تعني زيادة تكاليف حفرها).

ويمكن أن نلخص الآثار السيئة لاستغلال أرض المراعي لزراعة المحاصيل كالتالي:

1. تدمير الغطاء النباتي في معظم المناطق الرعوية الجيدة، وظهور نوعيات رعوية قليلة في قيمتها الغذائية على حسبا النوعيات الجيدة، وتحويل مساحات واسعة رعوية إلى أخرى زراعية.
2. لقد صاحب الاستخدام الزراعي استخدام للأساليب الحديثة في الميكنة الزراعية، كالجرارات والمحاريث الضخمة والحصادات الآلية، مما أدى إلى توسيع الرقعة الزراعية وتعميق الحراثة.
3. دفع الكثير من البدو بقطعانهم من الأراضي الرعوية الجيدة إلى المراعي الصحراوية الفقيرة، حيث اصبحت هذه المراعي غير قادرة على تحمل أعداد كبيرة من القطعان لفترة طويلة، مما أدى إلى الرعي الجائر، وتحويل مساحات رعوية إلى أراض صحراوية قاحلة تماما.
4. انخفاض خصوبة التربة، وخصوصا في الطبقة السطحية غير القادرة على اعالة أي نوعيات رعوية في المستقبل، وإذا زرعت هذه المساحات فسيكون الناتج منخفضاً جداً.
5. من الشائع جداً فشل المحصول (القمح أو الشعير)، وعدم قدرة الحقل على الإنتاج بعد سنة أو سنتين من زراعته لأول مرة، حيث يأخذ الإنتاج في التناقص السريع خلال عدد قليل من السنين، وذلك لأن الأرض حدية لا تصلح للزراعة (ذات معدلات أمطار منخفضة لا تصلح لإقامة أي نوع من الزراعة)، كما أن التربة ذات قطاع غير متطور ونادراً ما يظهر فيها الأفق (الطبقة تحت السطحية، وحتى الطبقة السطحية الأفق (أ) لا تظهر نتيجة التعرية، وهذا ما يؤكد وجود مساحات واسعة أصبحت قاحلة بعد الاستعمال.

6. تشمع طبقة التربة السطحية (انخفاض نفاذيتها) من الأمور الشائعة في هذه الأراضي، وهذا يؤدي حتماً إلى تعرية التربة وانجرافها عن طريق الرياح أو المياه.

3. استعمال النبات الطبيعي كوقود:

من المظاهر الشائعة في مناطق الاستبس أن ترى مجموعات من النساء ينقلن حزم الحطب والأعشاب الجافة على رؤوسهن، أو على ظهور الحمير، أو تنقلها السيارات. وتستعمل هذه الشجيرات إما للتدفئة في فصل الشتاء، أو لطهي الطعام اليومي، وصناعة الخبز، ولا يقتصر استعمال هذه الأعشاب الجافة على سكان الصحراء فقط بل قد ينقل إلى بعض القرى المجاورة أو القريبة من المرعى. وقد يجمع السكان الأعشاب من أجل الوقود من أماكن تبعد عن منازلهم عدة كيلو مترات، وكثيراً ما تنقل الشجيرات والأعشاب الجافة من المراعي المحيطة بالقرى الكبيرة لاستخدامها في الافران الكبيرة لصناعة الخبز، أو المواقد أو الطابون. وقد ساعد على استتراف هذه الموارد هو المستوى المعيشي المتدني للرعاة، أو البدو المستقرون في القرى القريبة من الصحراء. وهناك عامل مهم عزز انتشار هذه الظاهرة بين السكان هو بعد هذه المناطق عن مراكز الحضر، والتموين، مما جعل عملية توصيل البترول وغيره من الوقود عملية صعبة.

ليس من السهل تحديد ما تستهلكه العائلة البدوية من الشجيرات أو الأعشاب الجافة في فترة زمنية محددة، وذلك لتنوع الاستهلاك حسب فترات السنة، فالحطب الذي يستعمل في التدفئة في فصل الشتاء يكون عادة من سيقان الشجيرات أو الأغصان الغليظة، ويمكن تقدير ما يستهلكه الأفراد عن طريق المشاهدة فقط، فقد يحتاج (100) فرد يعيشون في محلة سكنية حوالي (هكتار) من الشجيرات يومياً، وعلى هذا الأساس يمكن القول أن القرية الواحدة يمكن أن تستهلك ما يحيط بها من النبات الطبيعي بدائرة يصل قطرها حوالي (كيلو متر). وتزداد كمية الاستهلاك في فصل الشتاء، فقد يصل استهلاك الأسرة الواحدة إلى حولي (25كغم يوميا)، ويشير (Vander, 1964) أن ابريق الشاي يحتاج إلى خمس شجيرات حتى يغلي. ويقدر هذا الباحث أن الأسرة البدوية في سوريا

تحتاج إلى حوالي (40) مليون شجيرة سنويا من أجل عمل ابريق شاي يومياً. وهنا يتضاعف الرقم إلى عشرة ليحدد ما يحتاجه السكان من أجل عمل الخبز أو الطبخ.

أما في تونس فقد أشار (LE, Houerou, 1990)[25] إلى أن العائلة الواحدة هناك تحتاج إلى (5كغم) من الشجيرات على أساس أن الفرد يحتاج إلى (1.5كغم) يوميا، لكن منظمة (FAO) أشارت أن الفرد يحتاج إلى (2كغم) من الشجيرات كمتوسط عام لمعظم البدو. وعلى ضوء ذلك يمكن أن نحدد ما يستهلكه السكان في الصحاري شبه الجافة إذا قارنا عدد بعض المجموعات بـ (24ألفاً) بحوالي (48.000كغم) من الشجيرات يومياً. وكما هو معلوم أن الشجيرة الواحدة فقد تحتاج إلى ما بين (5-10) سنوات حتى تقدر على الإنتاج، إذا ما زرعت على شكل بذور، وتزداد المشكلة مع انتشار المحلات السكنية بشكل عشوائي في منطقة المراعي الجافة. وهناك ظاهرة حرق الأعشاب المنتشرة في المناطق الزراعية الرعوية، ويستخدم الزراع هذه الظاهرة للتخلص من الأعشاب الجافة، ولتهيئة الأرض للحراثة في العام القادم، كما يمارسها الرعاة لكي يحافظوا على بقاء النباتات قصيرة لتلائم المرعى.

وقد أدى حرق هذه الأعشاب إلى انقراض بعض النوعيات الرعوية الجيدة. وتزداد حدة الحرق في المناطق ذات الأعشاب الكثيفة، ومن الآثار السيئة لعملية الحرق هذه "تصلب الطبقة السطحية للتربة"، وظهور نوعيات رعوية غير مفيدة، نجحت في مقاومة الحريق، مثل نبات (العضو والحنظل والحرمل) وغيرها جدول (29).

جدول (29) سوء استغلال أراضي المرعى (الزراعة والحرق والتحطيب) في صحراء الأردن 1987

الاستغلال	مستوى الآثار		مشاهدات في أرض الصحراء
	المعمرات (الشجيرات)	الحوليات	أمثلة من الظاهرة على المناطق
أ. قطع الشجيرات و× استعمالها للوقود.	إبادة تامة للنوعيات الرعوية	نقص في الغطاء العشبي عن طريق الشجيرات التي تعمل على حماية الأعشاب التي تحمي البذور عند النمو مرة ثانية.	إبادة تامة (الكداد) القيصوم، الصبر، الرتم، ظهور الحرمل في المنطقة الجنوبية والشرقية من الصحراء الأردنية.
ب. قلع الشجيرات الذي يتبعه رعي مباشرة	إبادة جميع النوعيات الرعوية وظهور بعض الشجيرات السامة مثل الحرمل و(هطلس) والتي تستعمل للوقود.	نقصان أو إبادة للنوعيات الحولية ويعتمد على درجة الرعي وقلع الشجيرات، يعقبه انجراف التربة بشكل مستمر وبشكل سيء.	تظهر مناطق عارية تماما حول القمم الزارعية وحول الآبار الحيوانات في المنطقة الشرقية والوسطى من الصحراء الأردنية.
ج. قلع الشجيرات وحراثة ورعي مباشر	قضاء تام على جميع النوعيات	القضاء التام على جميع الحوليات وقد تنمو بعض النوعيات الغير مستسلغة وتعرض المنطقة لخطر التربة المستمر والحاد.	حول معظم القرى وحول الآبار المستعملة.

المصدر: الباحث، 1987.

ج. الرعي الجائر:

وهو من المشاكل التي تتعرض لها المراعي، وعند دراسة ضغط الرعي على المساحات الرعوية لا بد لنا من قياس مستوى الرعي من خلال الأساليب الآتية:

1. الحمولة الرعوية.
2. كثافة النبات الطبيعي بين منطقتين إحداهما محمية وأخرى غير محمية.
3. معامل الاستغلال المناسب.

يقصد "**بالحمولة الرعوية**" قدرة المرعى الإنتاجية لفترة طويلة، وتعني أيضا قدرة المراعي الإنتاجية التي تستطيع تحمل عدد من الحيوانات على أن تعطي هذه الحيوانات أعلى عائد إنتاجي دون أن تسبب أي خلل في توزان إنتاجية المرعى. وكما يشير (Heady, 1975)[25] فإن الحمولة الرعوية تشمل الإنتاجية الرعوية، ومصادر المرعى الأخرى. وعند معالجة دراسة الحمولة يجب أن تدرس من خلال العناصر التالية:

1. المساحات الرعوية التي يغطيها النبات الطبيعي فقط.
2. الإنتاجية الرعوية السنوية للمساحة الكلية للمرعى الفعلي.
3. عدد الوحدات الرعوية في المرعى.

لقد سبق لنا وأن عالجنا إنتاجية المراعي بشكل عام، شملت المساحة التي يغطيها النبات الطبيعي والقاحلة، لذا يجب أن تحسب المساحة التي تغطيها النباتات الطبيعية، أما بالنسبة لعدد الوحدات الرعوية فيمكن حسابها من أعداد الحيوانات التي ذكرناها سابقاً، وهنا تجدر الإشارة إلى أن الوحدات الموجودة في المرعى الجاف أكثر من الأعداد التي تم حصرها عند التعداد الرسمي بسبب تهرب الرعاة من إعطاء العدد الصحيح خوفاً من الضرائب[26].

وعلى ضوء دراسة سابقة قمت بها وصل متوسط الإنتاجية السنوي في معظم أراضي الاستبس في البوادي العربية (فلسطين، وسوريا، والأردن، والعراق) (20كغم/هكتار). وعند توزيع الوحدات الحيوانية على مساحات المرعى نجد أن الحمولة الرعوية قد تصل إلى (0.87 وحدة حيوانية/كم^2)، ولكن هذا العدد قد يرتفع إلى (1.17 وحدة حيوانية /كم^2)، وذلك في السنين الجيدة، وقد تصل الحمولة الرعوية إلى (1.65وحدة حيوانية/كم^2)، وهذا يعني تضاعف أعداد الحيوانات عن النسبة العامة للسنين القاحلة. وحديثا نجد أن أعداد الحيوانات في المراعي تزداد عن معدلها السنوي سنة بعد أخرى، نتيجة الافراط في استغلال المراعي وإنهاكها، لدرجة أن وصل نصيب الرأس الواحد (0.12 كم^2) من الأراضي الرعوية سنويا، وإذا كانت إنتاجية الهكتار الواحد من الأرض الرعوية (120كغم) فإن نصيب الرأس الواحد من الأغنام حوالي (22 هكتار) سنويا، وهو ما يعادل (7.2كغم/يوميا). أما في السنين القاحلة فقد يصل نصيب الرأس الواحد إلى

(3.9كغم/يوميا) من الأعشاب الحولية والمعمرات معا، إذا ما علمنا أن احتياج الرأس الواحد حوالي (1.76كغم) يوميا من المادة الجافة، وهذا ما يحتاجه الرأس بغض النظر عن العمر، إلا أنه من الطبيعي أن زيادة استهلاك الحيوان من النبات الطبيعي كلما زاد وزنه. جدول (30)

جدول (30) تقدير الحمولة الرعوية ونصيب الرأس الواحد من الكلأ الجاف يوميا(1970-1987) من أرض الصحراء

السنة	وحدة كم²	كم²/وحدة حيوانية	رأساً/كم²	كم²/للرأس	كغم/رأس يوميا
1970	0.87	1.13	4.35	0.22	7.2
1975	1.17	0.85	5.8	0.17	5.5
1981	1.65	0.6	8.25	0.12	3.9

المصدر: نتائج الدراسة الميدانية، حسبت على الإنتاجية السنوية للصحراء الأردنية سنة 1982، وعلى أعداد الحيوانات سنة 1970-1987.

إن معظم الدراسات التي أظهرت حمولة الأراضي الرعوية في الدول المجاورة سابقا كانت تحسب فقط من "**المعمرات**"، أما هنا فالإنتاجية شملت المعمرات والحوليات. كما يشار إلى الرأس الذي يزن (45كغم) يحتاج إلى (2.1كغم). أما (USDA) سنة 1976 فقد حددت احتياج الرأس بحوالي (2كغم) يوميا.

لكن هذه الأرقام بالنسبة لعدد الوحدات أقل بقليل من الأعداد الحقيقية، وذلك بسبب ما نراه من تذبذب في أعداد الحيوان عن المتوسط العام، وهناك أسباب تدفعنا لنجزم بأن هذه الأعداد غير حقيقية، وهي نتيجة تهرب العديد من أصحاب القطعان من دفع الضرائب. وهناك ظاهرة لا يمكن تحاشيها، وهي وفود القطعان من الدول المجاورة كما هو الحال في الدول العربية الآسيوية، وشمال افريقيا، وايران، وهذا ما يضاعف أعداد الحيوانات في المرعى المنفرد ويعمل على تصحر المنطقة. وعدم تحديد الحمولة الرعوية. وظاهرة أخرى جديرة بالملاحظة عند دراسة الرعي الجائر، هي قدرة حيوان الرعي على الانتقاء Selectivity مما جعله يقضي كلياً على مساحات واسعة من الحوليات المستساغة جداً لدى الحيوان، وتجنب "المعمرات" الأقل استساغة لحيوان

الرعي، مما يجعل الرعي أحياناً جائرا في بعض مساحات المرعى دون غيرها. جدول (40).

وهناك مقياس يمكن يعتمد على المشاهدات والتقدير في الميدان، أجراه ثالن (Thalen, 1979) [26] في منطقة الرطبة في الصحراء الغربية من العراق، وقد درس الرعي على ثلاثة مستويات (كثيف جداً، كثيف، خفيف). بالنسبة لطول النبات المتبقي بعد الرعي، فإذا كان ما تبقى هو 10سم فقط فهو رعي كثيف جداً، أو حوالي 26سم وذلك في ظروف الرعي الكثيف، أو35سم في مستوى الرعي الخفيف. أما بالنسبة لعدد المفردات في المتر المربع فكانت تحسب على أساس 2.2 مفردة، (3) مفردة للمستويات الثلاثة (كثيف جداً، كثيف، خفيف) جدول (31).

جدول (31) مستويات الرعي الثلاثة على أجزاء نبات الشيح (1988) هي منطقة رطبة

أجزاء النبتة	رعي كثيف جداً	رعي كثيف	رعي خفيف
الطول (سم)	10	26	35
الكثافة (مفردة/م2)	2.2	3	3.2
نوعيات أخرى جديدة/م2	0.7	-	0.1
نسبة الغطاء التاجي (%) للشجرة	2	7	33

المصدر:Thalen, 1979

الأسباب المباشرة لزيادة الحمولة الرعوية:

هناك ثلاثة أسباب أدت إلى زيادة ضغط الحيوانات الرعوية على المرعى وتدميرها هي:

1. زيادة أعداد الحيوانات في الفترة الحالية.
2. سهولة المواصلات، وأثرها على سرعة حركة القطعان.
3. الانتقائية لدى الحيوان في رعي النوعيات المستساغة دون غيرها.

أولاً: زيادة أعداد الحيوانات في الفترة الحالية:

تعتبر زيادة أعداد الحيوانات الحالية عن المتوسط العام السنوي الذي كان في الزمن السابق الموجود فعلا مشكلة خطيرة. بحيث أصبحت هذه الأغنام قادرة على التوغل داخل المراعي بعيداً عن مصادر المياه أو المراكز الحضرية التي لم تكن لتصلها سابقاً، ويعود ذلك لتوفر وسائل النقل الحديثة. ففي السابق كانت الرحلة طويلة منهكة، واستهلاك الحيوان كان منخفضا بالمقابل. وذلك بسبب بطء حركة الحيوان وسلوكه طرقا معتادة، مما أدى إلى حماية أجزاء من المرعى، وهي التي لم يصل إليها الرعاة. وهناك عدة مصادر لزيادة أعداد الحيوان كان سببها تطور وسائل النقل والمواصلات ومنها:

أولاً: الحركة الخارجية (عبر الحدود):

لقد أدت روابط القرابة بين قبائل البدو في جميع البلدان المجاورة إلى سهولة حركة أفراد هذه القبائل من بلدانهم إلى البلدان الأخرى، ساعد على ذلك عدم وجود موانع طبيعية تحول دون ذلك. ومثال ذلك القرابة التي تجمع بين قبيلة (الرولة) التي تقطن في شمال شرق البادية الأردنية (حوض حماد). وقبيلة عنيزة، في المملكة العربية السعودية، كما هو الحال بالنسبة لقبيلة (السردية) في شمال الأردن على مقربة من الحدود السورية الأردنية في الشمال والتي تربطها علاقة متينة مع القبيلة الام في سوريا، وغيرها من القبائل التي ما زالت لها صلات مع قبائل أخرى في الدول المجاورة.

وعلى ضوء ذلك نرى أن المراعي الأردنية مفتوحة أمام الرعاة القادمين من جميع الجهات. فالرعاة العراقيون يتوغلون غربا حتى المرتفعات المطلة على وادي الأردن، ويتجهون جنوبا حتى الحدود السعودية، وأحيانا يواصلون حركتهم حتى الرياض في السعودية[27]. أما الرعاة السعوديون (الإبل) فيدفعون بجمالهم باتجاه الكويت والعراق والأردن، ويسيرون عبر مراعي الصحراء الأردنية حتى مشارف دمشق. وكذلك نرى السوريين والأردنيين يتجهون بحيواناتهم جنوبا حتى الحدود السعودية، وقد يتجاوزون الحدود في فترات الحج[28] أو في سنين الجفاف، وتطول رحلتهم جنوبا حتى يصلون مشارف (المدينة المنورة).

مما سبق نرى أن حركة البدو وقطعانهم عبر الحدود واسعة جداً، وقد زاد من اتساعها استخدام وسائل النقل والمواصلات، وقد أدت هذه الحركة المتداخلة بين رعاة الدول العربية المجاورة، إلى زيادة أعداد حيوانات الرعي على مراعي ضعيفة الإنتاجية، وهذا بدوره عمل على شدة حدة الرعي، بسبب عدم قدرة المرعى على تحمل هذه الأعداد الكبيرة، مما أدى بالتالي إلى إنهاك هذه المراعي، وتعرضها إلى التصحر نتيجة القضاء على الغطاء النباتي.

ثانياً: صعوبة تحديد أعداد الحيوانات أدى إلى صعوبة تقدير الحمولة الرعوية:

لقد نتج عن تنقل القطعان الرعوية عبر الحدود زيادة أعداد هذه الحيوانات، وقد ساعدت طبيعة الرعي المتنقل إلى عدم تحديد أعداد هذه الحيوانات في مراكز أو مواسم معينة. كما أدى اختلاط قطعان الأغنام مع بعضها بعضاً إلى استحالة تحديد القدرة أو الحمولة الرعوية للمرعى، مما فتح الطريق أمام القطعان لترعى دون تميز. أما العوامل الطبيعية التي تساعد على تعقيد المشكلة فهي:

1. تذبذب الأمطار من سنة لأخرى، يصاحبه عادة تذبذب في المساحات الرعوية.
2. سهولة الحصول على الخدمات في بعض الدول المجاورة[29]، والسعي للحصول على أعلى الأسعار لمنتجاتهم وحيواناتهم، والتي تتفاوت من دولة لأخرى. وتشمل المساعدات التي تقدمها الدول للرعاة دون تمييز (كما هو الحال بالنسبة للسعودية والأردن) تتمثل بتزويد الرعاة بالأعلاف مجانا.
3. إقامة بعض القرى أو المراكز الحديثة التي تقدم بعض الخدمات التي يحتاجها الرعاة في معيشتهم دون الرجوع إلى المراكز الحضارية الكبرى في الدول المتجاورة.
4. الروابط القوية التي تجمع بين القبائل، وعدم التمييز بين من يعش في الأردن أو السعودية أو في سوريا.
5. عامل مؤثر ومهم وهو تهرب اصحاب الأغنام والمواشي من المسؤولين الحكوميين من دفع ضرائب حيواناتهم، أو تحديد دخولهم إضافة إلى التجارة غير المراقبة (التهريب) التي يمارسها الرعاة.

كل هذه العوامل أدت إلى تحويل المساحات الرعوية إلى مساحات قاحلة نتيجة تزايد إعداد الحيوان. وهذا يعني أن زيادة أعداد الحيوانات دون وضع خطط لزيادة المساحات الرعوية، ورفع إنتاجيتها، وزيادة الإنتاج الحيواني، يؤدي إلى مزيد من إنهاك المرعى وتدميره وتقلص مساحات الرعي عن طريق التصحر.

ثالثاً: عدم وجود مراقبة المراعي الطبيعية:

تنحصر مساعدات الدول للرعاة بتقديم الخدمات أو الأعلاف المدعومة، دون الاهتمام بالمرعى نفسه، مما يؤدي دخول المرعى في أي وقت من اوقات السنة ومن جميع الدول. وقد ادى دخول القطعان المرعى بغير انتظام إلى (الرعي المبكر) الذي يعني القضاء على النبات الطبيعي في اول نموه، وهذا يقلل من كمية الأعشاب، وعدم ترك المجال لها أن تنمو ويزداد وزنها بحيث ما أن يصل الربيع إلا والمرعى قد دمر كليا. وإن تكرار هذا العمل لفترات متتالية وعلى مر السنين سيؤدي إلى عدم تكاثر هذه النباتات بسبب عدم تكوين بذور النبتة، التي تعمل على تجديد النبات تلقائيا.

رابعاً: زيادة حفر الآبار الجوفية وظهور القرى الجديدة داخل المراعي:

أدى حفر بعض الدول عدد من الآبار الجوفية من أجل تأمين شرب الحيوان والإنسان، إلى اقامة البدو وقطعانهم حول هذه الآبار، وقد ساعدت على ذلك مشاريع الإسكان الحكومية المتعددة داخل المناطق الرعوية، بحيث أصبحت الأراضي المحيطة بهذه المحلات السكنية الجديدة تحت تهديد خطر الرعي الجائر. وهذا يتمثل في استغلال كثيف لمساحات رعوية محدودة حول الآبار أو المحلات السكنية بشكل متواصل وانهاكها، إضافة لقيام نوع من الزراعة المروية في بعض المساحات القريبة معتمدة على مياه الآبار الارتوازية، وبذلك أيضا تزداد عملية تدمير المرعى، وتحويلها إلى أراضٍ قاحلة، بسبب زيادة ملوحة التربة الناتجة عن سوء الصرف وزيادة عملية التبخر. وهناك عامل مهم يحدث عند الاستقرار، وزيادة أعداد سكان المراعي على حساب الاستغلال الكثيف والجائر للمراعي وخفض قدرتها الإنتاجية، التي كثيرا ما تنتهي بكوارث يذهب ضحيتها أعداد من السكان المتواجدين هناك[30] كما هو الحال في منطقة الساحل الافريقي.

خامساً: قيام السلطات المحلية بدل السلطات القبلية:

أدى وجود سلطات محلية توظفها الحكومة إلى تقليص حجم السلطة القبلية تدريجياً واحلال نظام إداري أدى إلى إلغاء حقوق الرعي للقبيلة، وأصدرت الدولة القوانين والتشريعات التي أباحت فيها الرعي للمواطنين في أي مكان، وفي أي وقت من السنة، وقد نتج عن ذلك ما يلي:

- اختفاء السلطة الفعلية التي كانت تنظم الرعي في المراعي الطبيعية، وأصبحت المراعي مشاعا للجميع.
- اختفاء الحافز الطبيعي الذي كان يدفع البدوي إلى تقنين استغلال المرعى في البادية، وذلك لعدم ضمانة الاستفادة منها في الأعوام القادمة.
- تغير مفهوم مناطق الرعي التقليدي للقبائل، وأصبحت هذه المراعي مفتوحة.

وقد أدت سهولة المواصلات وأثرها على نقل القطيع وحركته، إلى جميع انحاء المرعى والوصول إلى المخزون الرعوي والقضاء عليه من خلال فترة قصيرة من السنة، وقد ساعد في الأمور التالية:

أ- دخول الآلات الميكانيكية والنقل إلى المرعى:

شهدت دول النطاق المجاورة للصحراء خلال السنوات الأخيرة تطورا اقتصاديا، امتد إلى الصحاري، فدخلت سيارات النقل، وصهاريج نقل المياه الكبيرة إلى القطاع الرعوي، وبالتالي فقد تلاشى تأثير الضوابط الطبيعية التي كانت تحد من انتشار حركة القطعان، وأصبح بامكان الرعاة الوصول إلى المناطق الرعوية التي لم يكن بمقدورهم الوصول إليها من قبل -إما لبعد المسافة أو لعدم وجود موارد للشرب[31]. إضافة إلى هذا فقد أصبح بمقدور الرعاة البقاء مدة طويلة في تلك المناطق لسهولة نقل المياه إليها. وبهذا فإن دخول السيارات كان له أثر في عمق الرحلة السنوية، وتحول طريق الترحال القديمة، وزيادة فترة بقائهم في المناطق الرعوية. لقد صاحب هذا النمط الحديث من وسائل النقل الاستغناء عن الوسائل التقليدية التي كانت تستخدم في السابق والتي تتميز ببطء الحركة عند الجمال والحمير.

ب- سهولة الاتصال بين الدول المجاورة، واختلاف النظم التقليدية المتبعة:

ساعدت سهولة حركة القطعان عبر حدود البلدان المجاورة على تبادل المنتجات الحيوانية، بين هذه الدول بشكل يضع مصلحة أصحاب القطعان فوق الصالح العام. وأصبحت عملية الإنتاج والاستفادة منها معتمدة على طبيعة الأسعار في الدول المجاورة، فقد يحدث أن تتجمع معظم القطعان في مراعي احدى الدول طيلة فترة الربيع.وما أن يبدأ موسم الإنتاج تذهب إلى ذلك البلد الذي ترتفع فيه أسعار المنتجات الحيوانية، ولتحقيق أعلى الأرباح. يحدث هذا كثيرا في الأردن، حيث ترعى القطعان السعودية وسوريا والعراق. من هنا نلاحظ أن تباين مستوى الأسعار والخدمات التي تقدم للرعاة شجعا على التوسع في هذا النشاط، ودفعا إلى استخدام الراعي الشريك أو الأجير وذلك ليتلائم مع هذا التوسع في الإنتاج، وكان في مقابل هذا آثار سيئة عملت على قتل الحوافز لدى صاحب القطيع الأصلي للعناية في تربية حيواناته والاهتمام بالمرعى والمحافظة عليه.

سادساً: القدرة (الانتقائية) عند حيوان الرعي، والقضاء على النوعيات الجيدة في المرعى:

يتميز حيوان الرعي بقدرته على انتقاء النوعيات العشبية الجيدة، وبانتقاء أجزاء معينة من النبتة الواحدة[21]. وتتفاوت هذه القدرة من حيوان لأخر، وترتبط أحيانا بظروف البيئة وتغيراتها على الحيوان، ومن هنا لا بد أن نميز بين مصطلحين أولهما التفضيل (Preference) والذي يعني رد فعل حيوان الرعي إزاء الكلأ. أما الثاني فهو الاستساغة (Palatability) وهو مصطلح يطلق على قابلية النبات عند حيوان الرعي. وقد تداخل المعنى بين المصطلحين عند الانتقاء (Selectivity) لدى الحيوان. أن قدرة الحيوان على الانتقاء أو الاختيار نتجت عن تفاعل ثلاثة متغيرات هي: الكلأ (غذاء الحيوان)، وحيوان الرعي، والبيئة التي تجمع بين الاثنين[22]. ويبدو هذا البحث مهما عندما نقارن بين مناطق مرعية بشكل حاد وأخرى غير مرعية. وتتدرج قدرة الاختيار لدى الحيوان أو استساغة النبات. وتعتمد هذه العملية على نوع الأعشاب، والفترة التي تظهر فيها، وتعتبر بداية نمو النبات، أي في الفترة التي تلي هطول أول زخات الأمطار في موسم الشتاء، يكون النبات الطبيعي في أكثر مراحل نموه استساغة، حيث لا يزال طريا مما يسهل على صغار

حيوانات الرعي قضمه، كما تكون نسبة البروتين فيه عالية جداً[23]. إذ تصل إلى حوالي (65%) زيادة عما تحويه الأعشاب الجافة.

ولو دققنا في الأمر، لوجدنا أن كمية النبات التي ظهرت في هذه الفترة بعد عشرة أيام من بداية الأمطار، لا تساوي أكثر من (17%) من اجمالي كمية الأعشاب السنوية، واستهلاك هذه الأعشاب في بداية نموها يعني تدمير الغطاء النباتي إلى الأبد. فكما نعرف أن النبات يتجدد في المرعى نتيجة تساقط بذوره بعد عقدها ونضجها، وعندما يقضي على النبتة قبل عقد بذورها، يحكم على هذا النبات بالدمار ليس لسنة واحدة بل لسنوات عديدة قادمة. فالبذور هي مصدر التجديد والتكاثر والمحافظة على النوع. وهناك نباتات الرعي الغنية بالمواد الغذائية انقرضت تماما نتيجة ذلك. وهذا النوع من الرعي الجائر نطلق علية (الرعي المبكر)، وقد عملت الحكومات على وقفه، وحظرت على الرعاة الدخول بحيواناتهم قبل شهر (ابريل) حفاظا على الثروة النباتية.

أما ما يفضله حيوان الرعي من النبات الطبيعي عن غيره، فقد أمكن أن الحصول على معلومات من البدو أنفسهم. ومن خلال الملاحظة نجد أن النباتات التي لم يتم رعيها إما تكون من النباتات التي لا تقدر الحيوانات أن تصل إليها، أو من النوعيات الضارة أو السامة فالأعشاب الشوكية مثل الزلا والكداد (Astraglus, Zilla) نباتات لا ترعاها إلا الجمال أو الماعز، كما أن هذه الحيوانات لا تأكل إلا أجزاء معينة منها مثل الأوراق والأغصان الغضة. وأحيانا قد يكون النبات ساما، أو ضارا في فترة من الزمن مثل الحرمل عندما يكون أخضر (Citrulla Colocynthis, P. Harmala).

مراجع الفصل الخامس

1. Heathcot, (1986) p. 73.

2. Berg, L.S., (1967). "Natural Region in USSR" translated by Tidedbaunt, (O.A) McMillan and Company- New York- p.p.437-8

3. Zohary. M. (1962) "Plant Life of Palestine". The Renold Press Com. New York- Library Congress. Catalog. No. 61

4. Zohary, M. (1972) "Geobatonical Foundation of Middle East- Vol (I) (II). Custav Fischer Urlag Amestrdam p.p 408-411

5. Adam and Wellins "1978", Dry land: man and plants Architectural press. London. P.p. 82.

6. Heathcot. (1986). Op.cit. p. 80-86.

7. أبو علي، منصور، (1982) البادية الأردنية، ص 200-210.

8. نفس المرجع، ص215.

9. التلي، عبد الرحيم (1982)، الأقاليم الطبيعية للأردن، مديرية الحراج والمراعي، وزارة الزراعة الأردنية، تقرير237، ص6-10.

10. أبو علي، منصور، مرجع سابق، ص216.

11. نفس المرجع، ص218.

12. Heathcot (1986), op.cit p. 86-88.

13. Ibid. p.

14. Bailey, C. Danin, L. (1987). Bedouin Plant Utilization in Sinai and Negev, Dept. of Botony. Economic Btauy, 36, N.Y. p.p 145-162.

15. Ibid: p. 165.

16. Horst, L. and Fuad, I., (1978), "The Problem of desertification in Arid and Semi-Arid Zone" Applied science development. Vol. 10.P35.

17. Ibid

18. White, B and Vilbert, R., (1968) Science and Future of Arid Lands. UNESCO- Paris. p. 39

19. المنظمة العربية للتنمية الزراعية" 1981" تحسين المراعي في جنوب الأردن، مرجع سابق، ص 276

20. المرجع السابق، ص276.

21. سلطة المصادر الطبيعية 1967 صيانة الماء والتربة في الأردن، تقرير رقم(12) عمان، الأردن ص 26-29.

22. Tixeront, S. (1977), "The Future of Arid Zone" Washington, Congress Library- p.p.75-85

23. Bataroung, K. H. and Zaki, M.A.F. "1982" Root development of common species in different Habitat in Mediterranean and Sub Region Egypt, Hungarian Scie.- Acad.- Report-15-p.p.21-22

24. Hourou, (1990)" Agro Forestry and Syluva Pastoralism to combat degradation in Mediterr. Basin "Elsevier Sci. PHblisher Amsterdam. P.33.

25. Heady, H.F, (1979). "Rangeland Management Mc Graw –Hill book- London. Thaler – J.C opcit. P287.

26. التلي، عبد الرحيم، الأقاليم الفيزغرافية في الأردن، مرجع سابق، ص8.

27. دائرة الإحصاءات العامة، (1979)، النشرة الإحصائية الزراعية، ودراسة العينة الزراعية، الأردن، ص35.

الفصل السادس
النظام البيئي الاقتصادي
الرعي والزراعة على الرمل

أولاً: الرعي:

في الأراضي الجافة نسبة كبيرة من حيوانات الكرة الأرضية وطيورها وقطعان الماشية "انظر الجدول (32)". ولتقدير كفاءة هذه القطاع لا بد من استعمال مقياس لفحص مجموعة من الحيوانات التي توجد في الأراضي الجافة، ومدى استخدام الإنسان لها وما هي الأساليب المستعملة لتحسينها وتطويرها. لقد تمكن العلماء خلال العقود الماضية من التعرف إلى مجموعة من الحيوانات التي تقطن الأراضي الجافة، والأساليب التي تتكيف بها مع الجفاف، ووجدوا أن العديد من أصناف هذه الحيوانات ليس له قيمة بشرية عالية.

جدول رقم (32) الثروة الحيوانية في الأراضي الجافة/ للفترة ما بين 1960-1985

1- تقديرات 1960:						
الثروة الحيوانية(%) من اجمالي العالم	الجمال	الأبقار	الحمير والبغال	الماعز	الخيول	الأغنام
نسبة الثروة الحيوانية في العالم القديم	%99	%30	%37	%35	%37	%40
نسبة الثروة الحيوانية في العالم الجديد (أمريكا،واستراليا، وجنوب افريقيا)	أكثر من1%	40%	أكثر من %1	%20	%20	%44
الثروة الحيوانية في الأراضي الجافة حسب مستوى الجفاف (1975-1980) (بالألف)						
المجموعة الأولى: (100% جافة)	6539	7245	2074	2557	40	18623
المجموعة الثانية: (75-99% جفاف)	6182	113.475	11.568	106.865	3.158	309.858
المجموعة الثالثة (50-74%) جفاف	899	120.475	7.258	48.572	7.926	145.469
الاجمالي (الأولى- الثالثة)%	%80.9	%19.9	%39.3	%40.5	%18	%45
المجموعة الرابعة (25-49%) جفاف	13	36	43.4	36.5	39	16.3
المجموعة الخامسة: (1-24%) جفاف	247	275181	57612	50349	14484	192961
اجمالي الأمم الصحراوية(%) للعالم	%95.3	%79.4	%84.2	%88.2	%80.4	%79.8

المصدر:

After Heady-1975-p.20, Heathcot, 1986

فهناك مجموعة من الحشرات والزواحف قليلة الفائدة، مثل "الجراد" الذي يشكل تهديداً على المصادر البشرية المستعملة في الأراضي الجافة، خصوصاً في معظم دول الساحل بينما تسبب العناكب والأفاعي والعقارب مشاكل محلية. أما الحيوانات التي تعتبر مصدر دخل للسكان التي انحدرت من منطقة الأراضي شبه الجافة، وشبه الرطبة، واستؤنست في جنوب غرب آسيا. فالأغنام والماعز والحمير والأبقار والجمال عاشت وتكيفت تدريجياً في الأراضي الجافة، على الرغم من أنها تعود في أصلها للأراضي الجافة، إلا أن نسبة كبيرة منها توجد الآن فيها. انظر الجدول المرفق (32).

وحسب التقدير الاجمالي لهذه النسبة في الستينات من القرن السابق نجد أن الجمال تعيش في الأراضي الجافة بنسبة 100%، كما يعيش في هذه المنطقة الماعز والأغنام بنسبة تتراوح ما بين (40-50%)، وحوالي ثلث (1/3) أعداد الخيول والحمير والأبقار من اجمالي العالم. غزو الأراضي الجافة حدث في أجزاء من أمريكا وأجزاء من جنوب افريقيا واستراليا وقد حدث في الـ150سنة الماضية، وتضمن تعديلاً كبيراً في نمط الرعي العالمي خلال تلك الفترة. وفي السبعينات من القرن السابق (العشرين) لا يزال يعيش في دول الأراضي الجافة حوالي (81%) من جمال العالم وحوالي (41-45%) من أغنامها وماعزها و(39%) من البغال والحمير و(18-20%) من الخيول والأبقار. أن معظم الثروة الحيوانية لدول الأراضي الجافة توجد خارج النطاقات الجافة، وبنسب قليلة (أقل من الربع) حيثما توجد المراعي الجافة[1].

هناك تطور تدريجي لعدد الحيوانات في مناطق الأراضي الجافة. لكن يصعب تحديد الزيادة بسبب الظروف البيئية وطبيعة الأراضي نفسها، كما أن هناك قسماً من الحيوانات برياً كالجمال في استراليا، حيث يصل عددها إلى مئات الآلاف. كما أن هناك الحمير البرية والماعز في وسط استراليا، وجنوب غرب أمريكا.

طبيعة الحيوان الرعوي في الأراضي الجافة:

يفترض أن معظم الحيوانات المرباة في الأراضي الجافة متكيفة بشكل خاص مع الضغوط البيئية، ولتحسين كفاءة الاستخدام، لا بد من التعرف على الأسلوب الفاعل في استغلال الموارد المتاحة، والتعرف على القدرات المختلفة للحيوانات، وتفاعلها مع ظروف الجفاف، والنقص في الرطوبة، وشح مصادر الغذاء.

1. **نقص المياه:**

تعتبر الجمال أكثرالحيوانات قدرة على تحمل نقص الماء، لذا كانت أفضل وسيلة لزيادة إنتاج اللحوم في الأراضي الجافة، مع أنها تعتمد على الأعشاب الطبيعية الفقيرة الشحيحة. غير أن مربي الجمال في جنوب غرب آسيا حتى الثمانينات يفضلون استعمال أموال البترول لشراء الأغنام من استراليا (شبه الجافة وشبه الرطبة) على تربية جمالهم للافادة من لحومها، مع أن التنمية يمكن أن تشمل أكثر من هذه الاستراتيجية. وحيثما يمكن الحصول على الماء الجوفي بكفاءة عالية تصبح المسافة بين الآبار استراتيجية تنموية هامة، على اعتبار أن الحيوانات المرباة تخسر من وزنها إذا ما ارتحلت بعيداً طلباً للماء، لذا كان ضرورياً أن لا تزيد المسافة بين كل بئر وأخرى عن (10كم) هذا بالنسبة للأغنام، وعن (48كم) للأبقار. ويعرف الرعاة المتجولون أن الحيوان قد يحتاج إلى كمية أقل من الماء إذا رعى أعشاب غضة ذات عصارة.

2. **الطاقة التحويلية المنخفضة للغذاء لدى حيوان الرعي:**

معظم الحيوانات العاشبة والداجنة في الأراضي الجافة هي غير فعالة في تحويل الطاقة المختزنة في النبات (الطاقة تنتقل عبر مستويات الغذاء في البيئة الواحدة للنبات، الحيوان، والإنسان والحيوان). ويعني هذا أن أقل من (1%) من الطاقة القادمة من الاشعاع الشمسي قد لا يكون متوفراً للحيوانات العاشبة. وبالممارسة فقد وجد أن هذه النسبة قد تكون أقل من ذلك، ويشير منحنى (لاف) لجريان الطاقة عبر الأراضي الرعوية في غرب الولايات المتحدة الذي يشمل ظروف الأراضي شبه الجافة، "أن الطاقة المتاحة في اللحوم أو الأبقار الحية تمثل فقط (1.25%) من الإشعاع الشمسي". وفي بعض الأراضي الرعوية ذات النوع الجيدة خصوصا في المناطق شبه الرطبة، وشبه الجافة في

وادي كليفورينا الأوسط، فإن نسبة اجمالي الطاقة المكتسبة قد تكون أعلى قليلاً، بحيث تصل إلى 00.4%. وتختلف الدرجة في تحويل الأعلاف إلى منتجات مفيدة، حسب قدرة الحيوان. فالخنزير مثلاً يعتبر من أكثر الحيوانات قدرة على تحويل الطاقة، بحيث تصل ما بين (17-20%) من الأعلاف، التي تتحول إلى زيادة في وزنه. أما أبقار المزارع فتحول من (1-2%) من كمية الطاقة، والأغنام تحول فقط (2%) من قيمة الغذاء. لذا فإن قيمة الثروة الحيوانية تبقى معتمدة على قدرتها في تحويل النبات الطبيعي قليل الفائدة إلى لحوم ومنتجات حيوانية. جدول (33)

فالحيوانات الرعوية قادرة على تحويل السليولوز الموجود في النبات الذي لا يستطيع أن يهضمه الإنسان إلى منتجات اللحم والحليب.وبذلك فهي تستطيع أن تحول المواد أو الأنواع غير القابلة للأكل والمتوفرة في البيئة الطبيعية إلى مواد مستساغة وتوفر مصدراً مهماً لها.

جدول (33) احتياجات حيوان الرعي من الكلأ والماء وإنتاجيته

الثروة الحيوانية	أقصى فترة تحمل بدون ماء (بالأيام)	نصف قطر المزرعة بالنسبة لبئر الماء (النسبة مع مدى رعي النعجة تساوي واحد)	إنتاجية الحيوان (من بئر واحدة)	
			عدد	لحوم/كغم
الأغنام	3	1	10	250
الحمير	4	1.3	7	630
الجمال	12	4	19	8500

ملاحظة: يفترض كفاية المرعى(المغلق) source: Schmidt-Nielsen 1956-379

استراتيجية المرعى وتربية حيوانات الرعي في الأراضي الجافة:

تشكل المصادر الحيوانية في قطاع زراعة الأراضي الجافة ما بين (80%-100%) من قيمة الإنتاج الحيواني القومي لبعض الدول في حين لا تساهم الثروة الحيوانية بأكثر من 20% من قيمة الإنتاج العام كما هو الحال في دول الشرق الأوسط، يستثنى من ذلك الدول المنتجة للنفط التي لا تساهم الثروة الحيوانية بأي شيء يذكر.

وتعتبر تربية حيوانات (اللحم واللبن) على المراعي الطبيعية أفضل طريقة لاستغلال هذه المساحات العشبية الواسعة التي يتعذر على السكان الافادة منها عن طريق الزراعة، وذلك لأسباب طبيعية مثل المناخ والتربة وأخرى بشرية. هذا لا يعني أن الاستخدام الزراعي ليس له وجود في هذه المنطقة، وإن يمارس البعض نوعاً من زراعة المحاصيل في الأجزاء الأكثر رطوبة وخصوصا في السنين ذات الأمطار الجيدة، بحيث تكون مخلفات هذه المحاصيل ظهيراً للمساحات الرعوية في فترة الجفاف. فتعمل على تكملة ما يحتاجه حيوان الرعي من الأعلاف، مثل (القش الجاف، والتبن، وكسب المزروعات) التي لا تدخل في غذاء الإنسان، أو حتى في المبادلة التجارية، وهي ذات كفاءة تسويقية منخفضة لصعوبة نقلها وتخزينها لكبر حجمها، الأمر الذي مكن الحيوانات من تحويلها إلى مواد عضوية ذات قيمة غذائية عالية.

ويمثل استخدام الأرض في هذه المنطقة نمطاً حيوانياً نباتياً إضافة إلى أنه يعمل على تنويع المحاصيل الزراعية، ويحمي الاقتصاد الزراعي من المخاطرة عند استخدام الأرض لزراعة المحاصيل الحقلية فقط. لكن الإنتاج الزراعي في هذه المنطقة الصحراوية يعاني من عدم انتظام هطول الأمطار وشح كميتها، مما يعرض المحصول الحقلي للفشل والتلف، وبالتالي للخسارة. لذا فإن استثمار هذه المساحات للرعي أو لزراعة محاصيل أعلاف مكملة للنبات الطبيعي هي الاستخدام الأمثل الأمر الذي يجعل مساهمة الإنتاج الحيواني في المنطقة ذات أهمية كبيرة بالنسبة للقطاع الزراعي كما يشجع على الزراعة المختلطة. في حين تمد مخلفات الحيوانات الأراضي الجافة بالأسمدة العضوية، التي تعوض ما تفقده من العناصر الهامة مثل الآزوت والفسفور الذي تتراوح نسبته ما بين (60%- 90%). ويبين الجدول رقم (34) كميات السماد الذي يخلفه الحيوان الرعوي في مختلف المناطق الرعوية تبعاً لعدد الوحدات الحيوانية.

جدول (34) كميات الأسمدة التي تخلفها الوحدات الحيوانية في انحاء الصحراء الشامية مع تقدير المساحة التي يستفيد منها (1970-1986)

المنطقة	عدد الوحدات الحيوانية	الطاقة الإنتاجية للسماد ($10م^3$)	نصيب الدونم من السماد ($م^3$)
رطبة	64278	1928	1.88
متوسطة الرطوبة	22426	973	1.07
منخفضة الرطوبة	13562	407	2.2

المصدر: مديرية الإنتاج والصحة الحيوانية-التقرير السنوي العام(1970-1997) وزارة الزراعة- عمان، الأردن.

نلاحظ من دراسة هذا الجدول أن الكمية التي تنتجها الحيوانات كافية لاحتياج الأرض الزراعية من الأسمدة، فالدونم الواحد يحتاج إلى اكثر من (120كغم) من السماد غير العضوي إضافة إلى ($1.8م^3$) من السماد العضوي، وتكمن أهمية هذه الأسمدة في الأراضي الجافة وشبه الجافة في انها تستطيع أن تجدد خصوبة الأراضي الرعوية.

التركيب النوعي العام للحيوانات الرعوية في صحار الشرق الاوسط وشمال افريقيا ووسط آسيا (الاغنام، والماعز والإبل):

الأغنام:

تعد الأغنام أهم الأنماط الحيوانية السائدة في الصحار الحارة والمعتدلة، وهناك نوعان من الأغنام هما:

أ. العواسي.

ب. النجدية.

أ. أغنام العواسي[*]: تعتبر هذه الأغنام من النوعيات الرعوية السائدة في صحاري العالم الجديد والشرق الأوسط ووسط آسيا، لقدرتها على التكيف والإنتاج من خلال ظروف المراعي الجافة وشبه الجافة التي تتسم بفقرها، وارتفاع درجة حرارتها، وشح الماء فيها، وقلة استساغة الحيوان لأعشابها، وتعتبر بادية الشام الموطن الأصلي لهذه الأغنام[3].

---

[*] - ترجع كلمة العواسي إلى قبيلة العيسى وهي موجودة في سوريا وشمال الأردن.

تتميز هذه الحيوانات بقدرتها على تحمل ظروف الجفاف، وقدرتها على الإنتاج الجيد إذا مقارنة مع مناطق أخرى من العالم. والأغنام ثلاثي الإنتاج (لحوم، ألبان، وأصواف)، إلا أن تعرض مراعيها لفترات متكررة من الجفاف والرعي الجائر جعل الرعاة في حركة دائمة ومستمرة مع قطعانهم سعياً وراء الكلأ.

ب. الأغنام النجدية:

سميت بهذا الاسم، نسبة إلى موطنها الأصلي هضبة (نجد) في وسط الجزيرة العربية. وهي أقل عدداً من أغنام العواسي، وتظهر في المناطق الموغلة في الجفاف خصوصا في المملكة السعودية، وإيران والعراق، وتركيا، حيث يتجول الرعاة القادمون من الجنوب في مراعي بادية الشام. وتتميز بلونيها الأسود والأبيض، وحجمها المتوسط، فهي أصغر حجماً من العواسي وإليتها مكتنزة بالدهون، وبها عصعص متصل بزيل طويل يقترب من سطح الأرض، وهي ذات إنتاجية متوسطة.

أثر الظروف البيئية على قطعان الأغنام :

تربى الأغنام في جميع أنحاء الشرق الأوسط وشمال افريقيا ووسط آسيا، وتتفاوت القطعان من حيث الحجم والعدد حسب المنطقة، والظروف المواتية لمعيشتها، وتكاثرها،وتعتبر هوامش الصحاري الحارة من اوسع المناطق الرعوية، وذلك لاعتبارات مناخية وطبيعية أهمها زيادة معدل الأمطار السنوي الذي يصل إلى (250ملم)، وكذلك لقربها من مصادر المياه (الآبار) الوفيرة ومن مراكز التسويق والعناية البيطرية. وقد تربى أعداد أقل من هذه القطعان في مناطق ذات معدلات أمطار أقل من المنطقة السابقة إلا أن لها شهرة بتربية الأغنام ويرجع ذلك لظروف بشرية حيث يمارس السكان حرفة الرعي منذ زمن بعيد.

أثر المناخ على التركيب الجنسي للأغنام :

تتفاوت نسبة الذكور في القطيع من منطقة إلى أخرى، ففي المناطق الأكثر رطوبة تنخفض فيها نسبة الذكور عن الإناث، وتصل إلى حوالي (3.8%) نتيجة تخلص الرعاة من الذكور والاحتفاظ بالإناث لقطاع المنتج. وقد يلبي بيع الذكور الطلب (السوق)

على اعتبار أن لحوم الذكور أفضل من لحوم الإناث، كما أن النسبة القياسية العلمية لعدد الذكور تكون عادة من (100:3) من العدد الاجمالي للقطيع.

أما في المناطق متوسطة الرطوبة حيث النبات الطبيعي الرعوي يكون متوسط الجودة، ترتفع نسبة الذكور ويرجع ذلك لاهتمام المربين بإنتاج اللحوم أكثر من اهتمامهم بالمنتجات الأخرى كالألبان، وترتفع عادة نسبة الذكور إلى ما بين (13-18%) من التركيب الجنسي للقطيع. ولكن الشائع عموماً أن تكون نسبة الذكور للإناث تتراوح من (6:1) أي ذكر واحد لكل (6) رؤوس من النعاج وهي نسبة عالية. وهذا بدوره يشكل خطراً على حجم القطيع وتركيبه، عندما يتعرض لظروف القحط أو الجفاف أو الأوبئة، فقد يفقد القطيع نسبة لا يستطيع تعويضها، الجدول رقم (35).

جدول(35) الفئات الحيازية لقطعان الحيوانات وعدد الرعاة والمربين للأغنام في الصحراء الأردنية والسورية- 1996

فئة الحيازة	عدد الرعاة	نسبة الرعاة
لا شيء	2528	%68
10-1	421	%11.42
20-11	208	%5.64
30-21	131	%3.55
40-31	85	%2.30
50-41	94	%2.55
100-51	106	%2.89
200-101	82	%2.39
400-201	18	%0.49
400 فأكثر	9	%0.24

المصدر: وزارة الزراعة، مديرية الاقتصاد الزراعي، الأهمية الاقتصادية للثروة الحيوانية، 1996.

*الرعاة المستأجرون الذين لا يملكون القطيع.

أثر الجفاف على حجم قطيع الأغنام:

من دراسة الجدول رقم (35) نجد أن نسبة كبيرة من الذين يمارسون حرفة الرعي في الصحاري العربية لا يملكون الأغنام أو الماعز ومعظم هؤلاء يمارسون حرفة الراعي الأجير أو الشريك، وتصل نسبة هؤلاء إلى حوالي (65%) من اجمالي أعداد الرعاة. كما يبدو أن الرعاة الذين يملكون قطعاناً تتراوح ما بين (1-10) رؤوس يشكلون (11.42%) من اجمالي أعداد الرعاة، وهذا يشير إلى كثرة عدد القطعان الصغيرة في المراعي الصحراوية الفقيرة، وتأخذ أحجام الحيازة بالزيادة مع تناقص أعداد الرعاة، وهي تؤكد أيضا أن القطعان الكبيرة قليلة، وترتبط عادة بكبر مساحة المرعى وغناه. فالقطعان التي يتراوح عددها ما بين (101-200) رأس قليلة جداً، أما القطعان التي يتراوح عددها ما بين (201-400) رأس فلا تتجاوز (5%) من اجمالي عدد القطعان حيث يقوم بتربيتها حوالي (0.49%) من عدد الرعاة. وقد يرجع صغر عدد القطيع إلى طبيعة المراعى الفقيرة، وطول الرحلة الموسمية، فزيادة القطيع تحتاج إلى كمية وفيرة من الكلأ، كما أن حركة القطيع تكون بطيئة، وتكون مكلفة إذا ما نقلت عبر الحدود[4].

الماعز البلدي (الأسود):

يمثل الماعز البلدي النمط السائد الذي يلي الأغنام في مراعي الشرق الأوسط، وآسيا وشمالي افريقيا، ويتميز الماعز البلدي بإنتاجية عالية من الحليب تفوق أحياناً إنتاج الأغنام وخصوصاً في فصل الصيف، حيث تقل إنتاجية الأغنام من الألبان. كما أن للماعز قدرة عالية على تحمل ظروف الصحاري الجافة القاسية وعلى رعي أنواع من الأعشاب الخشنة ومنخفضة الاستساغة، التي تمثل الاستغلال الأمثل والأقصى لمناطق الصحار ذات القيمة الرعوية المنخفضة، خصوصا في المناطق التي تمتاز بشدة الجفاف، وشح النبات الطبيعي. ويعيش في بعض هوامش الصحار العربية أنواع أخرى من الماعز يسمى (الدحيوي)،[*] له نفس المميزات السابقة، لكنه يتميز بصغر حجمه، وزيادة كمية إنتاجه

---

[*] - تعتبر الجزيرة العربية الموطن الأصلي لماعز (الدحيوي) الذي يتميز بلونه الأسود الداكن، ويلاحظ أن أعداده تتزايد مع قدوم الرعاة من شمال المملكة العربية السعودية إلى الأجزاء الجنوبية من البادية في فصل الصيف.

من الألبان. والماعز البلدي من الناحية الإنتاجية ثلاثي الغرض: (ألبان، لحوم، شعر)، ويصل وزن الرأس منه حوالي (35كغم)، ويبلغ متوسط إنتاجه السنوي حوالي (80كغم) في موسم الحلابة، ويتميز بطول فترة الحلابة التي تستمر إلى ما بعد فترة الصيف، تلك الفترة التي تتوقف فيها الأغنام عن الحلابة، حيث تكون في أواخر فترة الحمل.

أثر المناخ في تطور حجم قطيع الماعز:

من خلال دراسة التركيب النوعي، يبدو أن قطعان الماعز تتوزع بشكل عشوائي في الصحاري العربية. فالمنطقة الرطبة نسبيا تعيش فيها أعداد قليلة من قطعان الماعز، ويرجع ذلك إلى تفضيل الرعاة تربية الأغنام على تربية الماعز لاعتبارات إنتاجية. وعلى الرغم من ذلك فإننا نرى أن أعداد الماعز تتزايد ضمن حدود المنطقة، لكن هذه الزيادة تكون أقل من الزيادة في الأجزاء الأخرى، ولا يربى الماعز عادة منفصلاً عن الأغنام، وذلك لحماية أصحاب القطيع من الخسارة في حالة القحط، حيث تكون نسبة الماعز داخل قطيع الأغنام متذبذبة، وهذا يرجع إلى سببين هما: نظام الرعي المتنقل وتذبذب كمية الأمطار الهاطلة في المنطقة.

وقد يرتفع معدل تذبذب أعداد الماعز عن المتوسط السنوي في منطقة ما إذا ما قارناه مع بقية المناطق الأخرى الأقل رطوبة، وتأتي المنطقة متوسطة الرطوبة (100-200ملم) سنوياً في المرتبة الثانية بعد المنطقة الرطبة في تربية الماعز، حيث لا يخلو بيت في الصحراء من هذا النوع من الماعز، للاعتبارات السابقة التي من أهمها طول فترة الحلابة، حيث يتوفر الحليب لفترة أطول من الفترة التي تنتج فيها الأغنام، وقلة العناية التي تحتاجها، وتحملها قلة الغذاء إضافة إلى استساغة ألبانها، ولحومها قليلة الدهن مفضلة في صنع الطعام[5].

ويتزايد عدد الماعز تدريجياً حسب المنطقة التي يعيش فيها ففي المناطق الجافة جداً التي تتراوح أمطارها بين (50-100ملم) يسود الماعز فيها للاءمته هذه البيئة الخاصة يتفوق عدده فيها على على أعداد الأغنام، غير أن أعداد الماعز في هذه المنطقة آخذة بالتناقص وذلك بسبب شدة الجفاف. ويلاحظ أن المتوسط السنوي لأعداد

الماعز في هذه المنطقة شبه الصحراوية يصل إلى مستوى عالي يفوق أعداده في الصحراء وبشكل عام تتميز أعداده السنوية بتذبذبها عن المعدل السنوي العام بحيث يصل معامل التغير حوالي (0.4) ويعود ذلك إلى عدم تواجدها طول فترة الرعي ضمن مزارع محصورة أو مراعي محددة.

أثر المناخ على التركيب الجنسي للماعز:

من خلال دراسة التركيب الجنسي للقطعان نجد انخفاض نسبة الذكور، وهو ما يمثل التركيب الأمثل للقطيع، إذ يميل مربو الماعز إلى الاحتفاظ بالإناث من أجل استمرار الإنتاج، إلا أن هذا الانخفاض في نسبة الذكور ليس مدروساً بشكل علمي، بل هو عفوي ساعد في ذلك تفضيل السكان لحوم الذكور على الإناث، ويعتبر التركيب الأمثل هو أن تكون نسبة الذكور في القطيع من (100:3) رأس.

وتربى قطعان الماعز ضمن قطيع الأغنام، دون تمييز، لذا فالسعة الحيازية لا يمكن تحديدها بدقة، لكنها في المنطقة الرطبة أقل ما يمكن، وقد يصل عدد الماعز في القطيع إلى حوالي 20% فقط، وقد ترتفع هذه النسبة إلى 35% في المنطقة متوسطة الرطوبة وإلى 50% في المنطقة شديدة الجفاف، ويعزز ذلك عدم اهتمام الدول بتربية الماعز البلدي بسبب الظروف البيئية.

الإبـــل:

تعتبر الصحراء العربية الموطن الأصلي للإبل ذات السنام الواحد، وهناك الجمل البكتيري ذو السنامين الذي يعيش في إيران ووسط آسيا. والإبل هي الحيوان السائد منذ مئات السنين في هذه المناطق، وذلك لما تتميز به من قدرة على تحمل ظروف الصحراء القاسية، والعيش على الأعشاب الخشنة. ويمكن القول أن الاستغلال الأمثل لمثل هذه المراعي يكون بتربية الإبل باعتبارها مصدراً اقتصادياً مهماً للحوم الحمراء[*]، وخاصة

---

* - لقد قامت المنظمة الدولية للزراعة والغذاء (FAO) بمشاريع لتسمين الإبل في السودان، وقد اثبتت هذه المشاريع قيمتها الاقتصادية العالية.

إذا أمكن إنتاج جمال مسمنة عند أعمار صغيرة (1-2) سنة. من هنا فإننا ندعو إلى وضع هذا الأمر موضع دراسة جادة، باعتباره استغلالا ممكناً للموارد الحالية للأراضي الجافة التي لا تحتاج إلى استثمار رؤوس أموال كبيرة، وإضافة إلى ما تنتجه الجمال من لحوم حمراء فإنها تتميز بقلة دهونها وجلودها السميكة، ووبرها الجيد في صناعة الملابس. وتجدر الإشارة إلى أن هناك مزارع كبيرة من الجمال في النقب في فلسطين اثبتت عائداتها العالية نجاح مثل هذه المشاريع، وكذلك هناك مزارع واسعة لتربية الجمال في استراليا، وحيث يذهب معظم إنتاجها إلى البلاد العربية مثل الخليج العربي ومصر.

أثر البيئة على حجم قطعان الإبل:

تعتبر المنطقة الرطبة على هوامش الصحار أقل المناطق تربية للإبل، حيث يعيش فيها نسبة قليلة من جمال الصحار، يرجع ذلك إلى تميز هذه المنطقة بمراعيها الغنية نسبيا، مما جعلها مكان تجمع أنواع أخرى من حيوانات الرعي مثل (الأغنام والماعز وأحياناً الأبقار)، باعتبارها أفضل استثماراً، وأكثر إنتاجا، وتبقى تحت سيطرة أصحاب قطعان الأغنام والماعز مباشرة. ويمنع ادخال الإبل في المناطق الرملية باعتبارها ذات قيمة اقتصادية عالية من حيث النوعيات النباتية الرعوية تترك عادة للأغنام. ويتوجه رعاة الإبل عادة بقطعانهم نحو جوف الصحراء للاستفادة القصوى من النبات الطبيعي الخشن الذي لا تقدر على استغلاله الحيوانات الصغيرة (الأغنام والماعز)[6].

تتميز مراعي الإبل متوسطة الإنتاجية بأنها تتوسط بين ظروف المرعى الجيد في الأجزاء الهامشية الرطبة من المنطقة الجافة، والمراعي الفقيرة التي تنخفض قيمتها كلما تحركنا نحو الداخل حيث تصبح الحشائش أكثر خشونة، وأكثر فقراً، إلا أنها تشكل الكلأ اللازم للإبل، ساعد في هذا الاستغلال توطن حرفة الرعي التي يمارسها الرعاة منذ زمن بعيد. ويرجع تذبذب أعداد الجمال عادة حول المتوسط العام إلى ظروف المناخ المتمثلة في كمية الأمطار غير المنتظمة، مما يعني أن حركة الجمال من المنطقة وإليها تحدث بشكل مستمر، وعلى الرغم من أن المناطق الموغلة في الجفاف أفقر مناطق

الصحراء كلأ، والأعشاب فيها مبعثرة وقصيرة وخشنة وشحيحة ومعظمها من النوع الشوكي (القتاد) (Astraglus) الذي لا يأكله إلا الإبل إلا أنها تعتبر من أفضل مناطق الرعي للإبل في الصحراء.

أثر الظروف البيئية في التركيب النوعي والجنسي للإبل:

ما دامت الإبل في وقتنا الحاضر لا تشكل أهمية كبيرة إذا ما قارناها بحيوانات الرعي الأخرى (الأغنام والماعز)، وما دامت هذه الحيوانات تربى بأسلوب تقليدي متخلف، فإن التركيب الجنسي للإبل ليس بذي أهمية. ومع ذلك تبقى الإناث تمثل عنصر التكاثر التعويضي لأعداد الإبل. وقد يستفاد من لحومها وألبانها إلا أن لحومها غير شعبية في السوق لكثرة أليافها.

تتوزع القطعان في مناطق الرعي الجافة وشبه الجافة حسب ظروف المرعى ووفرته، فحيث تتوفر الرطوبة بفعل زيادة كمية الأمطار أو زيادة كمية الرطوبة التي تحتفظ بها التربة تجود المراعي، وتتزاحم قطعان الأغنام والماعز والإبل، ومتى نضبت هذه المراعي تحركت القطعان نحو الأفضل، وهذا ما يجعلها في حركة دائمة، وتكون هذه الحركة بين منطقة وأخرى وقد تكون موسمية أو سنوية. وتخلص إلى حقيقة مفادها أنه حيثما تقل درجات الحرارة وترتفع معدلات الأمطار، تتزايد قطعان الرعي والعكس صحيح. وعلى ضوء ذلك يمكن أن ندرس تطور أعداد الحيوانات داخل منطقة الصحراء ككل في كل منطقة على حده، وعلاقتها مع كمية الامطار.

ثانياً: الاستغلال الزارعي للترب الجافة:

تربة الكثبان الرملية في الصحار (المدارية والمعتدلة):

تمثل الخصائص الفيزيائية للكثبان الرملية في الصحار الحارة أو المعتدلة جانباً من المميزات البارزة لايكولوجيا الصحراء. فالتربة الرملية الخشنة ذات قيمة إنتاجية زراعية تفوق إنتاجية التربة الصحراوية الناعمة. حيث نجد النبات الطبيعي ينتشر عادة على سطوح الكثبان الرملية ويشكل نسيجاً يعمل على تماسك حبيبات الرمل، ويوقف حركة الكثيب، ويمنع انجرافه.

لهذا يعود انجراف الكثيب الرملي إلى انعدام النبات الطبيعي وليس بسبب نقص الرطوبة، فالنبات الطبيعي يعتبر عاملاً محدداً لثبات الكثيب، كما تصبح عملية الحفاظ على الغطاء النباتي أسلوباً عملياً للحفاظ على ثبات الكثبان الرملية، وبالتالي تصبح هذه الكثبان مصدراً إنتاجياً يمكن استغلالها في الزراعة.

ومن أجل زيادة إنتاجية هذه التربة كان لا بد من استعمال الأساليب الزراعية عالية التقنية. لكن الكثبان الرملية داخل الصحار تختلف في خصائصها الإنتاجية عن كثبان الرمال في المناطق الرطبة (هولندا). فالرمال في الصحار الحارة أفضل منها في المناطق الرطبة، إذا ما استغلت بالزراعة المروية. كما أن التربة الرملية في الصحار الحارة قادرة على تحمل ملوحة المياه، كما تتميز بارتفاع معدلات الحرارة والرطوبة الملائمتين جداً لنمو النبات بشكل سريع، مما يؤدي إلى نضج المحصول مبكراً. ومثال ذلك ما يمكن ملاحظته عند المقارنة بين محاصيل أريحا ووادي الأردن، والمنتجات الزراعية في المناطق المرتفعة في الضفة الغربية في فلسطين، وكذلك المنتجات الزراعية القادمة من قطاع غزة التي تزرع في تربة رملية.

هناك ميزة أخرى للزراعة في تربة الكثبان الرملية، حيث تكتفي بالنزر القليل من مياه الري إذا استخدم أسلوب (الري بالتنقيط) (Meir, 1973)[11]. وبخاصة أن التربة الرملية تعاني من انخفاض في "مستوى السعة الحقلية"، كما أن أسلوب الري بالتنقيط لا يعالج ندرة الأمطار وتذبذبها في النظام الصحراوي وحسب، بل يعتبر أسلوباً ممتازا لاستعمال الماء بشكل مقنن، كما يعتبر أسلوباً جيداً للاستعمال الاقتصادي للمخصبات،

وكذلك يتفادى هذا الأسلوب غسل المخصبات في حالة الاعتماد على نظام الزراعة المطرية.

من الواضح أن الكثبان الرملية داخل الأراضي الجافة لها آثارها الإيجابية على اقتصاديات هذه الأراضي، بحيث أصبحت هذه الكثبان تشكل مصدر دخل هام لهذه البيئات المنعزلة إذا ما استغلت في الزراعة أو المرعى الطبيعي أو للاستعمال البشري. وفي ذلك ضبط لحركتها وتثبيتها، لذا أصبح الحفاظ عليها أمراً حيوياً يجب الاهتمام به.

وتقع الرمال الثابتة عادة على أطراف (بحر الرمال) أو (العرق)(*) في الصحراء الافريقية وتصل مساحتها حوالي (2.000.000كم^2)، في حين تعتبر رمال بحر الرمال أو العرق في كل من الصحراء الافريقية، والجزيرة العربية، وآسيا، وجنوب افريقيا، واستراليا رمالاً نشطة الحركة، وتغطي مساحة تصل إلى (4.000.000كم^2).

وبذلك يتطور الهدف الذي كنا نسعى لتحقيقه، من فكرة مجردة تدور حول ايقاف حركة الرمل، وكيفية تحاشي الأخطار الناجمة عنها، إلى البحث عن أسلوب يمكن من خلاله استغلال هذه الكثبان الرملية الهائمة وتحويلها من أراضٍ رديئة غير منتجة، إلى أراض ذات عائدات اقتصادية جيدة.

ويسعى العلماء إلى تحويل هذه المساحات الواسعة من الكثبان الرملية الثابتة، أو المتحركة إلى المخزون الطبيعي المستقبلي الوحيد والباقي للتربة الزراعية في معظم الدول النامية الموجودة على أطراف، أو في قلب النطاق الجاف أو شبه الجاف. ومن أجل الاستغلال الأمثل للمناطق الرملية الصحراوية، وبالتحديد استغلال الطبقة تحت السطحية الملائمة للزراعة، كان لا بد من دراسة والخلفية الايكولوجية لهذه الأراضي، ودراسة الوضع الحالي للزراعة فيها.

* - جمع "عرق"، وهو مساحات واسعة من تغطيتها الرمال.

خصائص قوام رمل الكثبان بالنسبة للرطوبة والإنتاجية الزراعية:

يعتبر قوام الرمل عاملاً محددا لنشاط نمو النبات الطبيعي وتطوره على سطح الكثيب، كما له أثر واضح في انخفاض مدى (السعة الحقلية)، وقيمة (الرطوبة المتاحة) للنبات، ويتميز الرمل بمعدلات نفاذية عالية، ومستوى غسيل عالٍ للقواعد (Leaching) يعمل على إزالة المواد الغذائية الضرورية لحياة النبات الطبيعي، كما تؤدي حركة حبيبات الرمل المختلفة التي تحدثها الرياح إلى آثار سلبية على النبات، قد تؤدي إلى اتلافه أو مرضه.

وهناك صنفان رئيسان لقوام الرمال، **الأول:** يتمثل في الحبيبات الناعمة التي يتراوح حجمها ما بين الرمل الناعم جداً الذي تذروه الرياح والعواصف بشكل كبير، **والثاني:** يتألف من الحبيبات الأكثر خشونة التي يصعب على الرياح حملها، أو تحريكها بشكل مباشر، ويمكن إضافة صنف **ثالث:** من الأتربة هو الطمي، والطين الذي تحمله الأودية والسيول في الصحراء، وهذا الصنف يبقى عالقا في الجو، وأحيانا ينقل إلى خارج الصحراء وهو ما يطلق عليه (الغبار) الصحراوي. إلا أن النبات الطبيعي المنتشر على سطح الكثيب يعمل كصائد لهذا الغبار العالق، ونتيجة لذلك يتراكم الطمي والطين على السطح، وهنا يتشكل غطاءاً من التربة الصحراوية يتكون من خليط من الرمل الخشن، والطين أو الطمي الناعم الذي يطلق عليه في الجزيرة العربية (زيبار Zebar).

جدول (36) مستويات رطوبة التربة الرملية في الأقاليم شبه الجافة والجافة

ماء التربة (بالنقطة)*	أنواع الترب					
	رمال خشنة	رمال ناعمة	طفال رملي	طفال	طفال طيني	طين
السعة الحقلية	65	130	170	300	360	500
نقطة الذبول	25	50	60	110	140	250
الماء المتاح	40	80	110	190	220	250
بالنسبة للسعة الحقلية%	61	61	64	63	61	50
استجابة النبات الطبيعي- للأمطار	25	50	60	110	140	250

*:النقطة= (عدد النقط × 0.25 ملم) لكل 0.3م من التربة.

المصدر: After Schulz, 1967: cot, 1986.

أما نظام الرطوبة في الكثبان المتحركة التي لا يغطيها النبات الطبيعي، أو المحاصيل الزراعية، فيتصف بمستوى متدن من الرطوبة، وذو سعة حقلية نادرة، حيث يغور بسهولة بين حبيبات الرمل، كما أن الرطوبة المتاحة للنبات في هذا النظام تكون متدنية أيضا، وتكون النسبة المتاحة للماء بين (3-9%) (Meir, 1973)[8].

ويقدر ما يحتويه الكثيب الرملي من الرطوبة بحوالي (1.28%) عند نقطة الذبول، أما تحديد السعة الحقلية الصحيحة فهي عملية مستحيلة. لكن معدلات الرطوبة هذه داخل الرمال على الرغم من قلتها فإنها ذات أهمية كبيرة، كونها موجودة في قلب الصحراء، حيث يشح الماء أو يكون نادراً، يضاف إلى ذلك أن كمية قليلة من الماء عندما تتخلل قطاع التربة الرملية تكون قادرة على رفع رطوبة الرمل، إلى مستوى يفوق نقطة الذبول، أو قريبة من مستوى الماء المتاح، في حين لو أن الكمية نفسها أضيفت إلى التربة الطفلية أو الطينية، فإنها لا تستطيع أن ترفعها إلى مستوى أعلى من مستوى نقطة الذبول، وهنا تكون الرطوبة لا تكفي لنمو النبات وتطوره الجدول (36).

ويقدر مجموع الكتلة الحيوية (biomass) الناتج عن هطول (1ملم) من مياه الأمطار على التربة الرملية بحوالي (2.5ضعف) من الكتلة الحيوية التي تنتجها التربة الناعمة (الطينية) (Le Houerou, 1986).

كما يلاحظ أن (زخة مطرية) تقدر بـ (10-15ملم) إذا هطلت على سطح تربة رملية تكون قادرة على إعالة المرحلة الأولى من نمو النبات، أي تكون قادرة على إظهار بوادر النبات الطبيعي فوق السطح. وبالمقارنة نجد أن الكمية نفسها لو هطلت على التربة الطينية لن يكون لها أي أثر (Le Houerou, 1986). كما أن هطول (1ملم) من الأمطار على (تربة اللويس) التي تتشكل من الأتربة الناعمة الصحراوية العالقة في الجو، يكون قادراً على ترطيبها إلى عمق يصل إلى (5ملم) (Orve, 1984)[9] في حين لا تنفذ الرطوبة في التربة الطينية من كمية الماء نفسها إلى عمق أكثر من (2ملم) (Walter, 1973).

ويطلق على معدل جريان الماء خلال وسط نفاذ بـ (ناقلية الماء)، حيث يحدد هذا المعدل قدرة الوسط (Medium) على نقل الماء، كما يوفر هذا المقياس بعدا لحركة

الارتشاح. ويعتبر حجم الفراغات عاملا مهما، ومؤشرا لحركة نقل الماء. فالماء الذي يخضع لقوة الجاذبية يكون ذا مستوى ارشاح عالٍ، وقادر على الحركة نحو قاعدة الماء الدائم الموجود عادة في قاعدة الكثيب السفلي. ومثلاً يقدر مستوى ناقلية الماء في الكثبان شمالي النقب في فلسطين وشرقي قطاع غزة، وصحراء النقب بحوالي (13م/يوم)، وفي بلدان أخرى قد يتراوح ما بين (19-20/يوم)، ويعتبر تسرب الماء إلى ما دون نطاق الجذور، هو السبب في فقدان رطوبة التربة في المناطق الرطبة التي تتميز بغزارة أمطارها التي تقترن عادة بعملية الغسل التي تحول الرمال إلى تربة خاملة كيماوياً بسبب فقدانها للعناصر القاعدية (Ca, K, mg, Na)، في حين يختلف الوضع في المناطق الجافة أو شبه الجافة، فعلى الرغم من قلة كمية الأمطار الهاطلة هنا فإن تسرب الماء إلى ما دون نطاق الأمطار أمر غير مألوف.

وقد أوضحت الدراسات السابقة أن الرمل في الأراضي الجافة في كل من فلسطين والجزيرة العربية ومصر يحتفظ برطوبة يصل مستواها إلى أعلى من نقطة الذبول، ويستمر هذا المستوى إلى عمق عدة أمتار من السطح. لكن هذا الوضع يأخذ بالتناقص، بحيث تصبح الطبقة الجافة مع نهاية فصل الصيف على عمق يتراوح ما بين (30-60سم) من السطح، ومع ذلك يبقى هذا المستوى من الرطوبة قادراً على إعالة أنواع من النبات الطبيعي المعمر أكثر من النبات الحولي أو الموسمي، لهذا يلاحظ أن معظم أنواع النبات يمكن أن ينمو على الطبقة السطحية للرمال. حيث تجف طبقات الرمل الأكثر عمقا بشكل بطيء ومتدرج، إذ تصبح الطبقة العليا التي تقع ما بين (5-10سم) أسفل السطح جافة بعد مرور فترة تتراوح ما بين (5-25يوما) بعد موسم الأمطار الجيد. وهنا لا تتوفر للنبات فرصة لكي يستفيد من هذه الرطوبة القليلة جداً. أما الطبقة التي تكون أدنى من ذلك (10-30سم) دون الطبقة السطحية، فتحتاج إلى عدة أسابيع حتى تنفذ رطوبتها عن طريق التبخر. إذن يمكن القول أن معدل فقدان الرطوبة المختزنة يتناقص مع زيادة العمق الذي تصل إلى هذه الرطوبة، كما يقل أثر التباين الحراري اليومي على الرطوبة. بهذا ينحصر التذبذب الحقيقي في مستوى يصل إلى 30سم دون الطبقة السطحية للكثيب (Prill, 1968)[10].

جدول (37) نظام رطوبة الترب في النقب الجاف في فلسطين

النبات الطبيعي	أقصى مخزون للماء المتاح في نطاق الجذور		متوسط ميزانية الماء الفصلي		
	الرطوبة المتاحة ملم	اجمالي الرطوبة ملم	التبخر المباشر ملم	استعمال النبات (النتح	
				الكمية	نسبتها%
تربة الأودية اللويسية	300	800-300	50	500-250	83
تربة المنحدرات الصخرية	40	100	30	50	50
تربة السهول اللويس	40	100	45	35	35
الرمال	60-50	120	30	73	90

المصدر: Hillel & Tadmor, 1962- After Good, and perry, Heath: 1986, 57.

في بعض الأراضي الجافة في فلسطين ذات الأمطار الشحيحة التي تغطيها الكثبان الرملية تتسرب كمية ضئيلة جداً من مياه الأمطار نحو الأسفل لتشكل شبه قاعدة مستوى مائية. وهناك معادلة علمية قد تم تطويرها داخل هذه الأراضي خصوصا على الكثبان الرملية لساحل غزة التي يصل معدل أمطارها السنوية (500ملم) (Le Hou erou, 1990)[11]. ويمكن التعبير عن ذلك بالمعادلة التالية:

$$D= 0.8\ (P-94)$$

وهذا يعني أن معدل الأمطار السنوي (P) في الأراضي الجافة، يساوي (94ملم)، وهو يمثل قيمة العتبة التي يتوقف عندها تسرب مياه الأمطار نحو مستوى قاعدة الماء، كما يلاحظ أن قيمة العتبة المائية تزداد عكسيا مع حجم حبيبات الرمل، بحيث تصبح العتبة المائية للأمطار بمعدل (150ملم) سنويا إذا كان حجم حبيبات الرمل (0.2ملم) الجدول (37).

وجدير بالذكر أن الطبقة السطحية للكثيب لا تتعرض للانجراف، أو للترسيب، حيث تكون زاوية الانحدار صفرا أو قريبة من الصفر، لذا يوجد النبات الطبيعي على الطبقة السطحية. (Crest)، وتعتبر معظم الكثبان الثابتة ذات طبقة سطحية ملائمة لنمو النبات، في حين تكون الطبقة السطحية للكثيب الطولي (السيف) أنشط جزء فيه، وكذلك الامر بالنسبة للبرخان والمستعرض.

نستنتج مما سبق أن الكثيب الرملي يعتبر موطنا للرطوبة في الصحار كما أن الغطاء النباتي الذي يكسو سطح الكثيب لا يعتمد على معدل الأمطار فقط، بل يعتمد على

قوة الرياح، فالرياح هي التي تحدد ظاهرة الانحراف ونسبتها وشكل الكثيب. ففي المناطق التي تكون فيها الرياح نشطة جداً لا يوجد عليها أي نوع من النبات الطبيعي حتى لو وجدت تحت ظروف رطوبة عالية، وهذا يلاحظ على سطح الكثيب الطولي (السيف)، أو البرخان، والمستعرض الذي يخلو من النبات الطبيعي الذي ينتشر عادة على السطوح الثابتة التي لا تتعرض للانجراف، وتعتبر المعمرات (Perennials) من النباتات السائدة في التربة الرمليقادرة على العيش تحت معدلات منخفضة من الأمطار تصل أحياناً إلى أقل من (50ملم).

أهمية الغطاء النباتي على الكثبان الرملية:

يعتبر النبات الطبيعي مصيدة لحبيبات الرمل الناعمة، والطين، والطمي العالق في الجو، حيث يستقر أكبر كمية من هذه الدقائق الناعمة على سطح الأرض لتشكل طبقة سطحية صلبة، وتقوم مياه الأمطار عادة بغسلها إلى أعماق تتراوح ما بين (30-50سم)، وهو العمق الذي تستقر عنده مياه الأمطار الهاطلة على سطح رملي نفاذ. وحينما يعمل المزيج الطيني على التحام حبيبات الرمل وتماسكها، تصبح الطبقة السطحية بيئة مناسبة لحياة الطحالب والاشنات التي تشكل بداية التعاقب (succession)، وتعتبر مصدر الأوكسجين والنيتروجين للتربة. أما الأثر الثاني للنبات فيتعزز داخل المنطقة بشكل إيجابي عن طريق زيادة الرطوبة المكتسبة التي تزيد من كمية الرطوبة المتاحة اللازمة لحاجة النبات، ويتمثل العامل الثالث في إضافة الخصوبة إلى التربة وتحسين ظروفها عن طريق زيادة الرطوبة المكتسبة التي تزيد من كمية الرطوبة المتاحة اللازمة للنبات.

الزراعة على الرمال الصحراوية:

تعتبر الزراعة في الكثيب الرملي في المناطق الرطبة عملية صعبة جداً إذا قورنت بالزراعة في التربة الناعمة (الطينية أو الطفالية)، ويعود تراجع قيمة الرمل، إلى استمرار عملية الغسل (Leaching) تحت ظروف الأمطار الغزيرة التي يتبعها فقدان للمواد المخصبة نتيجة تسربها مع الماء إلى الطبقات السفلية التي تكون دون نطاق الجذور، الامر الذي يجعل التربة خاملة، وتفتقد التبادل الكتيوني.

تعود زراعة الكثبان الرملية الساحلية في غزة وشمالي سيناء والساحل الفلسطيني إلى مئات السنين وهو ما يعرف الآن بزراعة (المواصي). التي تعتمد على اعتبار أن للرمل طبقة تحت سطحية تختزن المياه التي تتسرب إليها من الطبقة السطحية، لأن رمال الساحلية في غزة تمتد بمحاذاة الشاطئ بشكل مستعرض لاتجاه الأمواج. وتكون مناطق الكثبان هنا قريبة من الشاطئ كما تكون الطبقة تحت السطحية الحاملة للمياه ليست بأعمق من (50سم). لذا فالزراعة تنتشر في أراضي الرمال المنخفضة بحيث يمكن استعمال المياه عند إزالة الطبقة السطحية الرملية للوصول إلى مستوى قاعدة الماء. ويكفي في هذه الحالة إضافة كمية من الأسمدة العضوية، أو الكيماوية أو السماد الأخضر، من أجل تخصيب الرمل الفقير بما يحتاجه من المواد الغذائية اللازمة لنمو النبات، في حين تعمل الكثبان الرملية المحيطة (العالية) كجدار واق يحمي المناطق الزراعية، أو يمكن استعمال الرمال المزالة نتيجة التجريف، لعمل سدود لحماية المزروعات أمام حركة حبيبات الرمال. وتجود في هذه المناطق أشجار البلح والطرفة (Tamarisk) التي عملت على تثبيت الرمال[12].

الزراعة الكثيفة في الرمال:

من المفارقات أن نجد إمكانية الزراعة الكثيفة في الكثبان الرملية داخل الصحار في حالة تطبيق الأساليب الزراعية الحديثة، مما يعوضها عن استخدام الزراعة التقليدية في التربة الرملية التي تعاني من نقص في السعة الحقلية، وانخفاض مستوى الماء المتاح، وغسل التربة المتكرر، وزيادة معدل الإرتشاح نحو الطبقات الدنيا. ويتميز هذا الأسلوب بإمكانية التحكم في تكرار فترات الري، وتحديد كمية مياه الري، كما أمكن بواسطة هذا الأسلوب تزويد التربة بالمياه الممزوجة بالمواد المخصبة في أن واحد. ومن الأمور التي تبعث على الدهشة أن نجد داخل الصحار إمكانية التحكم بكمية الماء التي تتزود بها التربة الرملية بشكل صارم، كما مكن هذا الأسلوب (الري بالتنقيط) المزارع من المحافظة على المخصبات مع الغسل واستعمالها بشكل اقتصادي مقنن، خصوصا في حالة اعتماد المنطقة على مياه الأمطار، كما أمكن من خلال تطبيق هذا الأسلوب التقليل من الاعتماد على

مصادر الري الطبيعية كالأمطار ومصادر الغذاء الطبيعية غير المضمونة. وبذلك تكون الزراعة بهذا الأسلوب (الري بالتنقيط) قد انتقلت من الزراعة التقليدية التي تتحكم بها الظروف الطبيعية، إلى الزراعة التي تبقى تحت سيطرة الإنسان، كما لم يعد تذبذب الأمطار يؤثر في عائدات المحاصيل (Richmond, 1985)[14].

تعتبر الكثبان الرملية التربة المثالية للري بالتنقيط، مما يسمح بالتعويض عند سمة انخفاض السعة الحقلية ونقص الرطوبة المتاحة، وجدير بالذكر بان هذا الأسلوب قد استعمل منذ ثلاث عقود بنجاح في معظم في منطقة وادي الأردن، وأريحا ومنطقة البحر الميت وشمالي النقب بالإضافة إلى غزة.

وتتفوق التربة الرملية الخشنة عن مثيلتها من التربة الصحراوية الناعمة بأنها قادرة على التخفيف من شدة تركيز المياه المالحة إذا استعملت للري، في حين يحدث العكس إذا استعملت نفس نوعية المياه في ري التربة الناعمة مما يزيد من تملحها، وزيادة نقص عائداتها، فالتربة الرملية قادرة على غسل ملوحة التربة من خلال عملية الري بسهولة، وبذلك أصبح الري بالتنقيط أسلوبا ناجحاً وفاعلا في المياه ذات الملوحة العالية، مما جعله يتميز عن أساليب الري الاخرى، وقد استعمل الري في أجزاء من فلسطين لتحسين نوعية المياه المالحة التي وصلت درجة ملوحتها إلى (1300ملغم) من الكلور للتر الواحد. ومن المميزات الأخرى للرمال الصحراوية، قدرتها على امتصاص الحرارة السطحية العالية جداً، يساعدها في ذلك أسلوب الزراعة المغطاة الذي يقلل من التباين اليومي الواسع لدرجة حرارة التربة. كما لها أثر إيجابي يتمثل في تبكير نضج المحاصيل الشتوية مما يحقق أفضل العائدات، ومع ذلك هناك بعض المعوقات التي تواجه هذه التقنيات الحديثة المستعملة أهمها:

أولاً: أن التقنيات المستعملة في هذا النظام الزراعي ذات تكاليف باهظة حيث يحتاج الهكتار الواحد من الأرض الزراعية مثلا إلى (5500م) من خطوط الأنابيب البلاستيكية المعدة للتنقيط عند زراعة الخضروات، وتبلغ تكاليف هذه الانابيب حوالي (5000 دولار)، أما زراعة الحدائق (الشجرية)، فتحتاج إلى (1000م) من أنابيب التنقيط البلاستيكية للهكتار الواحد، أما العمر الافتراضي للنوع الأول (الخضروات) فيتراوح ما بين (4-5سنوات)، حيث يمكن لف الأنابيب بعد انقضاء كل موسم،أما في الزراعة

الشجرية فقد تعمر الأنابيب فترة اطول لأنها تبقى في مكانها، لذا فإن أسلوب الري بالتنقيط يبقى استثمارا اقتصاديا إيجابيا إذا ما زرعت الأرض بالمحاصيل النقدية القادرة على تعويض التكاليف الباهظة[15].

ثانيا: هناك بعض خطر على المزروعات إذا تحركت حبيبات الرمل عن طريق القفز (saltation)، واغارت على المزروعات من مستوى سطح الأرض حتى ارتفاع (60سم) محدثة أمراضاً أو تلفاً للنبات، لذا فالرمل الخشن الثابت أكثر أنواع الرمال كفاءة للزراعة في هذه الأراضي.

ظاهرة القحط في الإقليم الجاف:

القحط ظاهرة مناخية، تحدث خلال فترة زمنية نادرة أو قد يتكرر حدوثها لكنها تبقى مؤقتة غير منظمة، ويمكن أن يحدث القحط في أي نطاق مناخي في العالم، من خط الاستواء إلى القطبين. ويختلف هذا التعريف عن مفهوم الجفاف الذي هو حالة مستمرة من المناخ، لكنه يختلف من مكان لآخر. كما يمكن القول: أن الاختلاف ما بين الجفاف (Aridity) والقحط (Drought) راجع إلى أن الجفاف ظاهرة مرتبطة بالأقاليم ذات الرطوبة المتدنية وله سمة الاستمرار، في حين يعرف القحط على أنه فترة من الطقس الجاف غير المألوف، تستمر لفترة تؤدي في النهاية إلى حالة من عدم التوازن البيئي.

ويتصف القحط بأنه ذو طبيعة خطرة، خفية غير واضحة المعالم، وداخلية وهو بذلك يشبه مرض السرطان الذي يبدأ خفية، وينتهي بظروف مدمرة ولا يمكن التنبؤ به، وعلى الرغم من وجود تعريفات عدة للقحط إلا أنه في المجمل يمثل حالة من نقص في الامطار، خلال فترة زمنية ليست طويلة، قد تكون فصلاً أو شهراً أو سنة، أو أكثر من ذلك. ويصاحب هذا النقص عادة نقص في كمية المياه اللازمة لبعض النشاطات الحيوية لكل من الإنسان والحيوان والنبات، كما يرتبط القحط بتدني ظروف الرطوبة خلال متوسط زمنى طويل، يكون فيه التباين بين الهطول والتبخر الكلي داخل منطقة معينة كبيراً. وقد يكون القحط مرتبطاً بموسم الأمطار وبذلك ينحصر في هذا الموسم فقط، بحيث يتأخر موعد هطول الأمطار اللازمة لزراعة المحاصيل، كما يمكن أن يكون القحط مسئولاً عن تباين مستوى نمو الغلة ا لزراعية الرئيسة وفترة حصادها، ويرتبط القحط

احياناً بطبيعة هطول الأمطار، ونسبة توزيعها الزمنى والمساحي، وغزارة الأمطار، وعدد ايام الهطول.

وتعزز ظاهرة (القحط) عوامل مناخية معينة ينتج عنها زيادة حدة الجفاف مثل درجات الحرارة العالية، وزيادة سرعة الرياح الجافة، ونقص الرطوبة النسبية التي تسود في عدد من أقاليم العالم، مما يزيد من شدة الآثار السلبية للقحط في تلك المناطق.

وينبغي أن لا ينظر إلى القحط على أنه مجرد ظاهرة طبيعية، تتمثل بنقص الأمطار عن معدلها العام في فترة محدودة وحسب، بل يجب تتبع الآثار السلبية الخطرة لهذه الظاهرة على المجتمع البشري، والنظام البيئي الحرج. وفي الأقاليم شبه الجافة وشبه الرطبة التي تعيش فيها مجموعة من الدول النامية والمتقدمة، تعاني من الآثار المدمرة للجفاف، كما أنه من الصعب تحديد مدى تكيفها مع آثاره التي تتمثل في اهتزاز الظروف البيئية والاجتماعية الاقتصادية الخاصة.

خصائص ظاهرة القحط:

يحدث القحط نتيجة نقص في كمية الأمطار، أو شدة غزارتها المفاجئة، وطبيعة توزيعها الزمني والمساحي، كأن يتأخر موعدها، أو تهطل خلال فترة زمنية محصورة بعدد قليل من الأيام، أما في بداية فصل الأمطار أو في نهايته، وما يترتب على ذلك من سيول جارفة للتربة، ومدمرة للحقول المحروثة، أو النبات النامي، ويتصل الأمر أحياناً بفاعليه الأمطار التي ينبغي أن تواكب مراحل نمو النبات. ويتعزز القحط عادة بارتفاع درجات الحرارة وزيادة معدلات التبخر الكامن الذي ينتج عن نقص في الرطوبة المطلقة. كما تعزز ظاهرة القحط، زيادة نشاط الرياح الجافة الحارة في الفترات الأولى لنمو النبات. ويمكن التعبير عن القحط بعائدات المحاصيل أو متى تكون عادة إنتاجيتها الموسمية، وتعتمد شدة القحط على أمور عديدة أهمها: مدى نقص الرطوبة، الفترة التي يتم خلالها القحط، وحجم المنطقة المتأثرة به. إضافة إلى العوامل البشرية التي تعزز أخطاره.

مستويات القحط :

يعرف الجفاف الجزئي بأنه توقف الأمطار لأكثر من 15 يوماً زيادة عن المتوسط الشهري (لنفس الشهر من السنة)، اما الجفاف التام فهو شح الأمطار لفترة تستمر لسنوات متتالية، وقد يكون الجفاف شديداً في بعض المناطق. ويرتبط الجفاف المدمر بالمناطق الواقعة في العروض شبه المدارية (15° - 25°) شمالاً وجنوباً، ويعتبر في هذه الأقاليم مظهراً عاما متكرراً، حيث تسيطر على هذه الأقاليم ظروف ضد الاعصار التي تعمل على زيادة جفاف المنطقة وارتفاع حرارتها. إلا أن تعرض المنطقة جزئياً إلى سيطرة الرياح الغربية الماطرة يخفف من حدة الجفاف. وكلما اتجهنا نحو خط الاستواء، ازدادت شدة الجفاف وذلك بسبب الرياح الصحراوية الجافة. ويعاني سكان نطاق الساحل الإفريقي من هذا الوضع منذ عام 1972 ولفترات تصل إلى أكثر من عشر سنوات[16].

وقد دلت السجلات الزراعية القديمة في الولايات المتحدة، على أن الجزء الجنوبي الغربي من الولايات المتحدة كان منفصلا عن نطاق الزراعة، وعن بقية أجزاء البلاد لفترة تتراوح ما بين (6 – 7 قرون)، وذلك بسبب فترات الجفاف المتلاحقة. وتجدر الإشارة إلى أن هناك دورة طويلة من الجفاف الحاد تحصل عادة كل 22 سنة، تعمل على تغيير النمط المحصولي في نطاق السهول الوسطى، والسهول العظمى الأمريكية. ومن أشد ظروف القحط التي تعرض لها العالم، ذلك الجفاف الذي حصل في الفترة الواقعة ما بين عامي 1929 – 1935، حيث دمر مساحات واسعة من الأراضي في السهول الوسطى والعظمى، مما أدى إلى انجراف التربة وتعريتها. وقد عزز ذلك تفكك التربة بسبب انعدام الرطوبة، وزراعة المناطق الحدية وزيادة عدد السكان. وفي إفريقيا تعرض نطاق الساحل في الإقليم السوداني إلى جفاف شديد تأثرت به المنطقة بشكل واسع، وقد عزز ذلك كثافة الاستخدام الزراعي في مناطق ذات بيئة هشة تعاني من نقص في الأمطار اللازمة للزراعة، والاستعمال المدني، كما عززت الصراعات الدموية بين الشعوب على الموارد الاقتصادية حالة الجفاف، وأدت بالتالي إلى هجرة السكان من المناطق المنكوبة، (كمحصلة لتلك الصراعات) إلى مناطق مجاورة تعاني من الظروف نفسها مما زاد الأمر تعقيداً.

أساليب قياس مستوى ظاهرة القحط:

يمكن قياس مستوى **القحط** بواسطة أربعة أساليب هي : 1) مناخية، 2) زراعية،

3) مائية، 4)اجتماعية.

الأسلوب المناخي: يحسب من خلال تحديد قيمة انحراف كمية الأمطار عن المعدل الشهري أو السنوي، وذلك بمقارنة كمية الأمطار في شهر ما مع نفس الشهر للسنة التي يحدث فيها الجفاف، حيث يتم احتساب فاعلية الأمطار وليس كميتها، فالأمطار التي تهطل في الشتاء تكون فاعليتها أكثر من فاعلية الكمية نفسها إذا هطلت في فصل الصيف، بسبب زيادة معدل التبخر.

أما الأسلوب الزراعي، فيعني أن كمية الرطوبة في التربة لم تعد كافية لاحتياجات الغلات الزراعية، وهنا يقاس محصول السنة الذي تأثر بالقحط بمقارنته مع الإنتاج السنوي العام في الموقع نفسه. في حين يستعمل **المقياس المائي** لتحديد كمية المياه السطحية والجوفية في فترة الجفاف حيث تكون عادة أقل من المستوى العام السنوي.

وأخيراً **الأسلوب الاجتماعي الاقتصادي** الذي يشير إلى الأوضاع الاجتماعية الاقتصادية التي تتطور عن نقص المياه في فترات الجفاف، لهذا يعتمد العلماء في تحديدهم للقحط على ما يحصلون عليه من معلومات فسيولوجية النبات توضح لهم ظروف التنبؤ ببداية الجفاف ونهايته، عن طريق متابعة متغيرات الأمطار والمياه السطحية (انهار وجداول) وكمية التصريف الفصلية.

مفهوم العمليات المؤثرة:

يمثل القحط من الناحية المناخية فترة قصيرة تنقص فيها الأمطار عن معدلها الشهري أو السنوي تؤدي إلى تلف واسع للمحاصيل، أو نقص في عائداتها. ويعتبر المفهوم المناخي لتحديد القحط هام جداً من الناحية الفلسفية، وذلك من أجل وضع سياسة محددة للتخفيف من أثره. لذا فإن فهم التذبذب العادي للأمطار، ومدى أثر ذلك على تعزيز القحط، سوف يحدد الظروف التي تُلزِم الدولة بتقديم مساعدات للمزارعين خلال فترات القحط الاستثنائية[17].

كما أن الإعلان عن الجفاف يعتمد على تقديرات المزارعين أنفسهم، وما يحددونه من آثار سلبية للقحط. ويساعد فهم الناس لموضوع المناخ من حيث العمليات (عمليات الجفاف) في تحديد بداية فترة القحط ونهايتها ودرجة شدته، وهذا التحديد يحدد بدوره انحراف الأمطار عن معدلها، أو عن بعض المتغيرات المناخية خلال فترة من الزمن. ولكن يبقى السؤال: كيف يتم ذلك؟ وللإجابة نقول: يتم ذلك بمقارنة الوضع الحالي مع المعدل التاريخي للأمطار الذي يصل إلى (30سنة) من السجل المناخي العام.

أما التعريفات العملية للقحط زراعياً، فهي تقوم على أساس مقارنة الأمطار اليومية مع التبخر والنتح، وذلك لتحديد معدل فقدان رطوبة التربة. ويتم التعبير عن هذه العلاقة بالنظر إلى آثار القحط على تطور نمو النبات وعائداته.

كما تستعمل التعريفات في التقديرات العملية لحدة الجفاف وآثاره، وذلك عن طريق تتبع المتغيرات الجوية، ورطوبة التربة، وظروف الغلة خلال فصل النمو، وإعادة تقييم مستمرة لأثر هذه الظروف على العائدات النهائية. كما يمكن استعمال التعريفات العملية للقحط في تحديد تكرار فترات القحط (فترات حدوثها)، خلال فترة تاريخية معينة، وتحتاج مثل هذه التعريفات إلى بيانات عن الطقس خلال ساعة أو يوم أو شهر، أو أي مقاييس زمنية أخرى.

ويعطينا تطور علم المناخ فكرة واضحة واستيعاباً أكبر لخصائص الجفاف داخل إقلم ما واحتمالات حدوثه على مستويات مختلفة من الشدة، كما أن المعلومات حول هذا النوع من التعريفات لها فائدة كبيره في تطور استراتيجيات الاستجابة للقحط، أو تخفيفه.

*** أنواع القحط :**

أولاً : القحط المناخي :

- يعرف القحط المناخي على أساس درجة الجفاف (مقارنة ما بين المعدل السنوي العام للأمطار ومدة الجفاف)، وعلى أساس الفترة التي يشملها الجفاف. كما أن التعريف المناخي للقحط يجب أن يكون للإقليم الواحد بين فترتين زمنيتين، على اعتبار أن الظروف المناخية التي تحدث نتيجة لنقص الأمطار، تكون متباينة بشكل كبير ما بين إقليم

وآخر. أن بعض التعريفات للقحط المناخي تحدد فترات القحط على أساس آخر هو عدد الأيام التي تهطل فيها الأمطار. فإذا ما قل عدد أيام الهطول في اقليم ما عما يعرف العتبة (أدنى مستواً) للأمطار فإن ذلك يعني أن الإقليم قد أصيب بالقحط.

يناسب هذا المقياس بعض الأقاليم التي تهطل أمطارها طوال العام مثل: الغابات المدارية الماطرة، والمناخات الرطبة وشبه الجافة، أو مناخات العروض الوسطى الرطبة مثل مدينة مناوس في البرازيل، وغرب إفريقيا (نيجريا، والكنغو، ....الخ)، وشمال استراليا، اما الفترات الطويلة التي تهطل فيها الأمطار فهي شائعة في المناطق الجافة، والتعريف هنا يعتمد على عدد الأيام التي ينزل فيها المطر، والتي تكون أقل عادة من مستوى عتبة الأمطار، غير أن تعريفات القحط المناخي ترتبط بانحراف كمية الهطول الفعلية عن كميات المعدل الشهري أو الفصلي أو السنوي.

ثانياً : القحط الزراعي:

يرتبط القحط الزراعي مع بعض مميزات أو الصفات القحط المناخي، أو القحط المائي التي تترك آثارا على الزراعة، وتركز على نقص الامطار، والفرق ما بين النتح الكامن والفعلي، كما تركز على نقص ماء التربة، والمياه الجوفيه، أو تناقص مستويات المخزون المائي.

ويعتمد ماء النبات على ظروف الطقس السائدة للنبات ومميزاته الحيوية، وعلى درجة نموه، ومحتوى النبات من الماء وهذه تعتبر الخصائص الحيوية والطبيعية للتربة، إلا أن أفضل تعريف للجفاف أو القحط الزراعي يجب أن يكون مرتكزاً على حياة الغلات المحصولية المتنوعة خلال مراحل تطورها المختلفة من بداية النمو وحتى النضج.

وجدير بالذكر أن نقص رطوبة التربة السطحية يعيق عملية الإنبات، ويؤدي إلى نقص في مجتمع النبات داخل كل هكتار من الأرض، وبالتالي سيؤدي إلى نقص في المردود النهائي. أما إذا كانت رطوبة التربة السطحية كافية لمتطلبات النمو المبكر للنبات، فإن نقص الرطوبة في الطبقة تحت السطحية في مراحل نمو النبات المبكرة لن يؤثر على المردود النهائي، وذلك في حالة ازدياد رطوبة التربة السطحية خلال تطور أو تقدم فصل النمو، وقدرة مياه الأمطار على تغطية احتياجات النبات من الماء.

ثالثاً : القحط المائي:

يرتبط القحط المائي بالرطوبة مع آثار تغير فترات المطر -بما في ذلك الثلج- القصيرة على سطح التربة، أو كمية المطر التي تصل إلى التربة تحت السطحية مثل الجريان المائي، أو مستويات الماء في البحيرات، والخزانات المائية، أوالماء الجوفي تحدد أو تُعْرَفْ فترات الجفاف المائي من حيث تكرار الفترات وشدتها على مستوى حوض النهر جميعها أي أن تكرار وشدة القحط المائي تعتمد على مستوى حوض النهر، والمناطق التي يجتمع فيها المياه. فعلى الرغم من أن جميع فترات القحط تنتج عن نقص الأمطار، فإن الهيدرولوجيين يهتمون بمستوى هذا النقص الذي يلعب دوراً مهماً في النظام الهيدرولوجي (نظام الدورة المائية).

ليست فترات القحط المائي منتظمة أو دورية، كما أنها لا ترتبط بحدوث الجفاف الزراعي أو المناخي، لهذا فهي تعتمد على مدة نقص طويلة في الهطول كي تظهر آثارها على مكونات النظام الهيدرولوجي، مثل رطوبة التربة، والجريان المائي، ومستويات مخزون الماء الجوفي. ونتيجة لذلك فإن آثارها ترتبط مرحلياً مع النطاقات الاقتصادية الأخرى، لأن قطاعات استعمال الماء المختلفة تعتمد على هذه المصادر في حصولها على الماء، ومثال ذلك أنه قد لا يظهر نقص الأمطار الذي يؤدي إلى الاستنفاذ السريع لرطوبة التربة تأثيراً على الزراعة، إلا أن هذا النقص يكون تأثيره واضحاً على مستويات الماء الجوفي. وهذا لا يؤثر على إنتاج الطاقة الكهرومائية، أو الاستخدامات الترفيهية: كما أن نظم تخزين الماء مثل الأنهار والمياه الجوفية، تستعمل لأغراض متعددة كضبط الفيضان، والري، والترفيه، والطاقة المائية، والحياة البرية، وهذا بدوره يؤدي إلى تعقيدات في تحديد نتائج وتقدير آثار الجفاف المائي. ويزداد التنافس على المياه في هذه النظم المائية التخزينية في فترة الجفاف سيزداد قوة وشراسة[18].

القحط المائي واستعمال الأرض:

على الرغم من أن المناخ هو المؤثر الأول في الجفاف المائي، فإن العوامل الأخرى مثل قطع الأشجار، وتصحر الأرض، وإنشاء السدود، تؤثر على السمات الهيدرولوجية للحوض المائي. ولأن الأقاليم مرتبطة مع بعضا البعض من خلال النظم المائية، لذا فإن تأثير الجفاف المائي يتجاوز حدود نقص الأمطار لمنطقة معينة، ومثال ذلك : "إن القحط المناخي قد يؤثر بشكل حاد على أجزاء من شمال جبال روكي، وشمال إقليم السهول العظمى في الولايات المتحدة التي تغذي نهر المسيسبي وروافده التي تنصرف من هذه الأقاليم نحو الجنوب، مما يؤدي إلى بعض الآثار الهيدرولوجية للسيول المنحدرة من تلك المرتفعات، وبالتالي إلى تغيرات في استعمال الأرض في أعلي الأنهار، الأمر الذي يغير السمات الهيدرولوجية في المنطقة مثل معدلات الجريان المائي، والارتشاح الناتج عن المجرى المائي المتغير وبالتالي حدوث القحط المائي في أدنى المجرى. ومثال آخر ما حدث في بنغلادش من نقص في المياه في السنوات الأخيرة وذلك بسبب التغيرات في استعمال الأرض في تلك المنطقة، وفي الدول المجاورة لها. وتعتبر سياسة الأرض احد من الأساليب التي استخدمها الإنسان من أجل أن يتلافى النقص المتكرر للماء الذي قد يحدث تغيراً في تكرار القحط المناخي، حيث أخذ يزرع بعض المحاصيل التي تحتاج إلى كمية أقل من المياه، أو تتحمل الجفاف، أو الفيضان حسب الظروف السائدة.

وفي هذا المجال نلاحظ أن الذين يعتمدون على الماء الجوفي هم آخر من يتأثر بالجفاف عند حدوثه، وهم أيضاً آخر من يحس بنهايته، (أي آخر من يحسون بأن مستويات الماء الجوفي قد عادت إلى ما كانت عليه من قبل الجفاف). وتجدر الإشارة هنا إلى أن عودة المياه إلى وضعها العادي (قبل الجفاف) هو عمل يعتمد على:

(أ) شدة الجفاف.

(ب) طول فترته.

(جـ) كمية الأمطار التي تستقبلها الأرض.

رابعاً: القحط الاقتصادي والاجتماعي:

ترتبط تعريفات القحط الاجتماعي والاقتصادي ببعض السلع من حيث العرض والطلب، مع عناصر الجفاف المناخي والزراعي والهيدرولوجي، (أي أنها تختلف عن الأنواع التي تم ذكرها سابقاً). وذلك لأن حدوثه يعتمد على زمان وعمليات العرض والطلب ومكانها، أو تصنيف الجفاف، لكن العديد من السلع الاقتصادية مثل (الماء، والعلف، والحبوب الغذائية، والأسماك، والطاقة الكهرومائية) يعتمد على الطقس. ونتيجة للتذبذب الطبيعي للمناخ فإن مخزون الماء قد يكون متاحاً، لكنه لا يستطيع أن يفي باحتياجات البشرية في السنوات الأخرى. وقد يحدث أن القحط الاجتماعي عندما يكون الطلب على السلع الاقتصادية زائدا عن العرض نتيجة لنقص في الهطول، وحدث ذلك في اورجواي، في الفترة الواقعة ما بين (1988-1989) حيث أدى الجفاف إلى نقص كبير في الطاقة الكهرومائية، لأن منشآت الطاقة اعتمدت على الجريان المائي أكثر من اعتمادها على الطاقة المنتجة، وقد كلف هذا النقص الحكومة أموالاً إضافية صرفتها على البترول لتفي باحتياجات الدولة من الطاقة.

وفي كثير من الأحيان فإن زيادة الطلب على السلع الاقتصادية، يزداد نتيجة لزيادة عدد السكان من جهة، وزيادة استهلاك الفرد من جهة أخرى. كما أن العرض يمكن أن يزداد بسبب كفاءة الإنتاج والتكنولوجيا، أو إنشاء الخزانات التي تستوعب المزيد من المياه السطحية، أما إذا كان العرض والطلب في حالة تزايد، فإن العامل الحرج هو تغير العامل النسبي. وإذا زاد الطلب بشكل كبير مقارنة مع العرض، فإن حدوث الجفاف وآثاره السلبية قد تزداد في المستقبل كما ستنشط عمليتا العرض والطلب[19].

الآثار المترتبة على القحط:

الآثار السلبية للعمليات والمظاهر العامة وأهمها:

1. تناقص إنتاجية النبات الطبيعي أو المراعي.
2. انخفاض أو نضوب المياه الجوفية أو تحت السطحية .
3. تناقص الحمولة الرعوية في المراعي الفقيرة.
4. زيادة معدلات نفوق الحيوانات .

5. حدوث الحرائق .
6. تلوث الهواء.
7. انجراف التربة .
8. نقص حاد في الأراضي الرطبة.
9. نقص في التنوع الحيوي النباتي والحيواني.
10. زيادة كبيرة في نسبة الملوحة.

اما عواقب هذه الآثار السلبية فهي غير مباشرة مثل : نقص مساحة المراعي، والغابات والغلات، وهذا النقص يؤدي إلى أزمات اقتصادية اجتماعية مثل تدني الدخل، وبالتالي زيادة أسعار الغذاء، والبطالة، وقروض المزارعين، والهجرة. وبشكل عام يمكن القول: أنه كلما زاد المؤثر السلبي في السبب زاد تعقيد الصلة في المسبب، وبالتالي تتمثل الآثار السلبية للقحط في ثلاث فئات هي:

1. الآثار الاقتصادية.
2. الآثار البيئية.
3. الآثار الاجتماعية.

أولاً : الآثار الاقتصادية:-

تقتصر الآثار الاقتصادية للقحط على الزراعة والقطاعات المرتبطة بها كصناعة الغابات والصيد، يضاف إلى ذلك، نقص في عائدات المحاصيل والانتاج الحيواني. كما يرتبط بالجفاف زيادة انتشار الحشرات الضارة كالجراد، وزيادة الأمراض الوبائية، وانجراف التربة بفعل الرياح (تعرية ريحية) التي تفكك التربة.

يتأثر الدخل باعتباره مؤشراً اقتصادياً بالقحط حيث يؤدي انخفاض الدخل، إلى انخفاض في العرض، وبالتالي يؤدي إلى ارتفاع أسعار المنتجات، كما أن لنقص الماء تأثيراً واضحاً على الملاحة النهرية مما يزيد من تكاليف النقل، وبخاصة في الأقاليم التي تعتمد اعتماداً كبيراً على النقل البحري[20].

ثانياً : الآثار البيئية (التناقص البيئي):-

يحدث التناقص البيئي نتيجة تدمير الانواع النباتية والحيوانية، ومواطن الحياة البرية، ونوعية المياه والهواء، وزيادة الحرائق، وتعرية التربة(انجراف التربة)، ونقص في التنوع الحيوي.

وقد ترتبط بعض الآثار البيئية قصيرة المدى، بفترات القحط، بحيث يمكن أن تعود إلى سابق عهدها بعد انتهاء فترة القحط، ويمكن أن تكون دائمة تقضي على مواطن الحياة البرية كليا مثل جفاف البحيرات وازالة الغابات، وتحتاج عودتها إلى فترة طويلة، تصل إلى مئات السنين ويعتبر تناقص المياه الجوفية دليلاً واضحاً على هذا التأثير. أما الثانية وهي بقاء الآثار لفترة قصيرة، فترتبط بكمية الأمطار، ويتمثل تدمير نوعية الأرض في انجراف التربة، وهذا يؤدي بدوره إلى نقص الإنتاجية الحيوية للأرض.

يمكن أن يؤدي النقص في الأمطار لمدة طويلة إلى تدمير الحياة الطبيعية مثل النبات الطبيعي الذي يعتمد عليه المجتمع الحيواني، ومن المعروف أن استمرار سطوع الشمس مع نقص الأمطار قادران على تحويل الغابات المطيرة إلى صحار(desert)، ولقد أدت الرياح الرملية الجافة التي اجتاحت بعض المناطق في المنطقة المعتدلة من عام 1930-1934م إلى تلف مناطق زراعية تقدر بـ(50مليون فدان). كما عانت السهول العظمى في امريكا في الخمسينات من نقص في المياه خصوصاً عندما توالت سنوات الجفاف بسبب نقص الأمطار الذي نتج عنه فشل في عائدات المحاصيل الزراعية. وكما أدى نقص الأمطار في عام 1970 في منطقة كليفورنيا إلى اشتعال الحرائق في الغابات، وفي عام 1988 إلى موت الحيوانات، وفشل المحاصيل، وتحولت المناطق الزراعية إلى صحار، وقد قضت الحرائق التي اجتاحت الغابات على (4 مليون فدان) من مساحتها الكلية دمرت فيها مساحات واسعة من المتنزهات القومية، وكان لهذا انعكاسات سلبية على صناعة السياحة .

ثالثاً: الآثار الاجتماعية:

ينطوي تحت الآثار الاجتماعية للقحط موضوعات عديدة منها : الأمن العام، والصحة العامة، والصراع على المياه، وتدني نوعية الحياة التي يعيشها الناس. كما أن

الكثير من الآثار السلبية للقحط يمكن أن تكون اقتصادية وبيئية ذات انعكاسات اجتماعية ايضا ، مثل الهجرة التي ترتبط بمدى توفر الغذاء، والتي تكون عادة من المناطق الزراعية والقرى التي تعاني من الجفاف، إلى اقليم خارج نطاق الجفاف، والمشكلة هنا أن المهاجرين عادة في رحلة العودة لا يعودون إلى بيوتهم التي تركوها سابقاً، مما يحرم الريف من المصادر البشرية الضرورية لتطوير اقتصاده، بذلك فقد أدى القحط إلى تفريغ الأراضي الزراعية من أهلها، اما مناطق العمران التي استقبلت المهاجرين فقد عانت من نقص في البنى التحتية، (1) وعدم الاستقرار الاجتماعي.

ولقد أصاب الجفاف مناطق عديدة في العالم، ادى إلى نتائج سلبية كثيرة مثال ذلك: ما حدث في شمال شرق البرازيل بين عامي 1950-1980 حيث وصلت الخسائر إلى ما يزيد عن (55مليون دولار) نتيجة الهجرة.

كما نتج عن الجفاف الذي تعرضت له قارة افريقيا إلى سوء التغذية والمجاعة، وموت العديد من السكان، إضافة إلى نشوب الحروب، ولذا فقد تم وضع نظم إنذار مبكر في القارة السوداء لمعرفة مناطق نقص الغذاء في بلدانها المختلفة، ومما زاد من الانخفاض الحاد في إنتاج الحبوب فشل المحاصيل الحولية، وتلف المحصول، وزيادة انتشار الحشرات، كما نلاحظ أن هناك خسارة في صناعة الألبان والإنتاج الحيواني بسبب نقص المراعي والمياه والأعلاف، مما أدى إلى نفوق الحيوانات، وتناقص أوزانها.

الخلاصة :-

يمكن إجمال الآثار الاجتماعية والاقتصادية المترتبة على القحط فيما يلي:-

- نقص في المصائد السمكية، وموت صغار الأسماك، نتيجة نقص الجريان المائي.
- انخفاض دخل المزارعين، وارتفاع مستويات البطالة.
- تراجع دخل السياحة والترفيه.
- نقص التصنيع، وزيادة الطلب على موارد الطاقة، وارتفاع تكلفتها.
- الضغط على الصناعات، خاصة الصناعات التي تهتم بالانتاج الحيواني والصناعي.
- النقص في الملاحة النهرية، وفي المياه الجوفيه، ومياه الينابيع، وتدني نوعية المياه (زيادة القلوية والحموضة PH).

- القضاء على الأنواع الحيوانية بسبب نقص الطعام وانتشار الامراض، وزيادة الضغط على بعض الأنواع العشبية، والقضاء عليها.
- زيادة الحرائق، وجفاف الأراضي الرطبة، والتملح، وانجراف التربة.
- انتشار الغبار والتلوث، وانخفاض مدى الرؤيا.
-سوء التغذية، وتناقص مخزون الطعام، وزيادة المجاعة، وبالتالي ارتفاع معدلات الوفاة، وهذا يؤدي إلى انتشار الأمراض الاجتماعية والنفسية، مثل الإحباط والعنف، وانعدام الأمن، وتدني مستوى الصحة العامة.
- الهجرة، مما يؤدي إلى الإخلال بالتوازن المكاني للسكان.

ترتبط عواقب أو آثار القحط بنوعه إذا كان قحطاً مناخياً، أو زراعياً، أو هيدرولوجياً (ترتبط جميعها مع بعضها بعلاقات متداخلة)، فعندما يبدأ القحط فإن القطاع الزراعي هو أول من يتأثر بذلك بسبب اعتماده الكلي على ما تختزنه التربة من ماء(رطوبة)، حيث يجف ماء التربة بسرعة خلال فترات الجفاف الطويلة،وإذا استمر النقص في الأمطار، فإن الناس الذين يعتمدون عليه سيشعرون بآثاره، أما الذين يعتمدون على المياه السطحية (مثل الخزانات المائية والبحيرات)، وعلى المياه تحت السطحية (المياه الجوفية)، فهم آخر من يتأثر بذلك.

ومن المعروف أن القحط ذا المدى القصير، والذي يستمر ما بين (3-6 شهور) له آثار قليلة على الأقاليم التي تعتمد على النظام الهيدرولوجي، وعلى ما تتطلبه من استعمال للماء، لكن عندما تعود الأمطار إلى وضعها العادي- عندما تختفي ظروف القحط المناخي - فإنه يتم تعود كميات الماء السطحية وتحت السطحية، ويزداد مخزون التربة من الماء في البداية ثم يتبعه جريان سطحي، ومن ثم زيادة في مخزون الماء الجوفي والبحيرات.

أما آثار القحط على الزراعة فقد تختفي بمجرد سقوط الأمطار، وهذا يرجع إلى اعتماد الزراعة على ماء التربة (أي أن مشكلتها تكون في التربة السطحية)، ولكن آثار القحط قد تستمر لعدة شهور، أو سنين في القطاعات التي تعتمد على المياه السطحية والجوفية.

مراجع الفصل السادس

1. Heady. (1975), op.cit p. 20.

2. دائرة الإحصاءات العامة-الإحصاء الزراعي، العينة الزراعية، تقارير للأعوام (1970-1982)، عمان، تقرير 1981، ص5.

3. وزارة الزراعة، مديرية الاقتصاد الزراعي، الثروة الحيوانية، 1982، تقرير (9)، ص12.

4. أبو علي، منصور، (1982)، مرجع سابق، ص285.

5. نفس المرجع، ص291.

6. نفس المرجع، 292.

7. Pears N., (1985). "Basic Biogeography", Ed.2. Longman, London. P37-50.

8. Dregre, H.E, (1979), "Soils of the Arid Lands" Elsevier- Amsterdam.

9. Kvoda, V.A. (1977) "Arid Land Irrigation and Soil Fertility" Problems of Safmity Al Kalinity, compact p.p. 211-236: In Arid Land Irrigation in Developing Countries, pergaman press: XI. p.p 463

10. Alonso, J.L., (1991). "Greener of Semi Arid and Arid Zone, in Chile" (Analogue to Palestine). Agriculture and Econom. Elsevier Amsterdam. P.p. 325-341.

11. Le Houerou, H (1970). Land degradation and desertification". Rep. 5. p.p. 12. Le Houerou, H (1990). " Agro forestry and Sylva pastoralism to combat land Degradation in the Mediterranean Basin". Elsevier Science Publishers. Amsterdam. P. 33.

12. صالح وأبو علي، (1989) مرجع سابق، ص57.

13. Le Houerou, H (1990). Op .cit, p.27.

14. Richmond, A. (1985)."Agriculture Past and Future". In: Gradus- Desert develop. Dordrecht. p.p. 167-181.

15. Tsoar Haim ., (1990). "The Ecology Background Deterioration and Reclamation of Desert Sand". Elsevier Science Publish. B.V. No.33, p.p152-161.

16. Seely, Mary, (1999) "Climatic Variability and Implication for Sustainable Natural Resource Management" Desert Res. Foundation. Namibia. p.14

17. Ibid. P.22.

18. Seely. M, (1999). Op.cit.22.

19. Prill, R.C. in Meir (1973), "Movement of Moisture in the Unsaturated Dune Area" Kansas. US Servey-Geology, p. 21-23.

20. صالح وأبو علي (1989)، مرجع سابق، ص86.

الفصل السابع
الطاقة والتعدين

تعد مشكلة الطاقة في الأراضي الجافة من الموضوعات المعقدة التي لها آثار عالمية، وبرزت تلك الآثار إبان الحرب العربية الإسرائيلية عام (1973)، حيث أدت إلى تغيرات في النشاط الاقتصادي والسياسي لكثير من الدول، سواء المنتجة للبترول أو المستهلكة له، من ذلك ما حدث في حرب الخليج عام(1991م)، وعام 2003، إذ كان رد فعل الدول المستهلكة تجاه التطورات الايجابية التي طرأت على بعض دول الخليج* إذ أقامت فيها قواعد عسكرية، وتم احتلال العراق بكامله. كما كانت هناك أسباب خفيه تتمثلت رغبة الدول الصناعية في الحفاظ على مصادر الطاقة في الأراضي الجافة وبالتالي السيطرة عليها سياسياً وعسكرياً.

تطور أزمة الطاقة:

زاد طلب الدول الصناعية على الزيت الحفري، منذ بداية الخمسينات باعتباره الطاقة البديلة عن الطاقة البخارية المستعملة في إدارة عجلة الصناعة الآلية في ذلك الحين وأدى التطور السريع للمحركات ذات الاحتراق الداخلي، واستخدامها في تسيير المركبات والآلات، مع بداية القرن العشرين، إلى زيادة الطلب على الطاقة، وزاد من ذلك ارتفاع مستوى المعيشة في المناطق العمرانية، وكذلك استعمال الغاز الطبيعي والكهرباء في الأغراض المنزلية، جدول رقم (38) يبين الاستعمالات المتنوعة للطاقة في الولايات المتحدة.

* أكد وزير الدفاع الأمريكي دك شني(Dick Chini) أمام الكونغرس الأمريكي أبان الأزمة العراقية، وقد قال "نحن نحارب في الشرق الأوسط (الخليج) من اجل هدفين :
الأول:هو حماية مصادر الطاقة في الخليج، والثاني : من أجل حماية إسرائيل كموقع استراتيجي داخل الخارطة السياسية للشرق الأوسط ، وقد أكد هذه الأهداف من خلال حربه مع العراق سنة 2003.

حدثت طفرة في استهلاك البترول في السبعينات من القرن العشرين، إذ ازداد استهلاك العالم من زيت البترول بنسبة (10%) عن المعدل السنوي، ثم أخذت هذه الزيادة تتضاعف مرة كل عشر سنوات، وظفتها الدول الصناعية في ثلاثة قطاعات هي:

1) الصناعة. 2) النقل. 3) توليد الطاقة الكهربائية.

يتضح أن نسبة قليلة من البترول استخدمت في الزراعة والتعدين والأغراض المنزلية في الدول المنتجة له، كما أن هناك بعض التعقيدات في استعمال الطاقة لاسيما حين يتحول الوقود إلى طاقة كهربائية تستخدم للتدفئة والنقل. وبشكل عام فان أزمة الطاقة حدثت نتيجة لعجز الإنتاج عن تلبية الطلب على البترول جدول رقم (38).

جدول رقم (38) اتجاهات استعمالات الطاقة في الولايات المتحدة مع تطور عدد السكان للفترة (1850 - 1970م).

التاريخ	عدد السكان (مليون)	إجمالي الطاقة المنتجة بالوحدة البريطانية*
1850	23	0,3
1910	92	14
1940	132	25
1970	203	61

(*) من طاقة الفحم والزيت والغاز

المصدر : After Walt. 1973. 142

وقد استفادت الدول المنتجة للبترول "الأوبيك" من ذلك، ورفعت أسعار البترول الخام سنة(1973) لزيادة عائداتها القومية، ولما كانت الدول الصناعية قد بنت قاعدتها الصناعية على أساس البترول الرخيص فقد كبدها ارتفاع تكاليف المادة الخام خسائر فادحة، وأخذت تبحث عن بدائل اقتصادية، كما أن البحث المضطرب لتقليل آثار التضخم المالي بسبب زيادة أسعار البترول الهائلة، مثل أزمة للدول الصناعية كان عام 1973م، بداية فترة ازدهار ورخاء للدول المنتجة له مما زاد ي نفوذها السياسي والقومي كما حصل في دول الخليج العربي.

مصادر الطاقة البديلة :

دفعت أزمة الطاقة الدول الصناعية إلى البحث عن مصادر بديلة واستعمالات أخرى أكثر نفعاً، وقد اعتمدت في ذلك ثلاثة مصادر هي:

1) الجاذبية gravitation .

2) الطاقة النووية nuclear.

3) الطاقة الشمسية solar flux.

ويبين الجدول رقم (39) الاستخدامات المثلى لكل منها، كما تعتبر مصادر الجاذبية والطاقة الشمسية من المصادر طويلة الأجل، في حين اعتبر ن الجيولوجي الذي تمثل بالوقود الحفري، والمعادن المشعة داخل القشرة الأرضية، مصدراً قصير الأمد نسبيا، وفيما يلي دراسة موجزه لأنواع الطاقة البديلة للبترول:

1- طاقة الجاذبية : (المد والجزر)

لا يوجد ذكر لاحتمالات استعمال قوة المد والجزر في توليد الطاقة، في الصحار الساحلية، ولم تنشأ في العالم إلا محطة واحدة أقيمت سنة 1966م في "لارانس" على الساحل الغربي الفرنسي، وذلك لتوليد الطاقة الكهربائية، وقد بلغ إنتاجها حوالي (140 ميغاواط)، معتمدة على مد البحر الذي كان يرتفع إلى حوالي (8.4م) بكفاءة (18%). ويبدو أن هناك دراسة جدية لتوظيف المد والجزر على السواحل الشمالية الغربية لاستراليا، حيث يصل المد إلى ارتفاع (12م) في "خليج سكر"، وتصل قدرتها الإنتاجية إلى (20 ميغاواط). أما تكلفة إقامة مثل هذه المحطة فقد بلغت حوالي (400 مليون) دولار أمريكي عام (1976م)، وهذا يعادل حوالي ثلاثة أضعاف تكلفة أقامة محطة لتوليد الطاقة الكهربائية تعتمد على الفحم الحجري[1] .

من هنا نجد أنه من الممكن إنشاء محطات توليد كهربائية تعتمد على المد والجزر، إلا أن، كفاءتها التشغيلية متدنية، وذلك بسبب قصر الفترة التي يمكن أن تنتج خلالها، وارتفاع تكلفة الإنشاءات، وتحديد أماكن إقامتها بالنسبة لأجزاء الأقاليم الواسعة،

والرخص النسبي للطاقة البديلة، كل هذا يعني، بأنها ستبقى نظرية على لوحات الرسم دون تنفيذ لفترة غير معروفة.

2- الطاقة النووية:

لقد تم تعدين حوالي(57%) من مخزون اليورانيوم في الأراضي الجافة، وذلك حتى السبعينات من القرن الماضي، وقد ساهمت الولايات المتحدة بحوالي (44%) من كامل الإنتاج، وجنوب أفريقيا بـ(11%)، والنيجر بـ(7%). ونلاحظ أن جميع هذه المناجم باستثناء النيجر تقع خارج الأراضي الجافة. في حين يقدر احتياطي الأراضي الجافة من اليوارنيوم بحوالي (76%) من احتياطي العالم، يوجد في الولايات المتحدة (30%)، واستراليا (22%)، وجنوب أفريقيا (17%)، ودول شمال أفريقيا (6%). ويعتبر استخدام اليورانيوم في الأراضي الجافة لإنتاج الطاقة المباشرة ضئيلاً، لأن إجمالي الإنتاج يصدر إلى في المناطق الرطبة. الجدول (39)

جدول (39) تطبيقات الطاقة البديلة (المصدر ومدى توفرها)

الرقم	المصدر	الدلالة	الفترة	ميكانيكي	كهربائي	حراري	كيماوي
-1	الجاذبية	المد والجزر المحيطي	دائم	X			
-2	الذرية	الانشطار الذري	مؤقت			X	
-3	مركز الأرض	حرارة الأرض	مؤقت			X	
		البخار	دائم				
-4	سطح القشرة الأرضية	الصخور الساخنة	دائم			X	
		الانشطار	مؤقت			X	
		الفرن	مؤقت				
		الاحتراق	مؤقت	X		X	
-5	الإشعاع الشمسي	الاندماج	دائم	X		X	
		الليثيوم	دائم	X			
		ديتريوم	دائم	X	X	X	
-6	الجريان	الرياح	دائم	X	X		
		التيارات البحرية	دائم	X		X	
		المائي	دائم			X	X
		الأمواج	دائم				
		المصدر الحراري	دائم				X
		الاشعاع	دائم				X
		الطاقة الضوئية	دائم				X
		الطاقة الحرارية	دائم				X
		التخزين	مؤقت				X
-7	التخزين البيولوجي	البيولوجي	مؤقت				X
		الفوتو كيماوي	مؤقت				X
		الفضلات	مؤقت				X
		الغاز الطبيعي	مؤقت				X
		الزيت	مؤقت				X
		رمال القار	مؤقت				X
		صخور الزيت	مؤقت				X
		الفحم	مؤقت				X

Source: Heath, Cot. Arid Land Use & Abuse,1986

3- الطاقة الشمسية : *SOLAR ENERGY*

يمكن التمييز بين نوعين من الطاقة الشمسية، الأولى مجموعة مجاري الطاقة المباشرة "الرياح"، والثانية الطاقة الشمسية المخزنة داخل ارسابات الفحم والغاز الطبيعي.

أ) طاقة الرياح (مجاري الطاقة الشمسية):

هناك خلاف حول تفاصيل أداء الآلات التي تديرها الرياح، ومدى الاعتماد عليها، إلا أن الاستخدام الواسع للطاقة قد انتشر في الثمانينات من القرن الحالي، كما يمكن توسيع القاعدة في المستقبل. لكن الأراضي الجافة لا تهب فيها الرياح القوية المستمرة، إلا أن المسافر في فيها قد يبهر لرؤية المضخات التي تديرها الرياح، وتلك التي تستعمل لرفع الماء وطحن الحبوب، وهي وسائل استخدمت منذ القدم في كل من إيران وباكستان، كما تدل أنماط الهندسة التقليدية في مصر وجنوب غرب آسيا، على أنها صممت من اجل الاستفادة من طاقة الرياح السائدة في أعمال التبريد والتهوية، وقد تم إقامة(6) ملايين محطة للطاقة الريحية في الولايات المتحدة منذ منتصف القرن التاسع عشر، بلغت الطاقة التشغيلية لها (1 حصان)، ولا يزال (15.000) محطة منها تعمل حتى الآن.

ويستعمل معظمها في رفع الماء الجوفي إلى السطح، وتنتشر هذه المحطات بشكل عام في الأراضي الجافة وشبه الجافة من الولايات المتحدة. ولبيان قدرة هذه المحطات، فإن الرياح التي تسير بسرعة(24كم/الساعة) تحرك مروحه قطر شفراتها حوالي (3,6م)، وبقوة (0,16 حصان)، قادرة على رفع (159 لتر) من الماء في الدقيقة إلى ارتفاع يصل إلى (8,7م).

ويشير بحث أعدته منظمة "اليونسكو" حول الأراضي الجافة إلى أن مروحة قطرها حوالي (15م) تسيرها الرياح بسرعة (20كم/الساعة)، قادرة على إنتاج (104,000 كيلو واط/ ساعة) سنويا من الطاقة الكهربائية، تكفي لإنارة، وتسخين، وضخ مياه، وتبريد قرية يقطنها حوالي (100) عائلة فقط.

ويمكن القول أن استخدام طاقة الرياح غير شائع في الأراضي الجافة حاليا، بسبب رخص البطاريات، وعدم انتظام هبوب الرياح، وانخفاض حركتها النسبية. وفي الخمسينات استطاع عدد من المهندسين أن يقدموا تصميماً ضخما لجهاز يعمل بواسطة

الرياح، لكن ظهور البترول في الخليج العربي بكميات هائلة ورخيصة، حال دون أن يتم تشغيل المشروع. وبذلك فقط تلاشى الحافز إلى إنشاء أجهزة تسيرها الرياح ما دامت أسعار البترول منافسة لإنتاج الطاقة الكهروريحية كبديل صغير لمصادر طاقة البترول الحفري، لاسيما المناطق القاصية المنعزلة عن الأراضي الجافة[2]. الجدول (39)

ب) الإشعاع الشمسي:

يتميز الإشعاع الشمسي بضآلة كميته النسبية لوحدة الأرض، حيث تتراوح الطاقة الناتجة ما بين (0.15-0.20 كيلو واط /م2/ساعة)، ويتصف هذا المصدر بالتقطع في الإرسال في أثناء الليل، وقد قدرت كمية الاشعاع التي تستقبلها صحراء "اتكاما" خلال عام كامل بمقدار ما يستخدمه العالم من وقود البترول في منتصف الستينات. إلا أن استخدام هذه الطاقة المشعة يواجه مشاكل مثل تركيز الأشعة، وتخزينها لفترة لا يمكن إنتاجه فيها، كما تتباين كفاءة الاستخدام. وتشير أقصى كفاءة استخدام إلى مستوى (0,25%)، من اجمالي الأشعة الشمسية من التمثيل الضوئي بالنسبة للنبات، و(10%) بالنسبة لخلايا السيلكون الكهروضوئية، وحوالي (25%) بالنسبة للتبريد الشمسي و(40%) لتقطير الماء الذي بلغ في منتصف الستينات حوالي (9000 مليون م3) من الماء المقطر سنوياً.

وكان لهذه المشاريع دور حيوي في تزويد مراكز التعدين في جنوب استراليا (coober pecly)، حيث شكل الماء المقطر عن طريق الطاقة الشمسية المصدر الرئيس للشرب، وأقيمت عدة مشاريع لإنتاج الطاقة الكهربائية عن طريق مجموعة من الخلايا الكهروضوئية أو العكس، لتركيز أشعة الشمس على الخلايا الضوئية المحمولة على أبراج عالية "أبراج الطاقة". وقد أقيم برجان من هذا النوع في الولايات المتحدة، بلغت طاقة احدهما حوالي (5 ميغا واط) في منطقة "ابو كيرك"، وبلغت تكاليف إنشائه حوالي (21 مليون دولار)، والآخر في ولاية كاليفورنيا بطاقة تصل إلى (10 ميغاواط)، وبكلفة وصلت إلى (120 مليون دولار)، لكن هذه المشاريع ما تزال قيد التجربة[3].

يتسم الاستخدام العملي المعقول للطاقة الشمسية في الأراضي شبه الجافة، بسعة كما أن احتمالات توسيعه في المستقبل ممكنة جداً. وما زالت عمليات تجفيف الفواكه، وإنتاج الملح القائم على التجفيف الشمسي من الاستخدامات التقليدية للطاقة الشمسية في

هذا الإقليم حتى يومنا هذا. أما استعمال سخانات الماء الشمسية فقد لاقت رواجا هائلا بين الناس، وذلك بسبب أثمان الكهرباء العالية التي تنتج من محطة كهرباء تدار بالزيت الحفري، وزيادة على ذلك، فقد طور الهنود أنواعا من الطباخات الشمسية البسيطة الرخيصة، أما توليد الطاقة الكهربائية مباشرة من الخلايا الضوئية فما زال محدوداً على النطاق التجاري.

وفي "استراليا" استخدمت الطاقة لشحن بطاريات تنظم الاتصال عن بعد (vhf) وتزويدها بالطاقة الضرورية. كما تم إنشاء جهاز تكيفي بيئي يعمل بالطاقة الشمسية، لكنه ما زال طور التجريب. أما في "ابو ظبي" فقد أقيمت مضخات ماء كبيرة تدار بالطاقة الشمسية منذ عام (1978م). وفي عام (1980م) تم افتتاح أول قرية تدار بالطاقة الشمسية، وكان ذلك في محمية "باباجو" -محمية للهنود الحمر - في منطقة (تكسون Tucson)، في ولاية اريزونا في الولايات المتحدة، وهنا تم ربط الخلايا الكهروضوئية مع نظام بطاريات التخزين، ووصل الإنتاج إلى حوالي (17 واط /يوم)، وكان الاستعمال الرئيس للإنارة وضخ الماء والتبريد.

ترتبط تكلفة الإنتاج المباشر للكهرباء من الشعاع الشمسي مع تكلفة خلايا السيلكون (الكهروضوئية) العالية، ولكن إذا أمكن تخفيض هذه التكلفة لتتلاءم مع انخفاض تكلفة بطاريات التخزين، في هذه الحال يمكن التنبؤ بزيادة كبيرة في استخدام الطاقة الكهروضوئية، وبالرغم من ذلك فلن يقل الطلب لأنه أرخص ثمنا.

4- التخزين البيولوجي للطاقة الشمسية:

استعملت نباتات الخشب، وروث الحيوانات المجففة بشكل تقليدي في الأراضي الجافة كمصدر رئيس للوقود المنزلي، وتسخين الماء، وتم ذلك في السهول الوسطى في أمريكا في منتصف القرن التاسع عشر، حيث أطلق على روث الجاموس والأبقار اسم(فحم البراري). وحسب التقديرات فقد استعمل سكان شمالي غرب أفريقيا ما نسبته كيلو غرام واحد من الحطب للفرد يوميا، وهو ما يعادل (0.5 -1.0هكتار) من النبات الطبيعي الذي ينمو خلال سنة واحدة، وما زال معظم السكان في الريف في الشرق الأوسط يستعملون

روث الأبقار والأغنام كوقود للاستعمال المنزلي (الطبخ والخبز وغيره). أما في السودان فتشير الإحصائيات إلى أن الفرد الواحد يستهلك ما قيمته (2 م3) من الحطب كوقود سنويا (1976)، وفي مناطق أخرى من الأراضي الجافة يرتفع الرقم إلى (8 م3) للفرد الواحد (Le Houreou, 1987)[4].

كما أشرنا سابقا فإن استعمالات روث الحيوانات المجففة كوقود منزلي شائع بشكل واسع في الأراضي الجافة، خصوصاً في شمال أفريقيا وآسيا وأمريكا الشمالية، أما الفضلات البشرية المجففة فقد استعملت في مدينة صنعاء في اليمن لتسخين مياه الحمامات، واليوم تركز معظم الأبحاث على استعمال غاز الميثان الذي ينتج عن تخمر فضلات الحيوانات للطبخ المنزلي.

5- الوقود الحفري (البترول):

يمكن تمييز ثلاثة أنواع من الوقود الحفري اشتقت من التخزين الجيولوجي للطاقة الشمسية في الأراضي الجافة، وأقدم هذه المشتقات من حيث طول فترة الاستخدام هو الزيت الخام، إذ تشير الدلائل إلى أن استعمال الزيت قد ظهر في بلاد الرافدين من خلال تسربه إلى المياه الجوفية، وكان ذلك قبل ثلاثة آلاف عام قبل الميلاد. لكن الانتشار الحقيقي لاستعمال الزيت والغاز الطبيعي في الأراضي الجافة لم يبدأ إلا قبيل الحرب العالمية الثانية.

6- الفحم :

لم يتجاوز إنتاج الفحم في الأراضي الجافة عن (7%) من الإنتاج العالمي حتى السبعينات من القرن العشرين، وكان معظم الإنتاج من قبل داخل النطاق شبه الجاف، لاسيما في الصين والولايات المتحدة، ومناطق الإتحاد السوفيتي سابقاً، حيث بلغ إجمالي الإنتاج حوالي (70%) من الإنتاج العالمي. أما في قلب دول الأراضي الجافة فلم ينتج، ولكن هذه الدول اشتهرت بالزيت والغاز الطبيعي، والدول المنتجة للفحم فقد كانت على النحو التالي :

إذا فإجمالي إنتاج الفحم يأتي من خارج الأراضي الجافة، وإذا حدث واستخرج من الأراضي الجافة من دولة ما، فإنه قد يصدر إلى الجزء الرطب منها، فالفحم في الولايات المتحدة ينقل من السهول العظمى من الغرب إلى الساحل الشرقي ليستخدم في مصانع الصلب في محطات توليد الكهرباء في بنسلفانيا. الجدول (40)

جدول (40) الدول الرئيسية المنتجة للفحم وكمية الإنتاج عام 1975:

الرقم	الدول المنتجة	الإنتاج مليون طن
1)	الاتحاد السوفيتي	65
2)	جنوب أفريقيا	92
3)	استراليا	80
4)	الولايات المتحدة	72
5)	كندا	30
6)	الهند	13

Source: After Tarmson, 1985, Heathcot.

مساهمة الأراضي الجافة في البترول العالمي:

لقد أدى اكتشاف البترول في دول الأراضي الجافة في فترة الثلاثينات والأربعينات من هذا العصر إلى تعزيز مكانة هذه الدول الاقتصادية والسياسية، وازداد إنتاج البترول على مستوى العالم بعد اكتشاف أكبر مصادر له في الولايات المتحدة، وانتقلت أنظار العالم إلى دول الشرق الأدنى والأوسط في أوائل السبعينات. أما دول المركز في الأراضي الجافة، فقد بلغ إنتاجها في بداية الثمانينات (45%) من إجمالي الإنتاج العالمي، كما تمتلك هذه الدول مخزوناً يصل إلى (64%) من احتياطي العالم، وتساهم الأراضي الجافة بحوالي (82%) من إنتاج البترول العالمي، وبحوالي (92%) من احتياطي العالم.

وخلافاً لأرقام الفحم، فإن إجمالي هذه البيانات يشير إلى أن إنتاج البترول واحتياطه داخل الأراضي الجافة يعطي تصوراً دقيقاً ومعقولا لدور هذه الأراضي الجافة في تصدير طاقة الوقود الحفري. أظهر المسح الذي تم عام (1979) أن هناك أربعة حقول عالمية وجدت ثلاثة منها في قلب الأراضي الجافة في السعودية والكويت والمنطقة المحايدة. أما الرابع فكان في فنزويلا، وتشكل جميعاً (21%) من الاحتياط العالمي. الجدول (41).

يصل إنتاج البترول في الولايات المتحدة إلى (932مليون تترا كالوري)، وهذه الدولة هي المسئولة بشكل رئيس عن إجمالي استهلاك البترول القادم من الأراضي الجافة وشبه الجافة. وفي هذه الحال فإن إجمالي هذا الإنتاج يأتي من أجزاء من الأراضي الجافة. أما الاحتياط فتساهم روسيا بـ(22 بليون/طن)، تليها فنزويلا باحتياطي يصل إلى (11 بليون/طن) والولايات المتحدة (6 بليون/طن)، والجزائر (3 بليون/طن)، وتشكل قطر والنيجر والكويت (1 بليون/طن) وبشكل عام يمكن أن يقال أن إجمالي احتياطي العالم من البترول موجود في الأراضي الجافة .

جدول (41) طاقة الزيت الحفري في الأراضي الجافة مصادر الوقود الحفري لعام 1980

الدول الجافة والنسبة المئوية من الجفاف	البترول		الغاز الطبيعي		الفحم	
	إنتاج	احتياطي	إنتاج	احتياطي	إنتاج	احتياطي
1) مجموعة (أ) جافة (%100)	30.642	671	5810	208	13	5
2) مجموعة (ب) جافة (75 – %99)	16.754	570	16918	481	14901	74
3) مجموعة (ج) (50 -%74)	326	24	240	65	10818	91
جفاف مجموعة (أ-ج)(%)	47722	1264	22.968	753	25723	163
بالنسبة للعالم	(64)	(44.8)	(36.4)	(6.4)	(6.5)	(6.7)
4) مجموعة(د) (5 – %49) جفاف	8.488	217	7722	5142	250.275	1202
5) مجموعة (و) (1-%24) جفاف	13.446	824	26359	3712	91537	513
6) مجموع الدول الجافة	96.656	2305	57050	9607	367544	1898
بالنسبة للعالم (%)	(93.4)	(81.6)	(90.4)	(1083)	(85.5)	(76.6)
- العالم -	74.587	2824	63108	1820	430101	2476

المصدر : *Year Book and (U. N) Statist 1976, Heathcot, 1986*

التعدين في الأراضي الجافة :

ليس هناك نظم حديثة منظمة لاستغلال المصادر في الأراضي الجافة، وقد أدى سوء إدارة بعض هذه النظم إلى استنزاف المصادر الأساسية يضاف إلى ذلك الجهل بطبيعة المصادر، وعدم القدرة على الحد من الآثار البيئية، ويعني استنزاف المصادر، تدميرها أو إنهاكها وليس بالضرورة أن يكون الاستنزاف مقصوداً، ذلك أن لمثل هذا الاستغلال أثراً سلبياً ما لم يحدد أصحاب المناجم أهدافهم الإنتاجية.

ويشمل تعدين الخامات المعدنية، تجهيزها وإعدادها للاستعمال بعيداً من موقع المنجم أحياناً، وهو يعني في الأراضي الجافة استخراج الخامات، ونقلها إلى مناطق تكون عادة خارج هذه الأراضي حيث السوق، أو من أجل المزيد من التصنيع، ونتيجة لاستغلال المصادر بهذا الكم الهائل، فقد صار عمرها قصيراً نسبياً، ويعتمد ذلك على حجم الاستهلاك ومعدله من أجمالي الخامات، وعلى تذبذب أسعارها، أو تكاليف استخراجها.

تقوم المناجم عادة في الأراضي الجافة في مواقع متعددة على شكل حفر رأسية (Shift)، أو مفتوحة، وغالباً ما يؤدي التعدين في هذه الأراضي إلى نشوء مراكز هامة للاستثمار العالمي تؤدي إلى كثافة سكانية في مناطق واسعة خالية، شحيحة المصادر، أما الآثار المحلية لنشاطات التعدين التي تجري بعيداً عن منطقة الاستثمار نفسها، فإنها غير ذي بال، إلا أن الأثر اقتصادي قد يكون واضحا على المستوى الإقليمي أو القومي إذ يغذي الدخل الدولة بالأسهم المشاركة. كما أن الخدمات الصناعية تزود المنطقة بالأدوات اللازمة والنقل والتموين. ويتطلب نظام استغلال المصادر الطبيعية تحديد موقع المنجم، والعمالة، والطاقات، والخدمات الأساسية، ونظام الاتصال ونقل الإنتاج إلى السوق، ويشتمل تصنيع المواد الخام التعدين الفعلي للصخور والتركيز على الخامات المعدنية الموجودة في الصخور بالحفر كصهر، وتنقية المواد الخام من اجل الاستعمال المباشر، وما دامت العملية الأخيرة تحتاج كماً هائلا من الطاقة، فإن موقع التصنيع غالبا ما يكون قريباً من السوق أو مصدر الطاقة.

تعدين المواد الخام :

على الرغم من قسوة ظروف البيئة السطحية، فقد استطاع الإنسان استخراج معادن الأراضي الجافة بنجاح على مدى فترة تجاوزت عدة آلاف من السنين، وقد شمل التعدين أنواعا كثيرة من المعادن، بغض النظر عن القيمة الاقتصادية (الملح أو النحاس أو الذهب). وهناك إشارات إلى التعدين نجدها في السجلات التاريخية القديمة، كما أشارت طرق تجارة الملح، والعبيد عبر غرب الصحراء الكبرى، وفي شبه جزيرة سيناء، حيث كان يعدن النحاس المصري قبل (2600 ق.م) (Bromehead. 1956) [(5)]، وكذلك في

الصحراء الشرقية في وادي الحمامات الذي يتصل بميناء القصير على ساحل البحر. وفي السبعينات من القرن الحالي لا تزال هناك منتجات هامة من المعادن تصدر من الأراضي الجافة. ففي حين تساهم دول من قلب الأراضي الجافة بحوالي (7%) من إنتاج العالم من النحاس، فإنها أيضاً تساهم بـ(3/1) إنتاج العالم من الملح و(3-4) من إنتاج العالم من الذهب، كما تساهم دول المناطق شبه الجافة التي تقع ضمن الأراضي الجافة بحوالي (80%) من نحاس العالم وأملاحه، وحوالي (89%) من إنتاج البترول العالمي (Heath Cot, 1987)[6]. وعلى الرغم من أن الملح مادة أساسية تلعب دورا هاما في الصناعات الكيماوية، وان النحاس يلزم في الصناعات الكهربائية، وانهما يعتبران مواد أولية هامة للصناعة والاقتصاد العالمي، أن الذهب يظل السياج الواقي للتضخم المالي العالمي.

تعدين المخصبات :

هناك مجموعة من الكلوريدات والكبريتات والأكاسيد والفوسفات إضافة إلى ملح الطعام (كلوريد الصوديوم) يمكن تعدينها في الأراضي الجافة، حيث تصنع كمخصبات زراعية مفيدة لتربة المناطق الرطبة. وتعد صخور الفوسفات (فوسفات الكالسيوم)، وهي مصدر للسوبر فوسفات واحدة من المواد الأساسية التي تشكل (70%) من احتياطات العالم المعروفة الموجودة في الأراضي الجافة، في شمال غرب أفريقيا، والأردن (Shreiber Matlock, 1978)[7] كما تعد معظم "البلايا" والبحيرات الملحية مصادر قائمة للأملاح المعدنية، فقد أنشئت"الشركة العربية لتعدين البوتاس" على شواطئ البحر الميت، ولا تزال إسرائيل والأردن تستخرجان هذا المعدن الذي يستعمل بشكل عام في الزراعة وبعض الصناعات الكيماوية (Kapmon, 1971)، كما تعتبر ارسابات (الجوانو) المصدر الوحيد للاسمدة الطبيعية التي تنتج على شواطئ الأراضي الجافة، في بيرو (فضلات ملايين الطيور التي تعيش على الجزر)، وبالقرب من الساحل الجنوبي لغرب أفريقيا تم اكتشاف ارسابات من الجوانو تصل إلى عمق (22,5م) في جزيرة إكابو(Ickaboe) عام (1828) التي تم جمعها قبل أن يعرف دور الجوانو كمخصب، أي قبل التعرف على أهمية المخصبات الكيماوية الضرورية لنمو النبات (لينرج،1940)،

وبعد أشهر من معرفة دور الفوسفات في الزراعة بدأ إنتاج الجوانو من الارسابات المتراكمة في مناطقه، وفي الخمسينات من القرن التاسع عشر- تم تجريد الجزيرة من معظم ما لديها من الجوانو إذ وصل الإنتاج إلى (800,000 طن) (Brittan, 1979)[8].

برزت هناك دلائل تشير إلى استغلال الانكا (Inca) للجوانو الموجود في الجزر المقابلة لسواحل البيرو في تخصيب الحقول المروية في أودية صحراء البيرو(Peruvian) منذ زمن بعيد، لكن الإنتاج هنا يختلف عما هو عليه في جنوب أفريقيا، حيث نفدت كمية الجوانو خلال القرن التاسع عشر. أما في البيرو فإن الإنتاج ما زال تحت الرقابة الحكومية حتى الآن بمعدل تتساوي فيه كمية الارسابات السنوية كمية الإرساب التصدير السنوي، وأن كل طائر مثل طيور البجع (cormarauts , Boobies, Pelocan) ينتج حوالي (45غم) من المخلفات العضوية يومياً. فإذا كان عدد الطيور حوالي (خمسة ملايين) طائر، فإن المعدل السنوي للإنتاج سيكون حوالي(82مليون/ كغم من الجوانو) وهي النسبة التي تتراكم في الجزر (Paulik, 1971) إضافة إلى الأملاح التي يتم الحصول عليها جراء تبخر مياه البحر.

جدول (42) المعادن الرئيسية التي تعدن في الأراضي الجافة للفترة 1979-1983

دول الأراضي الجافة والنسبة المئوية(%) للجفاف	المعادن						
	ذهب للفترة (79-84) (1000كغم)	الماس (1977) صناعي وحجار أخرى 1000 (قيراط متري)	نحاس (1974) (1000طن)	رصاص (1984) (1000طن)	لوكسيت (1984) (1000 طن)	أملاح (73-1984) (1000طن)	خام الحديد (74-1984) (1000طن)
المجموعة (1) 100% جاف جداً	---	---	4,8 موريتانيا	---	4600 السعودية	5820.6	6692
المجموعة (2) جاف (75-99%	17.135 استراليا	4661	289.9	714.9	22506 استراليا	49876	59759
المجموعة (3) جاف (74-50%)	7483579	8033 جنوب أفريقيا	239	37.8	567	2171	11322
المعدل العام مجموعة (1+3)% من إنتاج العالم	765714 (74%)	12694 (34,5%)	533.7 (6,7%)	655.7 (20,1%)	27.673)(34,8%	57869 (35,4%)	77773 (15,5%)
المجموعة (4) جفاف (49-52)%	45,735	746	2644,7	833	5168	50596	116513
المجموعة (5) جفاف (1-24)%	99,170	13558	311907	1020	5856	22268	235
إجمالي الإنتاج (في الأراضي الجافة (%) من العالم	910630 (88%)	26,998 (66,9%)	6298 (78,8%)	2509 (77%)	38697 (48%)	130733 (79,7%)	249765 (85,6%)
إنتاج العالم	1,000,000	40366	8000	3270	79600	163530	502060

Source : statistic Years Book and UN Year Book 1983

مساهمة الاقليم الجاف في المعادن الأساسية:

تساهم دول الأراضي الجافة بنسبة كبيرة من المعادن الأساسية الرئيسة على المستوى العالمي مثل (خامات الحديد والبوكسيت, Buxite، والرصاص) فالدول الموجودة في قلب الأراضي الجافة أو على أطرافها تساهم بحوالي (16%) من إنتاج الحديد يأتي حوالي (11%) من استراليا، في حين تساهم الأراضي شبه الجافة وهوامش الأراضي الجافة بحوالي (70%) من إنتاج العالم من الحديد. أما الاتحاد السوفيتي (سابقا) فيساهم بـ(25%) من هذا المعدن، كما تساهم ثلاث دول في الأراضي الجافة هي المملكة العربية السعودية، استراليا، وتركيا بحوالي (3/1) إنتاج العالم من البوكسيت، في حين تساهم بقية الدول بحوالي (14%) منه، وتساهم استراليا وحدها بحوالي (28%) من الرصاص في حين تساهم بقية الدول (13%) من إنتاج العالم من الرصاص.

وتمد الأراضي الجافة العالم بحوالي(4/3) إنتاجه من الذهب، ومعظمه يأتي من جنوب أفريقيا، ويصل إلى (73%)، في حين تساهم بقية الدول الأخرى الجافة بحوالي (24%). أما إنتاج "الزمرد" فتنفرد به استراليا وتساهم بحوالي (3/2) من الإنتاج، في حين تنتج جنوب أفريقيا حوالي (20%) من الألماس، والاتحاد السوفيتي حوالي(25%) من إجمالي الإنتاج العالمي. الجدول (42)

مشاكل التعدين في الأراضي الجافة

إضافة إلى المشاكل المعروفة التي تواجه العاملين في التعدين في أي مكان من العالم فإن هناك عدة مشاكل جوهرية يمكن أن نجملها في مجموعتين:

الأولى : هي المشاكل التي تنتج عن الموقع النائي، ونقص المعرفة بالمنطقة، وصعوبة الوصول إلى الأراضي.

والثانية : وهي المشاكل الناجمة عن ارتفاع تكاليف التصنيع، والتجهيز في هذه الأراضي.

مشاكل البعد وصعوبة الوصول:

1- التنقيب ونقص المعلومات والدراسات حول مصادر الثروة في الأراضي الجافة:

ظلت معلوماتنا الجيولوجية عن الأراضي الجافة محدودة، حتى تطورت المسوح الجيومغناطيسية الجوية، وتطور النقل بالعربات على الطرق. أما البيانات التفصيلية عن قلب الأراضي الجافة فلم نحصل عليها قبل الـ(30-40 سنة) الماضية، خصوصاً ما اتصل بدول شمالي أفريقيا والجزيرة العربية واستراليا، ومع زيادة معرفتنا بهذه المناطق فقد (Geoffrey Blainey, 1969) [9] ازدادت فرص اكتشاف الترسبات المعدنية، ويشير المؤرخ الاقتصادي، إلى أن اكتشاف المعادن في المناطق الداخلية الاسترالية كان نتيجة للمعلومات عن سطح المنطقة، أن توصل إليها رعاة الأغنام بالصدفة، بعد أن اخلوا مكان سكان استراليا الأوائل (ابريجيتر). فقد تمكن المنقبون في استراليا من اكتشاف الرصاص والنحاس والزنك، والذهب في جبل ايسا (Mt. Isa)، كما استطاع المنقبون عن البترول في السعودية أن يعثروا على مياه كثيرة في طبقات الصخر الرملي الحاملة للماء في الستينات، مما أسهم في إقامة مشاريع الري الحالية.

2- إمكانية الوصول إلى المناجم :

إن اكتشاف المواد الخام في الأماكن النائية من الصحاري، لا يتضمن قيام عملية التعدين، فالتكاليف الناتجة عن نقلها مسافة طويلة إلى السوق تعني ارتفاع أسعارها، كما أن نوعية المواد الخام المستخرجة من الحقول المجاورة للسوق تكون عادة أفضل. ولما كانت الأسواق غالباً ما تكون داخل الأقاليم الرطبة، فإن هذا يعني أن كمية المواد الخام في الأراضي الجافة يمكن أن تكون ذات نوعية عالية، لتعديل ارتفاع الأسعار غير العادية للنقل والتوصيل.

وقد زودت جميع مناجم الحديد التي بوشر العمل فيها في الستينات في شمال غرب استراليا الجاف بطرق للقطارات لربطها بالسواحل، حيث يكرر الخام قبل تصديره إلى السوق الخارجية(خصوصاً اليابان). وتوازي سكة الحديد في استراليا البالغ طولها (400كم) سكة الحديد التي أنشئت في غرب وجنوب غرب أفريقيا، (وذلك لنقل خام الفوسفات إلى الساحل الغربي لأفريقيا). أما في منطقة (بوكرا) في الصحراء الكبرى الغربية، فقد اعترضت الكثبان المتحركة الطريق إلى الساحل، (ناهيك عن المشاكل

الهندسية التي تعترض إقامة طرق الناقلات Conveyer لمسافة (100كم) عبر حزام الخطوط، والتي يكلف إنشاؤها المستثمرين أموالاً باهظة.

3- **العمل :**

يتعرض العاملون في المناجم النائية في الأراضي الجافة لجميع الأخطار الناجمة عن عمليات التعدين العادية، إضافة إلى ظروف البيئة القاسية، ودرجات الحرارة المرتفعة، ومستويات الغبار العالية، لقد وجدت مناجم النحاس المصرية في سيناء قبل حوالي (1000 ق.م) أما في القرن العشرين فقد عرفت المكافآت النقدية، علاوة على الأجور الأساسية وزيادات بدل العمل في الأماكن النائية، الأمر الذي أدى إلى رفع الأجور إلى حوالي (300-500%) مقارنة ما يدفع للعاملين في المناطق الرطبة.

4- **البنية التحتية والصيانة والنقل:**

تتطلب المواقع النائية من المستثمرين القادرين تحمل تكاليف الخدمات الأساسية، ومواجهة التكاليف العالية اللازمة لاستيراد البضائع، وتأمين الخدمات الضرورية للقوى العاملة في الأراضي الجافة وكثيراً ما تقوم عادة "شركة" أو مدينة تعدين منفردة " على خدمة القوى العاملة في تلك المناجم، علماً أن هذه الأعباء لا تكون ضرورية في المناطق الرطبة.

ومن المشاكل الكبيرة أيضا تزويد عمليات التعدين بالماء، إضافة لتوفير الماء المنزلي للعاملين في التعدين، فلم تكتمل عملية تطوير مناجم الذهب في (كالجورلي) غرب استراليا، إلا بعد أن قامت حكومة الولاية ببناء خط من الأنابيب يحمل الماء من أحواض منطقة المرتفعات الساحلية، إلى المدينة، وقد وصل طوله حوالي 562 كم. وكما يستنزف القحط الذي أدى إلى تذبذب سقوط الأمطار الذي أصاب مناطق شبه الجافة الاسترالية التعدينية (فضة، رصاص، زنك) نقص مخزونها من المياه، مما أجبر شركة التعدين على استيراد الماء بوساطة صهاريج محمولة على عربات سكك الحديد لمسافة تزيد عن (100 كم) أو أكثر، ومثال ذلك مدينة (بروكن هل) التي كانت تحتاج إلى ثمانية قطارات يومياً حمولة كل منها حوالي (409 م3) ذلك لسد حاجة السكان الذين وصل عددهم إلى (27.000 نسمة)، وقد حدث ذلك مابين (17 يناير 1944 - 1946).

وهناك مشاكل التصنيع الأخرى التي تواجه المناجم في الأراضي الجافة، فالماء ليس ضروريا فقط لاستعمال العمال، بل نحتاجه أيضاً في طحن الصخور لفصل عروق الذهب في عمليات الغسل التقليدية أو القياسية، كما في الأراضي الرطبة. لقد كانت التذرية الجافة، التي تتم عن طريقها تذرية الصخر المطحون بواسطة تيارات هواء، أفضل الوسائل التي اعتمدت لذلك ، كما استخدم الخشب من اجل بناء (Blaney, 1969)[10] مسارب المنجم ووقوداً للمحروقات التجارية داخل المنجم، وللصهر والاستعمال المنزلي (1969). وفي جميع الحالات فان التكلفة عادة ما تكون أعلى داخل الأراضي الجافة، ومرة أخرى نقول : "لابد للعائدات من أن تكون عالية لتصبح قادرة على تحمل هذه الزيادة في التكاليف".

نماذج من مناطق التعدين:

مناجم النحاس في النقب الفلسطيني

هناك ثلاثة مراكز للتعدين في منطقة وادي عربة حيث كان يحمص الصخر أولا لتركيز المعدن، وبعد ذلك ينقل في حاويات على ظهور بالبغال بالقرب من أم الرشراش، أو ما تعرف الآن بايلات، وقد بني أول فرن للصهر في مركز وادي عربة الذي يعرف بـ(وادي الحدادين)، حيث استعملت الرياح الشمالية السائدة لتعزيز قوة الحر داخل فرن الصهر الذي يحمي بالفحم النباتي. أما العمال فكانوا من العبيد استناداً لما تشير إليه (البركسات) المنيعة، والمعسكرات المتصلة مع كل موقع. وكان المعدن بعد ذلك ينقل بحرا إلى السويس بعد تنقيته ومن هناك يذهب برا إلى الساحل ثم إلى السفن. ويعود وجود منطقة التعدين في (تمنا) في النقب إلى (4000 ق.م) وكان تحت السيطرة المصرية في الفترة(1400 – 1200 ق.م) وفي (1959) أعادت إسرائيل فتح موقع (تمنا) لأن أسعار النحاس في حينه كانت عالية، والحاجة إليه في الصناعات العسكرية جعلت عملية التعدين جذابة، على الرغم من أن الخامات النقية لا تتجاوز (1 – 2%). وكما تم نقل النحاس إلى أم الرشراش (ايلات) بوساطة الشاحنات البرية. وتقوم قوة عمل ذات أجور عالية مؤلفة من حوالي (6000) عامل (وصلت إلى (1000) عامل منذ منتصف السبعينات وبعضهم يسكن في ايلات)، وهذا شبيه بما كان يقوم به العبيد في الزمن الماضي. وقد بلغ الإنتاج

عام 1975 حوالي (900,000 طن) من الصخر، انتج (10,000 طن) من النحاس سنويا بعد التنقية، وكان يتم تصديره إلى بلجيكا، أسبانيا، واليابان. ونتيجة لهبوط أسعار النحاس إلى ما دون (900 جنيه) إنجليزي للطن الواحد بعد السبعينات، فقد تم إغلاق المناجم مرة ثانية (Heath Cot, 1986)[11].

(2) الألماس في ناميبيا:

أدت التعرية الشديدة (في منطقة الفلد العليا شمال جمهورية جنوب أفريقيا) إلى إزاحة مكونات السطح إلى عمق يتراوح ما بين (800-1500م)، مما أدى إلى ترك الصخور الحاملة للألماس مكشوفة بالقرب من مدينة (كمبرلي)، إضافة منطقة الترسبات الفضية على طول الصرف العام-نهر الأورانج - نحو البحر، كما ساعد التيار الشمالي تيار بنجويلا إلى ظهور الأحجار الكريمة على طول خط الساحل في المصاطب البحرية شمال مصب (estuary) نهر الاورانج.

لقد اكتشف الألماس في مدينة (كمبرلي) عام (1860) في سطح الارسابات الفيضية، لكن تكاليف تعدين عروق الخام من الارسابات الاعمق كانت مكلفة، وتكونت الشركات في العشرينات من القرن التاسع عشر، وكانت منها شركة دي بيري(Debeery) التي أصبحت المسيطرة على الإنتاج، وصدرت حوالي (90%) من احتياج العالم للألماس، وبما أن الاكتشاف تم في ارض أميرية، فقد منحت شركة المانية استعمارية حق التنقيب عن الألماس داخل مساحة من الصحراء يبلغ عرضها(160كم) شمالي مصب نهر الاورنج إلى خط عرض (26) جنوباً، مستخدمة عمالة افريقية رخيصة. وقد جرى التنقيب في الرمال السطحية المترسبة فوق المصاطب البحرية، وكان يدار إنتاج الشركة من (برلين Barlin)، وقد حققت ارباحا هائلة خلال فترة وجيزة، إذ بلغت أرباح المساهمين في قمة إنتاج الشركة عام (1914) حوالي(3.800 الف دينار).

ولقد أدت هزيمة الألمان في جنوب غرب أفريقيا أمام قوات (جنوب أفريقيا) عام(1915) إلى السيطرة على مصادره، وشراء عقارات الشركة الألمانية من قبل شركة أنجلو أمريكية في جنوب أفريقيا هي (ارنست اوبنهامير) (Arnest Oppenheimer) إلى دعم الشركة المنتجة الجديدة، ومع زيادة اكتشاف الألماس في مصب نهر الاورنج عام

(1928) تمكنت شركة (Oppen Heimer)من السيطرة على شركة (De Beers) الألمانية، وبدأت السيطرة على إنتاج الماس الذي لا يزال يشكل سوقا قوية لها تأثير في المحافظة على أسعاره حتى الثمانينات من القرن العشرين، إلا أن هذه المناجم تم اغلاقها في أثناء الكساد العالمي(Depression) في الثلاثينات، وأعيد فتحها عام (1935)، بعد أن تم تزويدها بآلات الحفر الضخمة التي استطاعت أن تزيل رمل الكثبان الساحلية من اجل الوصول إلى المصاطب البحرية الموجودة أسفلها. وبلغت نسبة حجم المواد التي تمت إزالتها ومعالجتها لإنتاج الأحجار الكريمة(Gem Stone) حوالي (1:2000) وهي أعلى نسبة تعدين في العالم، وتعتبر مؤشرا لقيمة الأحجار نفسها، ويتم تشغيل حقول الماس بوساطة أضخم معدات الحفر في العالم. وقد تم في عام (1977) إنتاج حوالي (2 مليون قيراط) من الماس، تشكل فقط (5%) من الإنتاج العالمي من الالماس الصناعي والأحجار الكريمة بحيث تشكل (20%) من إنتاج العالم من الأحجار الكريمة (Britten, 1979)[12] ومن "الصحراء لا تأتي الثروة فقط، ولكن تأتي المجوهرات التي تزيننا أيضا.

أهمية التعدين :

على الرغم من ارتفاع مستوى التنمية في قطاع التعدين، إلا أن عمليات الإنتاج لا تزال تجري في الأراضي الجافة، أو تتوسع بازدياد مستمر، ويمكن تقدير حقيقة الأمر بمقاييس بيئية واقتصادية، وعلى عدة مستويات محلية وقومية على المستوى العالمي.

تمثل المناجم المواقع الأولى في الأراضي الجافة للمراكز الأولى لاستخدام المصادر المتاحة بشكل دائم نسبيا، خصوصاً في جبال الصحراء. فهي توفر العمل للرعاة المتنقلين[1]، كما توفر لهم البضائع والخدمات (الصحة والتعليم والخدمات الاجتماعية)،

---

[1] استطاعت شركة ارامكو تشغيل (150,000) عربي، ويساهم الدخل القادم من التعدين والخدمات التابعة لها مساهمة أساسية في الدخل العام على المستوى الإقليمي والقومي، وهذا بدوره يعمل على رفع مستوى المعيشة العام، لهذا اندفع الباحثون عن الذهب من الأراضي الرطبة إلى الأراضي الجافة في الأمريكيتين وجنوب أفريقيا واستراليا، وأصبح بعض من الأرباح التي تجنى من العمليات تمثل رأس المال لمشاريع الاستيطان في المناطق الخاصة والحكومية الطارئه في كل من الأراضي الرطبة والجافة، أما الدول الموجودة في قلب الأراضي الجافة فقد تطورت بعد إنتاج البترول فيها منذ الخمسينيات.

وطرق النقل الجديدة، وفي بعض الحالات فإن كميات من الماء التي تجلب للمناجم تسمح بإقامة زراعة مروية محدودة تدعم السوق المحلية.

مستقبل التعدين في الأراضي الجافة:

إذا كانت الدلائل القديمة تكشف عن استغلال الإنسان للمصادر في الأراضي الجافة، وبالرغم من معرفتنا المتزايدة عن طبيعة جيولوجية الأراضي الجافة الناتجة عن أبحاث البترول، فإن المصادر المعدنية لا تزال في مستوى التخمين بالنسبة للاحتياطات الحقيقية، لاسيما وأن أسعار الخدمات في ارتفاع مستمر. ومما لاشك فيه أن خدمات تعدين الحديد في الأراضي الجافة سيشق طريقه قدما نحو السوق العالمية الكبرى مستقبلا.

وتفوق تكاليف الإنتاج في الأراضي الجافة مثيلاتها في أي مكان آخر في العالم، إلى حد كبير مما جعل الشركات المستثمرة سواء كانت على المستوى الحكومي أو الخاص، تخطط للإنتاج على المستوى الاقتصادي. لذا اتجهت هذه الشركات نحو التركيز على الإنتاج، ولعدد قليل من المشاريع الكبيرة، إذ يطبق عليها نموذج (سكنر،Skinner) في التعدين. وما زالت مؤسسات التعدين تتبع أسلوب التعدين القديم، بحيث لا يزال أصحاب المناجم متضامنين بهدف زيادة الإنتاج، لكن بعدد قليل من العمال. ونظراً لارتفاع تكاليف تطوير التعدين في الأراضي الجافة فمن المحتمل أن تتراجع المبادرات (Venture) الخاصة الفردية ليحل محلها تمويل دولي يزداد بشكل تدريجي، فتزداد سهولة العائدات للأسهم، خصوصا إذا كانت قادمة من خارج الدول الجافة.

وأخيراً فقد أدخل التعدين بعض المفاهيم على استراتيجية دراسة المصادر، فإذا كان التعدين من الأنماط الاقتصادية المفيدة، فإنه في المقابل ما يزال مصدراً للتلوث والتدمير اللذين يؤثران في البيئة المجاورة، وذلك بسبب التركيز على العملية الفيزيو كيماوية من اجل الحصول على الوقود والمعدن المطلوب. يضاف إلى ذلك أن التعدين يمثل عزلة فعلية عن العالم الحي بالنسبة للمزارع، أو الحرفي، أو العالم الروحي، وللأماكن الدينية، أو الجامعة، أو المدينة. وتدمير التعدين للبيئة لا يهتم بالأخطار التي قد تصيب حياة الإنسان هناك، مما يشكل نوعا من الضغوط على البيئة الطبيعية والبشرية.

مراجع الفصل السابع

1. Heathcot (1986), op.cit. p.210.
2. Ibid: p221.
3. Ibid: p. 225
4. Le Houerou, H., (119). "Agro forestry and sylvce pastoralism to combat land degradation in Mediterramem". Desert Reseateh found Alamibia. P. 14.
5. Bromehead, C.N., (1959). Mining and Quarrying, In Singer et. Al. (1956). Vol 1, 558-71.
6. Heathcot (1986), op.cit. p.219.
7. Shrieber, J.F. and Matlock, W.G. (1978), "The Phosphate Industry in North and West Africa", University of Arizona- Tuscan.
8. Brittan, M. (1979), "Discover Namiba" Struik, Cape Town. S. Africa, In Heathcot, 1981, op.cit. p.218.
9. Blainey, G.L. (1969)," The Rush that Never Ended- Melbourne Univ. Press Carlton. p. 312
10. Ibid p. 316.
11. Heathcot (1986), op.cit. p.219.
12. Britten. (1979), op.cit. In Heathcot, p.22.
13. Salesmen, D.C. (1986), "When Nomad Settle" A Process of Sedentrization, as adoption and Respond- McGill, University- J. F. Bergin Publishers- Brooklyn- New York. p.12

14. منصور أبو علي 1980، مرجع سابق- ص 150

15. Clawson M. (et al) (1960), "Land for The Future", Johns Hopkins-Baltimore p. 170, In. Heathcot. 1986. p. 246.

الفصل الثامن
النظام البيئي الاجتماعي
البيئة البشرية والتنمية

أولاً: سكان وعمران

المفهوم الاجتماعي والاقتصادي للمجتمع في المناطق الجافة:

لا يوجد هناك معنى محدد لمفهوم المجتمعات الرعوية في الأراضي الجافة في زمننا الحاضر. وعندما نطلق مصطلح(البداوة)، فإننا نقصد به المجتمع الذي يمارس الرعي كنظام إنتاجي بحت، كما أن البداوة تعني شكلا من أشكال الحركة المؤقتة.

من هنا نرى انه من خلال دراسة هذين العنصرين، والعلاقة بينهما، يمكننا أن نحدد مستوى البداوة في الأراضي الجافة وشبه الجافة، **فالرعي يمثل نظاما إنتاجيا**، إذ تقوم الأسرة بامتلاك وسائل الإنتاج مثل الحيوان والمرعى وتستثمرهما معا. ويمارس جميع أفراد الأسرة النشاط الرعوي من خلال هذا النظام الانتاجي، وقد تتعاون الأسر مع بعضها للقيام بهذا النشاط. من هنا كان لنا أن نعالج موضوع الإنتاج الحيواني الذي تقوم به هذه المجتمعات كموضوع اقتصادي بحت، واعتباره دراسة طبيعية لحقوق الرعي والمرعى، والرعاة وتوزيعهم، وحركتهم في أرجاء الأراضي الجافة كعنصر هام لتوضيح طبيعة هذا الإنتاج.

الحركة: ترجع الأهمية الاقتصادية لحركة البدو، إلى أنها تعطي الجماعات الرعوية فرصة الاختيار المستمر للتغير والإقامة الموحدة، وهي عملية قديمة متوارثة، كما انها الوسيلة الوحيدة التي مكنت الرعاة من تأدية أعمالهم بنجاح، وذلك من خلال ملاءمة متطلبات الحياة الرعوية، وإمكانيات الصحراء، بحيث مكنتهم من إعداد الحيوان الرعوي حسب المتطلبات الموسمية والسنوية لكفاية المرعى.

وقد كان لهذا الأسلوب من الرعي **انعكاسات اجتماعية** أدت إلى تشكيل التطابق الحر للعلاقات الفردية، من خلال التجمع المكاني وتفرقه، كما أن له أثراً على حجم

المجتمعات البدوية وشكلها ومرونتها. لذا نرى أن الحركة والمرونة هما من ملامح المجتمع البدوي، يحكمها نظام خاص يتمثل بحقوق الرعي في المرعى المشترك، وتعني هذه الحقوق مجموعة من المشاكل الاقتصادية لها أثر واضح على التركيب الاجتماعي: وقد أكسبت الحركة والتجوال فئات المجتمع البدوي نوعا من الثقافة البيئية، الا أن هذه الميزة طورت شعور عدم الاهتمام بالملكية والمصادر الثابتة لدى البدو، بحيث اصبح اعتماد البدو على الظروف البيئية المؤقتة جزءا من عقيدة البدوي.(Spooner 1977)[1]

البداوة وحقوق الرعي: تحاول الحكومات في الأراضي الجافة منذ زمن بعيد حصر أعداد الرعاة المرتحلين، وتحديد أماكنهم، ومسارات حركتهم، وذلك من اجل وضع الخطط لتنميتهم وتطويرهم لكنها واجهت مشاكل عديدة، وتمثلت في صعوبة تحديد النطاقات الرعوية، وحقوق الرعي التي تتعدى حدود الدولة وتمتد إلى المناطق الأخرى عبر الحدود. غير أن بعض هذه الدول قد تمكن من ووضع شبه قانون لملكية المراعي، بحيث سمحت لبعض القبائل البدوية بنوع من التصرف بالمرعى، وأبقت حق الملكية بيد الدولة، وتركت لهذه القبائل فقط حق الاستثمار.و يشمل ذلك حق استعمال مصادره المياه(الآبار، والغياض، والينابيع، أو السدود) التي تقع ضمن هذه الملكيات. ويحكم ظروف هذه الملكية قانون يخول من يدخل المرعى أولا حق استغلاله من غير موافقة القبيلة صاحبة الامتياز. وهذا يعني ديموقرطية توزيع الاستفادة من المرعى، وحتى لا يكون المرعى حكرا على مجموعة دون أخرى. أما في الظروف التي يكون فيها المرعى غنيا، وعليه إقبال، فهناك أساليب أخرى تتبع في تقسيمه، تقلل من الزحام عليه، ومن الأساليب المتبعة في البوادي الشرق اوسطية، أن يقوم رئيس القبيلة الذي يرأس مجموعة من العشائر المتنافسة بتقسيم المرعى إلى وحدات رعوية يتفق عليها الجميع، وتعتبر هذه اتفاقية سارية ودائمة، تمكن كل فريق من استغلال المرعى لفترة أو فصل معين من السنة.

و يشير(Barth, 1977) [2] إلى أن تحديد حقوق المرعى هي من المشاكل التي تواجه معظم المسؤولين والمخططين، فالمرعى الذي يمتلكه أفراد من قبيلة أو عشيرة ما يكون لهؤلاء ميزة خاصة. ويضيف(Sweet, 1985) [3] أن الإدارة المشتركة للمرعى بين قبائل البدو وفي أقطار الشرق الأوسط، (تشكل البادية الأردنية والعراقية والسورية

والسعودية جزءاً منها) مبنية على أسس ثابتة، وضمن نظام يحتاج إلى إذن واضح بالدخول إلى المناطق الرعوية. ومن هنا نلاحظ أن حقوق توزيع الأراضي الرعوية في الصحراء وتجميع الملكيات ليس بأيدي الافراد، وانما هي من اختصاص الدولة التي تهدف إلى تحديد مواقع البدو، والحد من التنافس فيما بينهم، وأما تحديد مناطق الرعي أو استغلالها فهي بيد الحكومة المركزية فقط.

وحديثا فقد عملت الحكومة الأردنية على تقييد حركة الرعاة وقطعانهم عبر الحدود، كما أنها جعلت ملكية الأراضي بيدها، وليس للرعاة سوى حق الاستغلال فقط. مما سبق نلاحظ أن تقسيم المرعى، وملكيته من المشاكل الصعبة التي لا تزال تواجه الرعاة والحكومات المركزية.

من خلال اجتماع الباحث مع العديد من رؤساء العشائر في البادية كان الجميع يتذمرون من قرارات اغلاق الحدود، ومراقبتها الشديدة مع السعودية، كما أن البعض كان يريد تسجيل الأراضي له شخصيا.

ثانيا: دواعي الحركة:

يبدو أن السبب الرئيس لحركة البدو بقطعانهم، هو الحصول على مراع جيدة لحيواناتهم، وقد ساعد على ذلك عامل القربى بين بطون وأفخاذ القبائل المتواجدة في أرجاء المنطقة الجافة بوجه خاص، وبين القبائل مع بعضها بعضا عبر حدود الأقسام السياسية. وقد تكون الرحلة ملحة اذا اقتضت الظروف لتأمين ما يحتاجه الرعاة من الأعلاف، أو اذا كانت هذه الأعلاف بأسعار زهيدة، و هذا عامل قد يدفع البدو للحركة عبر الحدود لتوفر أسعاراً عالية عند بيع حيواناتهم ومنتجاتها، وذلك للوصول لاعلى مكسب بأقل التكاليف.

لقد أدى التفاوت البيئي النسبي في مناطق الصحراء من حيث خصوبة التربة، أو توفر مصادر الماء للرعاة وقطعانهم، إلى حالة تجعل الرعاة في تجوال مستمر بحثا عن الظرف الأفضل. وعلى هذا الأساس قسموا مراعيهم حسب الظروف المناخية-الأمطار- فهم يقيمون بالقرب من المراعي الجيدة ووفرة المياه، حتى إذا زالت هذه المصادر، تحولوا إلى أماكن أفضل منها، لكن هناك ظاهرة مفادها انه مع زيادة السكان المستقرين

في منطقة معينة لا يعني أن المنطقة ذات ظروف رعوية جيدة، بل على العكس فان هذا يعني تناقص المساحات الرعوية وتناقصاً في مصادر الماء، وهنا تصبح المراعي أمكنة نادرة يتجمع فيها الرعاة وقطعانهم. وهذا بالتالي يعني أن انتشار الرعاة بحيواناتهم يمثلون الوضع الرعوي الجيد وان مساحات المراعي تكون واسعة. ويذكر(Musil, 1902) أن رئيس قبيلة "الرولة" قال له: "انه اذا توفر المرعى فان الماء الموجود غير كاف لإعالة القبيلة، وحيث يوجد الماء ، قد لا تتوفر المراعي الجيدة".

ويحاول الرعاة عادة التغلب على عدم انتظام هطول الأمطار أو قلتها-عن طريق استغلال مناطق رعوية واسعة جدا بشكل كاف، للتغلب على أثر توزيع الأمطار الجغرافي والسنوي، أو الفصلي غير العادل، إذ في مثل هذه المراعي الواسعة يجد الرعاة المراعى والماء لقطعانهم على مدار السنة. وهذا ما يضعنا امام حقيقة مفادها أن العوامل المناخية هي التي تتحكم في حركة الرعاة، حيث تزداد مساحة المرعى على الرغم من شح نباته الطبيعي بسبب قلة الامطار، وبذلك تتسع حركة الرعاة والقطعان. اما في ظروف الأمطار الجيدة فنجد أن مساحة المرعى قد تكون صغيرة، وقد لا تجبر الرعاة وقطعانهم على الحركة لمسافات واسعة وطويلة، كما يمكن أن تساعد على قيام حياة زراعية من الحبوب. وهذا يلاحظ في معظم مناطق الساحل الإفريقي جنوب الصحراء الكبرى وصحار استراليا وآسيا، وما الغارات البدوية على الأقاليم المجاورة الأوفر حظا من حيث الرطوبة الا ضربا من هذه الحركات التي يكون سببها الجفاف. "فمساحة المرعى ليست مقياساً لجودة المرعى، ولا تعني زيادة المساحة الرعوية أنها ذات قيمة اقتصادية أفضل. لكن جودة المرعى تقاس بانتاجيته وقدرته الرعوية التي تؤثر فيها طبيعة الظروف المناخية من حيث التربة والأمطار والحرارة .

تحدد الأمطار وكميتها مدى الرحلة الموسمية ،فقد تصل رحلة الأغنام الى(150كم)سنوياً، أما رحلة الجمال فقد تكون أطول من ذلك بكثير، وقد تزيد عن (500كم)، فرعاة الإبل من قبيلة (الرولة) يتجولون بقطعانهم من (الأزرق) حتى (الجوف) في المملكة العربية السعودية وهي مسافة قد تصل إلى (800كم)، ويضطر الرعاة في هذه الحال إلى تشكيل تنظيمات كبيرة، بحيث قد يصل عدد الرعاة حوالي (35000رجل) وهذا

بالتالي ينعكس على حجم المرعى فزيادة حجم القبيلة يجعل من السهل السيطرة على مساحات رعوية واسعة والعكس صحيح [4].

تنظيم الرحلة وطول الرحلة:

تلتزم معظم القبائل بنظام محدد للرحلة وذلك حسب نوعها واتجاهها ،ويحدد هذا النظام سلطة مركزية يمارسها رؤساء القبائل، فرعاة الأغنام يتحركون من المنخفضات إلى السهول والمرتفعات، في حين نرى القبائل التي تتحرك نحو السهول والمنخفضات تفتقر إلى هذا النظام، وتكون السلطة المركزية أضعف من السابقة،وذلك بسبب مرونة الحركة وشح المراعي في هذه المناطق. ومع ذلك يبقى هنا تشابه بين التنظيمات السياسية والاجتماعية -كما ورد سابقا- بسبب روابط القرابة، وديموقراطية اختيار القيادة. تبدأ الرحلة اليومية عادة ليلاً تحت ضوء القمر ليستقر الرعاة وقطعانهم عند الفجر، وقد تستمر إلى ما بعد الفجر بقليل، تحاشياً لقسوة الحرارة عليهم، وعلى ماشيتهم، وعادة ما تكون فترة الرعي في الصباح والمساء.

تختلف المسافة التي يقطعها الرعاة وقطعانهم (وهي شيء بالغ الأهمية) من سنة لأخرى، ومن قبيلة لأخرى. وتتوقف المسافة التي تقطعها القبيلة في رحلتها على ظروف المرعى -كما مر سابقاً- وعلى كمية الأمطار في تلك السنة. فقد تكون الرحلة قصيرة تتراوح ما بين (150-250كم) في السنة، وهذا ما ينطبق على الرحلة التي يقطعها الرعاة من الأودية إلى المرتفعات (الوادي والجبل) وبالعكس . في حين تطول الرحلة عندما تكون داخل البادية، وتمتد عبر الحدود السياسية للدول المتجاورة. والجدير بالذكر أن طول الرحلة له أثر على الأسرة، وما تحمله معها من خيام ولوازم معيشية أخرى لتتمكن من الاستمرار في رحلتها الطويلة.

الهجرة ونوع حيوان الرعي :

يحدد نوع حيوان الرعي وتركيبه وظروف البيئة الصعبة نوع الهجرة وطولها فرحلة رعاة الجمال أطول من رحلة رعاة الأغنام، لأن الجمل يستطيع تحمل خشونة المرعى، وظروفه الجافة اكثر من الأغنام، حيث يستطيع أن يرعى في أشد المناطق

جفافا وفقرا، والابل عادة ترعى في أطراف الصحراء وقد تتوغل إلى قلبها. في حين تربى الأغنام في المناطق القريبة من سفوح الجبال الأكثر رطوبة، والأقرب إلى مراكز العمران، وذلك لأنها لا تحتمل قسوة الجفاف.

ويحدد نوع الحيوان نظام الهجرة، لان كل نوع من القطعان يتجه نحو الأعشاب الحولية(Annual) التي يستسيغها. فالأغنام والماعز، التي لا تحتمل درجات الحرارة العالية، يمكنها أن تتكيف مع مناخ معين، وذلك في ظروف توفر الماء فقط وهذا ما يدفع الرعاة لتحديد مواقع مراعيهم، بحيث تكون هذه المراعي قريبة من مصادر المياه(الآبار، البرك، الينابيع). وفي حالة نضوب هذه المصادر فهم مضطرون للمخاطرة بالحركة نحو مصادر أخرى، ولو كانت بعيدة، على أن تعود إلى المناطق التي تركتها في السنة القادمة.

يتحرك الرعاة عادة من المناطق الجبلية المرتفعة نحو السهول والمنخفضات، حتى اطراف الصحراء، ويمكثون في منازلهم المؤقتة، أو في خيامهم وسط البادية، لقضاء فصل الشتاء البارد، حيث يتوفر لقطعانهم العشب اليانع الذي ينمو بعد زخات المطر الأولى في فصل الخريف، وهذا العشب وما يحويه من عصارة، يقلل من احتياج الحيوان للماء في هذه الفترة من السنة، كما تقل عملية التبخر، وتتوافر مياه الأمطار في الحفر والخبرات وآبار الجمع في المرعى، كل ذلك يعمل على توقف القطيع عن الحركة.

اما في فصل الصيف فتتجمع القطعان حول الآبار، ومصادر المياه الأخرى، وقد تتجه نحو المناطق المرتفعة للوصول إلى مناطق اكثر رطوبة وأغنى عشباً، نجد في المقابل رعاة الإبل ينتشرون دائما في قلب الصحراء، لكنهم في فترات الجفاف وخصوصا في فصل الصيف يتجهون نحو مصادر المياه الدائمة بسبب شحها، أو نضوبها في مواقعهم، وقد تكون رحلتهم نحو المناطق النائية الحدودية، أو قد يعبرون الحدود [5].

من هنا كان لنا أن نحدد حركة الرعاة بنظامين يشكلان النهج الأساسي للرعي في صحار الشرق الأوسط هما:-

أولا: حركة الرعاة العمودية (رعاة الأغنام والماعز)

ثانيا: حركة الرعاة الأفقية (رعاة الإبل).

و فيما يلي دراسة موجزة لكل من هذين النظامين:

أولا: حركة الرعاة العمودية (رعاة الأغنام والماعز):

تشمل هذه الحركة ثلاثة أنواع فرعية وهي كمايلي:

- **حركة متذبذبة Oscillatory**
- **حركة متقلصة(محدودة) Constricted**
- **حركة واسعة Amplitude**

الحركة المتذبذبة:

يستفيد رعاة الجبل في حركتهم العمودية المتذبذبة من التنويع في مراعيهم، ومصادر الماء في المناطق الجبلية. ويضطر الرعاة لاستغلال مناطق ذات ارتفاعات متنوعة في أثناء السنة وذلك بحثا عن انسب المراعي واغناها لحيواناتهم، لذا فهم يقضون السنة ما بين الأودية والمرتفعات، وهذه الهجرة تأخذ عدة أشكال من حيث المسافة التي يقطعها الرعاة، أهمها مايلي:

أ. رعى متنقل محصور.

ب. رعى واسع محدود.

ج. رعى متنقل معقد.

تبدو حركة الرعي العمودية واضحة في المناطق الجبلية الرطبة أكثر مما هي عليه في الأراضي شديدة الجفاف، لهذا أطلق على الرعاة في هذا القطاع من الأراضي الصحراوية (رعاة الجبل)، لأنهم يتحركون بقطعانهم صيفاً باتجاه المرتفعات.

ويربي الرعاة في أطراف الصحاري شبه الجافة الأغنام، والماعز، وقطعاناً صغيرة من الأبقار البلدية. وهم يتميزون بالشجاعة، والأقدام، وتحليهم بالنزعة العسكرية، ويبقون في المرتفعات وسفوح الجبال طيلة فترة الصيف. وما أن يبدأ فصل الشتاء حتى يأخذون في العودة إلى وسط الصحراء، حيث توجد مضاربهم، ومنازلهم المؤقتة، وقد يبتعدون البعض عن منازلهم ويدخلون الدول المجاورة، ولكن الرحلة التي يقطعونها في حركتهم هذه ليست طويلة. ويتخذ الرعاة عادة طرقاً ومسارات تقليدية عبر الأودية والشعاب الجبلية، أو الخوانق الصخرية، حيث تجد القطعان ما تحتاجه من أعشاب ما زالت رطبة في هذه الطرق [6].

وهنا يقوم رئيس القبيلة بتعيين مكان المرعى والإقامة، بالاتفاق مع السلطة الحكومية، وهذا يتطلب رئيسا قويا لوجود قبائل رعوية كثيرة تتنافس على أماكن الرعي، والجدير بالملاحظة أن معظم الرعاة يهجرون مضاربهم التي تتوزع بشكل متناثر في جميع أرجاء الصحاري في فترة الصيف، ويعودون إليها لقضاء فترة الشتاء، سالكين الطرق نفسها التي كانوا مروا بها من قبل.

حركة متقلبة:

تحدد الظروف المناخية حركة القطعان سواء أكانت حركة واسعة أم ضيقة. ففي السنين الجافة المتتالية يضطر الرعاة إلى أن يتوقفوا عن الحركة إشفاقا على قطعانهم الضعيفة.و لكن اذا لم يكن من الحركة بد، يقوم الرعاة بالتحول إلى مراع بعيدة، ولو سبب ذلك إرهاقا وضعفا للماشية. ولكن قبل التوجه إلى مثل هذه المراعي البعيدة يجب التأكد من وفرة أعشابها، وحالما تسنح الفرصة للعودة إلى المراعي السابقة لا يتردد الرعاة في العودة إليها.

حركة واسعة:

وهناك نوع آخر من الحركات الرعوية يصعب تصنيفها، لأنها لا تلزم نفسها بسلوك طرق معينة. وهنا يختلف طول الحركة السنوية من سنة إلى اخرى، فهناك عشائر تتحرك مسافات واسعة وأخرى تتحرك مسافات قصيرة ضيقة. وبهذا فإن تصنيف الرحلة غير محدد لأنه تعتمد على التعميمات.

حركة رعاة الإبل الواسعة الأفقية:

نعني بالرعي الأفقي، الحركة المستمرة طوال العام، والقطعان(الإبل) تتحرك في مساحات واسعة من الصحراء لدرجة أن بعضها مثل رعاة الرولة"1" يجتاز في حركته عدداً من الدول المجاورة حيث يعبر الحدود السورية والاردنية والعراقية. والبعض الآخر يكون حركته داخل حدود الاردن، وتتحرك من المنحدرات الغربية نحو الهضبة الوسطى، وقد تعبر وادي سرحان، وترجع جنوبا حتى الحمادة الحصوية، وتعود إلى مركز تواجدها في زيزياء، وذلك من اجل الاستفادة من الاختلافات الأفقية لتوزيع المراعي.

وتتراوح فترة التجوال ما بين متوسطة إلى طويلة، معتمدة على ظروف تساقط الأمطار، وعلى مساحة المرعى ونوع حيوانه الذي يكون عادة من (الإبل) التي تتحمل مشقة الرحلة وظروف الجفاف. واهم القبائل التي تمارس هذه الرحلة هي الرولة وبنو صخر،و الحويطات، ويربي بعض من هذه القبائل الأغنام إضافة إلى الإبل، والتي تمثل الدخل السنوي للبلد، وتتميز الفصيلة في هذا النوع من الرعي المتنقل بالتجمع حول الآبار في أثناء فصل الصيف الجاف، وملكية هذه الآبار ملكية مستديمة للقبيلة، وهنا تحترم حقوق التملك، وعلى الرغم من ذلك يجب حمايتها، لكن قد يسمح لبعض القبائل أستعمال هذه الآبار بعد أن يؤذن لها من صاحب البئر.

وعندما تبدأ فترة الأمطار، يتحرك الرعاة من المناطق التي كانوا بها في الصيف إلى المراعي الشتوية التي تتواجد فيها مضاربهم الدائمة، وتتغذى القطعان على الحوليات التي تنمو بعد أول زخات المطر الأولى. وفي هذه الفترة يستفيد الرعاة من مياه الأمطار التي تجتمع في الحفر والبرك والخبرات، وقد يحولون بعضاً من هذه المياه نحو آبار حفرت لجمع مياه الأمطار.

وحتى في هذه الفترة قد يتحرك الرعاة بقطعانهم، على الرغم من وجود الكلأ في مضاربهم، وعن الحركة هنا هو الرغبة في المحافظة على الأعشاب، وإتاحة الفرصة للأعشاب المرعية لتنمو مرة ثانية، لتخزينها في فصل الصيف، عندما يعودون إليها بعد حركتهم نحو مراع أخرى قد تكون خارج مناطقهم، وقد تكون الهجرة أحيانا نحو مناطق اكثر جفافا، نرى ذلك عندما تتحرك قبيلة الرولة نحو صحراء الدهناء في شرق المملكة العربية السعودية وشرق الأردن، وتبدأ العودة إلى آبار المياه في فترة الجفاف في السنين ذات الأمطار الشحيحة. وقد تمكث بعض القبائل في مناطق جافة متحملاً شدة الجفاف، وشح الامطار، والبعض الآخر قد يتجه نحو مراع أكثر لاطالة فترة الرعي الشتوي.

الاستقرار كظاهرة اجتماعية اقتصادية:(Sedentrism)

يعني الاستقرار التغيير في طريقة المعيشة، من البداوة التي تتميز بالحركة المتواصلة إلى حياة اكثر استقرارا تتمثل بالحد من حركة الرعاة وقطعانهم، وما ينتج عن ذلك من انعكاسات اقتصادية واجتماعية.

ويعني تغير أسلوب الممارسات الحياتية اختياريا، وهو مكتسب لا يمكن الرجوع عنه، وقد يعتمد هذا على التوجيه، وعلى المستوى الحضاري للمجتمع المستقر. **ويتميز الاستقرار بأنه تغير ثقافي، واجتماعي، اقتصادي متفاوت أما الوضع المطلق فيعني هنا أن اية ظاهرة تكون ذات مميزات خاصة معروفة وذات أبعاد معينة، لكن عند دراستها قد تختفي كليا، لتظهر بطبيعة وظروف جديدة تختلف عما كانت قبل دراستها.**

ومن الصعب تحديد الوضع الاجتماعي الثقافي لهذه الجماعات، ويعود ذلك لمرونة هذه الظاهرة، وتغيرها، وتكيفها. ومن هنا نرى أن المجتمع يبقى ظاهرة منفردة ذات نظام متكامل، وان المجتمع الحالي لهؤلاء البدو وحدة معقدة التركيب، ذات ممارسات متنوعة تتمثل باختيارات متعددة، من السلوك والتنظيم، تتفاوت في تأثيرها على الأفراد، لأنها تمارس دفعة واحدة وفي وقت واحد. من هنا نرى أن استقرار الجماعات التي تقطن الأراضي الجافة يكون بانتقال الجماعات الانتقال بالجماعات البدوية من مجموعة من المتغيرات الاجتماعية ذات انعكاسات على الاقتصاد المعيشي، إلى مجموعة أخرى تختلف عن الأولى شكلا ومضمونا. ويتم ذلك عن طريق"تقليل الاهتمام بمجموعة من الأساليب المتبعة والمألوفة لتنشيط مجموعة أخرى من الأساليب نريد أن نجسدها، وفي عملية مستمرة".

اما تكرار التغير في المجتمع فهو أمر غير وارد، ولكن ولأن هناك ظروفاً وتحديات جديدة تحدث، فان المجتمع لا بد أن يستجيب لها. مثلا اذا كانت تتحكم في مجتمع مجموعة من السمات التي يمكن أن نرمز إليها(أ ،ب)و (ج)، وكان المجتمع يمارس نشاطا معينا في منطقة معينة، فان استجابته للظروف الجديدة تبدأ عند العنصر(ج) ويتجاهل (أ، ب)، لاعتبار العنصر(ج) هو همزة الوصل بين الظروف السائدة السابقة، والظروف الطارئة الجديدة والتي يمكن أن نرمز إليها ب (د، هـ،و)[7].

اعتبارات أولوية في الاستقرار: لما كانت (البداوة) تعني حركة الأسرة البدوية من خلال نشاطها الاقتصادي على مدار السنة، فان البداوة تشمل المجتمعات التي تكون فيها الأسرة هي محور الحركة، وليس الفرد أو مجموعة افراد من الأسرة، من هنا يمكن

القول أن تحديد الحركة كاسلوب من النشاط الاقتصادي يعني وقف البداوة في المجتمع الذي تمثل الحركة صلب نشاطه الاقتصادي [8].

وعلى هذا فالاستقرار يعني ثبات موقع الأسرة الرعوية من خلال نشاطها الاقتصادي على مدار السنة، من هنا فالتوطين(Sedentrization) يعني وقف حركة المجتمع البدوي، قسراً إما بالترغيب أو بالترهيب. ومن هنا نجد أن عملية الاستقرار يجب أن ترتبط بعدد من الظروف التي تتحكم في المجتمع البدوي وهي ليست اقتصادية بحتة، بل تشاركها عدة عناصر أخرى نفسية واجتماعية. وتكون عملية التوطين خارجة عن القوانين الصارمة المحددة، وتعتمد في تطبيقها على اسلوب التجربة والخطأ، مثل التعرف على أهداف حركة البدو وعلى مساراتها وتكرارها أو الهجرة الموسمية وغيرها.

فالاستقرار إذا يجيب على عدة استفسارات تتعلق بالوضع البيئي والثقافي والنفسي- وعوامل أخرى إضافة إلى الوضع الاقتصادي. وفيما يلي دراسة لبعض العوامل المؤثرة في عملية الاستقرار وهي:

1. **العامل البيئي(الجفاف) Drought and Decline**
2. **العامل النفسي والاجتماعي Defeat and decradation**
3. **العامل الاقتصادي Econmic Failure**

1. **العامل البيئي الجفاف:** يمثل هذا النموذج، تحول الرعاة المتنقلين بقطعانهم من حرفة الرعي إلى الزراعة والاستقرار. فإذا حدث وتعرض الرعاة وحيواناتهم لخطر التقلبات المناخية المتطرفة- وهذا ما يحدث كثيرا في مجتمع البادية - التي كثيرا ما تنتهي بهلاك القطيع، أو نفوق عدد كبير منه لعدم توفر الماء والكلأ حيث يفقد الرعاة قاعدتهم الاقتصادية المعيشية، مما يدفعهم إلى التخلي عن حرفتهم الأصلية والتحول إلى الزراعة في القرى الزراعية المجاورة، بحثا عن عمل يؤمن لهم سبل العيش، وبذلك يتركون حياة البداوة، ويتجهون إلى الاستقرار طوعاً. هذا ما نلاحظه في مناطق متعددة في البادية الأردنية (سما السرحان المغير، الصرة، الجفور)، كذلك في وسط البادية بالقرب من مادبا والحسا في المنطقة الجنوبية، بالقرب من (معان). وهذا

ما لاحظه الباحث في أثناء زياراته المتكررة لمناطق البوادي العربية. ولم يقتصر عمل الرعاة فقط على الزراعة بل اتجهوا إلى أعمال أخرى مثل الانخراط في سلك الجندية، وقطاع الخدمات الأخرى.

2. **العامل النفسي والاجتماعي:** من المميزات الشخصية للرعاة والتي اكتسبوها خلال حركتهم، وحياتهم القاسية، وتحملهم أعباء حماية القبيلة والقطيع، روحهم العسكرية العالية. وقد زاد من ذلك تعلمهم الفروسية، إضافة إلى صراع القبائل مع بعضها بعضاً من اجل السيطرة على مصادر الماء والمرعى، حيث يسيطر القوى على المرعى ويتجه الضعف إلى حياة بعيدة عن المنطقة تكون اكثر استقرارا، وهنا يمارس الرعاة حرفة تختلف عن الرعي هي حرفة الزراعة.
3. **العامل الاقتصادي:** أدى ارتفاع مستوى المعيشة الحالي، وتطور الأساليب المعيشية في قطاعات المجتمع القومي الأخرى، كما هو الحال في القطاعات التي تمارس الصناعة والتجارة أو الخدمات الاخرى إلى عدم قدرة الأسرة البدوية على مواجهة متطلبات الحياة الحديثة، باعتمادها على حرفة الرعي التقليدية، مما جعل الرعاة يشكلون قطاعا فقيرا اذا ما قورن بالمستوى العام للمجتمع في الدول الحالية، لهذا نرى أن العديد من الرعاة، وأصحاب القطعان يتجهون إلى حرفة جديدة تتمثل في الزراعة، وقد ساعدهم في ذلك حفر الآبار الارتوازية في المساحات الرعوية، فتحولت مساحات شاسعة من المراعي إلى أراضٍ زراعية. أما البعض الآخر منهم فقد ذهب إلى المدن الكبرى، للعمل في قطاع الخدمات كعاملين غير مهرة. وقد كان لهذا الموضوع أثر على توازن قدرات المرعى المحدودة والثابتة ومن الرعاة من بقي يمارس حرفة الرعي. وقد هيأت حرفة الزراعة الحديثة للعديد من رؤساء العشائر فرصة العيش في المدن الكبرى، وادارة إقطاعياتهم ومزارعهم عن طريق تأجير عمال زراعيين لممارسة هذه الحرفة الجديدة[9].

المسكن الصحراوي:

يعتبر المسكن الصحراوي ظاهرة جغرافية، واقتصادية، وانعكاس صادق لظروف البيئة والمجتمع. ولما كان يعتمد على الملائمة بين الظروف الاقتصادية

والاجتماعية وبين البيئة في تحديد وجوده. ونراه يختلف من بيئة، لأخرى حتى ضمن المنطقة الواحدة. والسكن الثابت في البوادي نتاج تطور استغرق فترة طويلة من الزمن، وقد ارتبط بزيادة الموارد الطبيعية، وزيادة مقدرة الفرد على استغلالها.

ويمكن تقسيم المسكن إلى نوعين:

1. **المسكن المتنقل - الموسمي.**
2. **المسكن الدائم - المستمر.**

السكن المؤقت الموسمي:-

يسود هذا النوع من السكن متاخم الصحراء، ويسكن فيه مربو الماشية الذين يعيشون حياة الترحال والتنقل، أو العاملون في قطاعات متممة لعملية الرعي. أما البيت هنا فهو الخيمة المصنوعة من شعر الأغنام أو من وبر الجمال، يضاف إليها بعض المساكن المبعثرة المبنية من الإسمنت والطوب والتي تسكن في فترات الخصب والخير، وتكون متنقلة، بحيث يمكن تغيير مكان المبيت في الأسبوع اكثر من مرة. اما أطوال هذه البيوت فهي تختلف من فرد لآخر وذلك حسب المكانة الاقتصادية والاجتماعية للفرد فالبيت عندما يكون كبيرا، وقائما على الأعمدة يكون صاحبه ذا شأن، ومكانة عالية، وتصل أبعاد هذا البيت إلى 10م طولاً 3م عرضاً ويرتفع إلى ثلاثة أمتار. اما بقية البيوت فلا تتجاوز 3× 2× 2م على التوالي.

مادة البناء:

ذكرنا سابقا أن معظم البيوت التي تسكن هي من الخيام، تنسج من شعر الأغنام أو وبر الجمال، وهي تتميز بسهولة حملها وإقامتها، هذا إضافة إلى المجمعات السكنية الحديثة التي تبنى من مادة الاسمنت أو الطين. وقد أخذت تتناقص بيوت الشعر(الخيام) بعد أن تطورت وسائل المواصلات بحيث أصبحت السيارات يمكن أن تنقل الرعاة من سكناهم في القرى القريبة من المرعى إلى المرعى يومياً[10].

في هذا الوضع حيث ترتفع نسبة البيوت المبنية من الإسمنت والطوب في معظم الصحار، فوصلت إلى حوالي النصف، في حين تأخذ هذه الظاهرة بالزوال كلما اتجهنا

داخل الصحاري. فتأخذ البيوت شكل مساكن مؤقتة مصنوعة من الطين والتبن وبجانبها بيوت الشعر(الخيام)، وتمثل هذه الظاهرة نسبة عالية من إجمالي عدد البيوت هناك، وتقام هذه البيوت دائما حول الينابيع أو آبار الجمع(مياه الأمطار)، أو البرك الطبيعية. أما الخيام فهي البيوت التي ينفرد بها الرعاة المتنقلون مع قطعانهم، وهذه الظاهرة آخذة في الاضمحلال بعد أن تطورت وسائل النقل، التي عملت على سرعة حركة القطيع من مرعى لآخر. وهكذا تمكن أصحاب من الانطلاق الأغنام من بيوتهم الثابتة، والعودة إليها آخر النهار، دونما حاجة إلى البقاء في المرعى بعيدين عن أماكن سكنهم، ومع هذا ما زالت نسبة من الرعاة تسكن الخيام، وخصوصا في الفترة الرطبة من السنة، حيث يكون القطيع متوغلا داخل البادية شرقا.

المسكن الدائم: المدن في الأراضي الجافة(الواحات):

من المثير أن نرى مدنا كبيرة داخل الأراضي الجافة تعاني من تدني إنتاجية الوحدة الزراعية. وتخلخل في الكثافة السكانية، ونقص في الماء، والمواد اللازمة للإنشاءات. حيث بلغ عدد هذه المدن حتى الربع الأخير من القرن العشرين حوالي(89) مدينة، يزيد عدد سكانها عن(100.000)نسمة. في حين تقوم (37) مدينة منها حول الواحات داخل الصحار و(9) منها يزيد عدد سكانها عن عشرة ملايين نسمة مثل(القاهرة، وكراتشي، وطهران، وليما، والإسكندرية، ولاهور، وفونكس). بعض هذه المدن يعد من المدن الأولى في التاريخ البشري من حيث القدم والمكانة السياسية كالقاهرة وطهران. وتفسر بداية قيام هذه المدن ووظائفها طبيعة تنوع العوامل المختلفة التي أدت إلى إنشائها، وقدرتها على توفير السكن الملائم للمعيشة في مثل هذه البيئة الصعبة(Heath, 1987)[11].

البيئة السكنية:

نتيجة للظروف البيئية والاقتصادية التي أشرنا إليها سابقا، نجد عدداً قليلاً من المراكز العمرانية مبعثرة داخل الصحار المترامية الأطراف. ويعود ذلك إلى أن مساحات كبيرة من الأراضي الجافة إما أن تكون غير منتجة، أو أن الواحات الزراعية

والصناعية ذات مردود إقتصادي متدن. وحيثما تقوم المراكز المختلفة في الأراضي الجافة، بالمقارنة مع المراكز داخل البيئات الرطبة المنتجة فإن لهذه المراكز وظائف محددة، تبدو مرتبة ضمن نظام من الخدمات يتسلسل هرمياً. كما أن التوزيع المكاني للمراكز العمرانية في الأراضي الجافة، يختلف عنه في الأراضي الرطبة. ففي حين أمكن تطبيق نظرية(كرسيتلر،Christler) التي تقوم على نظام التوزيع الهرمي لمنطقة المركز في جنوب ألمانيا وبقية أوروبا، إلا أنه لم يحدث تطبيقها في المدن الجافة في حين تتوفر الإمكانية الكافية لإعالة السكان المستقرين في هذه المراكز العمرانية إذا تم توزيعهم داخل الأراضي الزراعية باتزان.

وتعكس أنماط المراكز العمرانية في الأراضي الجافة اتجاهات متباينة من حيث السيطرة على الفضاء في هذه الأراضي. ففي كثير من الأحيان لا تخدم المراكز العمرانية الا سكانها فقط وبشكل محدود. كما قد لا تكون هناك علاقة قوية بين المراكز العمرانية المتباعدة كالخانات والاستراحات، والواحات، ومدن التعدين، ومراكز التجارب العسكرية.

و هناك الجهد النفسي الذي ينبغي أن يراعيه واضعوا تصاميم المدن، والذي يتمثل بتعرض الإنسان إلى الأشعة الشمسية لفترات طويلة، وكذلك هناك خطر الرياح الجافة، والتي ترتبط بها كهرباء ساكنة لها آثار سيئة على صحة الإنسان. فرياح الخماسين، ورياح سانتا انا التي تصل سرعتها ما بين(40-80كم/س)، تحمل معها الجفاف، وترفع درجة الحرارة التي تضايق الإنسان إلى درجة الانتحار كما هو الحال بالنسبة لرياح سانتا انا في كاليفورنيا وكذلك مدينة(ومير Woemere) الأسترالية التي كانت مركزا لمنظومة الصواريخ العسكرية والتي شهدت أوج ازدهارها في أواخر الخمسينات، وفيما بعد تطورت لتصبح مركزا للترويج، وبيع السلع الضرورية للمتنزهين، وكمراكزاً للخدمات الصحية والاجتماعية.

أما ميناء إيلات (أم الرشراش) على خليج العقبة، فقد أنشيء على أسس استراتيجية بحتة بعد عام(1948م) باعتباه منفذاً على البحر الأحمر الذي يتحكم بتجارة الشرق الأقصى. في تلك الفترة لم يكن هذا الميناء ليوفر أكثر من الماء، وبعض الخدمات الاجتماعية للسكان الذين بلغ عددهم في ايلات عام(1975م) حوالي(15.000) نسمة،

وأصبح فيما بعد منتجعا هاما، بخاصة بعد فترة السلام مع مصر- ويستقبل حاليا ما يزيد عن(370.000)نسمة سنويا، على الرغم من أنه يعتمد على المساعدات الحكومية بشكل مستمر(Heath, 1987) (12). وكذلك الأمر بالنسبة لميناء العقبة الذي يعتبر المنفذ الوحيد للأردن وبعض الدول المجاورة كالعراق في فترة الأزمات الدولية.

طبيعة مواقع المدن في الأراضي الجافة:

يتسم الموقع الدقيق للمدن في الأراضي الجافة بأنه وضعاً خاصا ثابتاً، ويستمر لفترة طويلة، وهذا يعكس مدى محدودية المواقع الممكنة لإقامة المدن عليها، لذا تعتبر مدينة أريحا الفلسطينية والتي تقع ضمن الإقليم الجاف، من أقدم المواقع العمرانية التي سكنها الانسان بشكل متواصل ومستمر، وقد أدى انتشار الينابيع، والمراوح الغرينية الممتدة على جانبي وادي الأردن إلى إمداد السكان بالماء، والمنتجات الزراعية، كما كانت من العوامل المهمة التي أدت إلى استقرار الناس في المنطقة. ويمكن تطبيق هذا الوضع على مناطق أخرى في العالم، مثل شمال إفريقيا، وجنوب غرب آسيا وأواسطها، حيث قامت مدن كثيرة بالقرب من المراوح الفيضية(alluvial fans)، التي تتوافر فيها المياه على مدار السنة، وكذلك التربة الخصبة التي تقوم عليها الزراعة المروية.

ويعكس التاريخ الطويل لسكن الإنسان في أطراف الإقليم شبه الجاف، كما هو الحال في منطقة الهلال الخصيب (fertile crescent) الممتد من مصر حتى بلاد الرافدين، انتشار آلاف المواقع الاستيطانية القديمة المعروفة. يستدل على ذلك تلك المواقع الأصلية من تراكمات بقايا الاستيطان القديم التي تشكل الآن تلالا من المخلفات البشرية التي ترتفع إلى عدة أمتار. وتظهر حول هذه التلال المستوطنات الحديثة، وهذا ما يبدو واضحا من الآثار الموجودة في أريحا في فلسطين والعراق(Heath, 1987) (13).

وكما هو معلوم فإن لدرجات الحرارة العالية قدرة على التحكم في وضع التصاميم الهندسية الخاصة، بحيث أصبحت هذه المدن تخدم ظروف البيئة الإيجابية، مثل الإقلال من العبء الحراري على جسم الإنسان، عن طريق الاستظلال، وإيقاف الجفاف الجسمي الذي يعني فقدان الجسم للماء، عن طريق التعرق الذي يصل أحيانا الى(12%) مما يعتبر خطراً على جسم الإنسان، كما لا بد من أن يراعى عند تصاميم البيوت الوقاية من

الأشعة الشمسية التي قد يتعرض لها جسم الإنسان، وتؤدي إلى إصابته بأمراض (كيموضوئية)، مثل سرطان الجلد والمياه البيضاء(Cataract)، الذي تصيب العين وتنتهي بالعمى، لذا ينصح بوضع نظارات سوداء لمنع وهج الشمس المنعكس عن سطح الأرض.

أنماط المدن في الأراضي الجافة وتصاميمها:-

1. **مدن العالم القديم:**

يلاحظ المتجول في الصحاري الإفريقية والآسيوية، أن هناك نمطين رئيسين سائدين في شوارع مدن الأراضي الجافة. **الأول:-** يتمثل في الشوارع الضيقة الملتوية، خصوصا في الأحياء القديمة، التي يعود تاريخها إلى فترة ما قبل القرن التاسع عشر، وهي شوارع مرصوفة تصطف على جوانبها المحلات التجارية، تحاذيها أرصفة للمشاة، أما خلف المحلات التجارية فتوجد البيوت المتراصة المتلاحمة، والمساجد والأسواق الفرعية(التجارية والحرفية والقصور والمعابد).**و الثاني:-** نمط الشارع الحديث العريض والمستقيم والمكشوف الذي رافق المدن الكبيرة الحديثة/في السعودية، ودول الخليج العربي، ولا يختلف الحال في هذه المدن عن طبيعة العمران في الأراضي الرطبة، حيث ناطحات السحاب، والفنادق الفخمة، والمكاتب التجارية، والشوارع، العريضة، والواسعة، والخالية التي تمتد خارج المدن لتربطها مع الضواحي السكنية أو مع الأسواق التي تسير عليها شبكة واسعة من المركبات العامة والخاصة.

2. **مدن العالم الجديد(أستراليا والأمريكتين وجنوب إفريقيا:**

يتباين المظهر العام للأراضي الجافة في الأمريكتين، وجنوب إفريقيا، وأستراليا، حيث تظهر المراكز التقليدية القديمة ملتصقة بالإنشاءات العمرانية الحديثة للمدينة، والتي تعتمد على هي الخطة الشبكية(grid)، حيث تتعامد الشوارع لتلتقي في مركز المدينة الذي تقع فيه الكنيسة، والقيادة الإدارية(دار البلدية) والأسواق، ويظهر هذا جليا في المستعمرات الإسبانية في بداية الكشوف الجغرافية. أما التصميمات الآسيوية والإفريقية القديمة فتختلف عن النمط السائد في العالم الجديد، حيث تغطي مساحة كبيرة من أرض المدينة بحيث تبدو

الشوارع مظللة، والأسواق وجدران البيوت معزولة عن أشعة الشمس، لتقلل من العبء الحراري، وفي المقابل نجد شبكة الشوارع العريضة هي الأسلوب الحديث، مع انخفاض كثافة البيوت، والتباعد في المساكن، كل هذا يعني حماية السكن من الحرارة الشمسية، إلى أدنى مستوى ممكن، اما داخل العمارات أو البيوت، فيستعمل السكان المكيفات لتبريد المساكن من الداخل.

ومع انتشار الهندسة المعمارية الغربية داخل الدول الغنية النفطية في الأراضي الجافة كما هو حال دول جنوب غرب آسيا وبالذات دول الخليج العربي وشمالي إفريقيا، فإن التصاميم لمدن الأراضي الجافة تطلبت مواد بناء غير ملائمة أصلا لظروف المناخ الجاف(مثل الفولاذ والزجاج)، كما أدى انخفاض أسعار الكهرباء بسبب توفر الزيت الرخيص إلى انتشار أجهزة التكييف التي أصبحت من ضروريات الحياة منذ بداية الخمسينات.

التصاميم التقليدية للبيوت:-

حجرة المعيشة:-

استعملت المواد المحلية المتوفرة في بناء المساكن التقليدية في الأراضي الجافة، مثل الطين، والطوب الطيني، أو الطوب المحروق، أو الحجارة والأخشاب، باعتبارها مواد رخيصة، وعازلة للحرارة داخل المسكن، ويتألف المسكن من جدران طينية سميكة وعدد قليل من النوافذ الصغيرة ، كما أن أسطح المنازل تتشكل بحيث يمكن استعمالها كغرف للنوم، حيث تفقد أسطح المنازل حرارتها في أثناء الليل عن طريق التبديد الإشعاعي، والتلامس مع الجو البارد نسبيا.

كما أن بعض تصاميم للأسطح يعمل كجامع للرياح الباردة في الليل الذي يهبط بعد ذلك داخل الغرف، أما الساحة الداخلية فيتوسطها عادة حوض ماء، ونافورة تعمل على التبريد الحملي، وأصبحت هذه التصاميم هي السائدة في المنطقة الممتدة من وادي السند شرقا مثال ذلك مدن سوريا وفلسطين، والعمارة الإسلامية في إسبانيا في الغرب، كما أن هذه التصاميم امتدت لتشمل بناء الخانات إلى البيوت الخاصة في آسيا. أما في إيران فكانت الغرض حول البيت مسقوفه لكن مفتوحة على ساحة، ومكشوفه

يسمى(بالإيوان)، في حين توجد غرف أخرى تحت الأرض تستعمل عند ارتفاع درجة الحرارة كما هو في العراق. أما البيوت المغلقة الأخرى التي تحيط بالساحة فتستعمل في الشتاء، وحاليا فإن فن العمارة الشعبي ما زال يستعمل تصاميم رخيصة لكنها فاعلة، كما هو الحال عند القبائل الرعوية المتناثرة في الإقليم الجاف انظر الملحق(2).

التصميم العام(المدينة الإسلامية ومدينة الشرق الأوسط وشمالي إفريقيا):

هناك دراسات عديدة حول هندسة تصاميم المدينة التقليدية في الأراضي الجافة، وحول الأسس العالمية لقيام المدن. فهناك نماذج مختلفة من المدن منها الإسلامية، ومدينة الشرق الأوسط، والمدينة الإفريقية، وتبدو ملامح هذه المدن الثلاث داخل الإقليم الجاف في كل من آسيا وإفريقيا.**فالمدينة الإسلامية** كانت تقوم على عنصرين مركزيين إنشائيين هامين هما المسجد والسوق. أما الأحياء داخل المدينة فكانت توزع على أساس اجتماعي حرفي، وكانت تتسلسل هرميا بحيث تبدأ من الحرف الدقيقة الهامة، وتنتهي بالأقل، وكانت تمتد البنايات من المسجد في مركز المدينة الذي يحيط به عدد كبير من الشوارع الملتوية الضيقة. واستمر هذا النمط إلى أن ضعفت الإدارة المركزية الشاملة المسؤولة عن التطور العمراني في العالم الإسلامي. ودبت فوضى العمران في المدينة نتيجة لعدم الإشراف.

أما المدينة الشرق أوسطية، فتختلف في تصميمها عن المدينة الإسلامية. فهي ترتبط مباشرة بالريف من حيث الأصل والوظيفة . وحيث تبدو وكأنها تتكون من مجموعة من المدن أكثر مما تبدو كوحدة واحدة منفردة. أما المجموعات الاجتماعية أو الحارات داخل هذه المدن كما هو الحال في **بغداد، والبصرة، والكوفة،** فكانت توزع مواقعها حيث تتواجد خيام البدو الفصلية. ففي داخل المدينة كانت هناك مساحات فضاء مكشوفة كالساحات والحدائق والبيارات والحقول. إذ كان يفترض بالمدينة أن تكون أقل بناءً من الظهير الإقليمي الذي يحيط بها، مثال ذلك مدينة(بخارى). فكلمة(بخارى) كانت تطلق على المدينة، وعلى إقليم الواحة جميعه هذه الواحات يمكن اعتبارها لموقع تشمل مجموعة من أماكن الاستيطان.

والمدينة هنا كما يعتقد كل من(Merv & Qum) نمت من مجموعة من القرى المتلاصقة، والأسواق التي تخدمها. وتتميز **المدينة الإفريقية** بأنها أكثر إنكشافا في

تصاميمها من النمط السابق، فالسكن هنا يتكون من طابق واحد، ترتبط المساكن مع بعضها بعضاً، وتتراص حول قصر الحاكم، وشوارعها من غير تنظيم وتخطيط.

ومجمل القول أن مدن الإقليم الجاف في إفريقيا وآسيا تحتوي على عناصر الإنشاء للمدن الثلاث، أما النمط الحالي المركب لاستخدام الأرض داخل الإقليم أو مناطق العمران، فيعكس الإمتداد التدريجي لمناطق البناء عبر الزمن الذي أصبح يحيط بالقرى والحقول.

وتشير بعض الدلائل الواضحة في إيران، إلى شبكة من الممرات ذات المعبر الواحد التي تعكس مباشرة التخطيط الأولى لقنوات الري التي تحول في فصل الصيف إلى الطرق والشوارع، كما يظهر بقايا نمط اللاندسكيب الزراعي الذي يسبق عادة إقامة المدينة والنسيج الذي تطورت عنه في الوقت الحاضر.

ومن خلال التوزيع الإنشائي للشوارع، هناك بعض المدن في الأراضي الجافة توجه عادة **مآذن المساجد التي توجد في مراكزها نحو مكة، كما تأثرت بذلك شبكة الشوارع التي تحيط بالمسجد وتمثل مآذن المساجد أطول بناء في المدينة،و قصر الحاكم أضخم بناء فيها كما تتميز شوارعها بأنها أسواق الحرفيين**،حيث تنتشر على جانبيها المحلات المتخصصة في حرفة ما. أو قد يكون السوق مثلا مجموعة من المحلات داخل بناء محدد مثل(سوق الصاغة في دمشق، وبغداد، وبخارى وغيرها).

والسوق هنا تتكون من أقواس كبيرة مغلقة، ترتفع عليها قباب واسعة، ضمن بناء واحد مغلق توجد فيه المحلات التجارية. وهي كثيرا ما تشبه مراكز التسوق العامة(Mall) في كل من لندن، ومعظم العواصم الأوروبية والأمريكية. كما تنعكس الآثار البيئية والطبيعية والاجتماعية والاقتصادية على نمط تخطيط الشوارع، ومواد البناء، والامتداد العمراني وغيرها[14].

المدينة الحديثة في الأراضي الجافة:-

تأثرت مراكز العمران الحديثة في الأراضي الجافة بالتصاميم الغربية بعيدا عن الواقع البيئي لهذه المدن. وقد أقيمت مدن التعدين في كل من أستراليا وإفريقيا والخليج العربي على نحو يلائم البيئة الرطبة، لتكون عنصراً مألوفاً للقوى العاملة المهاجرة من

الأراضي الرطبة نحو بيئة غير مألوفة، أو قد تكون معادية لهم. مثل هذه التصاميم قد تكون جذابة نفسيا لكن لا يمكن سكناها بدون تكييف اصطناعي مستمر.

البيت الحديث في الشرق الأوسط:-

على الرغم من التغيرات التي أحدثتها التقنية القادمة من الأراضي الرطبة، إلا أن تصميم حجرة المعيشة في الأراضي الجافة لم تستطع أن تتخلى عن التصميم التقليدي الإسلامي السائد، مثل احتوائها على مساحة مكشوفة في وسط البيت، وتدل الآثار في وسط فلسطين(النقب) على براعة المهندس المعماري الذي استطاع أن يسخر الهواء لتكييف البيت من الداخل، على الرغم من ضعف حركته في مثل هذه البيئات.

أما في المغرب والعراق والهند، فالمساحة المكشوفة تشغل مساحة وحدة صغيرة من البيت، والأسواق العامة، وبالمقابل فإن هذه البنايات قليلة التكاليف باعتبارها تصاميم تكييف مع الأراضي الرطبة أقيمت في الأراضي الجافة.

الوظيفة الاجتماعية والاقتصادية للمدن:-

كثرت وظائف مراكز العمران في الأراضي الجافة وتنوعت وتكشف تصاميم مدن الرافدين أنها ناتجة عن وظائف القرى القديمة التي تشمل مبيت القوى العاملة والطبقات الفقيرة، إضافة إلى أنها مكان مجموعة من السكان غير المنتجين(الجنود والكهنة والكتبة) الذين كانوا يعتمدون في معيشتهم على فائض الغذاء في الأراضي المروية المجاورة. وتشير المخطوطات السومرية عام(2650ق.م)، "أن الملك بنى المعبد والجدران، وأقام التماثيل، وحفر الأقنية، وملأ المخازن بالحبوب" إذا فالمدينة كانت بمأمن من الجوع، ومهاجمة الأعداء، وفيها محراب للآلهة والولاة، ويلاحظ أن الوظائف العديدة للمدن في الأراضي الجافة تجمع الكثير من تلك الوظائف التي وجدت في مدن خارج النطاق الجاف، مثل مدينة (بابل) وهنا تظهر الأسواق والمراكز الدينية(كنائس، قبور أنبياء، كليات دينية)،والقصور والحواجز هي من معالم رئيسة للمدينة، ولكن مع مرور الزمن،تغيرت هذه الوظائف. وتشير بعض الدلائل إلى أن المدينة في الأراضي الجافة لم تكن أولى المراكز العمرانية، لكنها كانت تحتوي على أكبر قسم من السكان المحليين قبل

أن تظهر الثورة الصناعية التي أدت إلى تمركز السكان في المدن الكبيرة في أوروبا منذ أواخر القرن الثامن عشر وما تلاه. وبالمقارنة ففي فترة(1800م) كانت معظم الأمم المتحضرة في جنوب غرب آسيا ضمن الأراضي الجافة، تحوي مراكز عمرانية يصل سكانها ما بين(10-15%) من إجمالي عدد السكان، في حين كانت المراكز العمرانية في أوروبا لا تحوي أكثر من(1-7%) من عدد سكانها(Libiclus 1969)، ومع انتشار حركة التصنيع، والثقل التجاري، تمكنت المدينة الأوروبية أن تلحق بالمدن في الشرق الأوسط وتتفوق عليها.

الوظيفة البيئية للمسكن في الصحار:-

من أهم الوظائف البيئية للمسكن مايلي:-

1- التقليل من الجهد الحراري عن طريق الاستظلال من أشعة الشمس وتوقف العرق.

2- الوقاية من الأمراض الكيموضوئية(Photochemic) التي تصيب الإنسان لدى تعرضه للشمس لفترات طويلة مثل أمراض سرطان الجلد والمياه البيضاء(Cataract) التي تصيب العين، وتؤدي أحيانا إلى العمى بسبب انعكاس أشعة الشمس عن السطح، لذا يفضل وضع نظارة سوداء عند الخروج نهارا.

3- الضغط النفسي-(Psychological) الناتج عن الوحدة والعزلة التي يعاني منها سكان الصحراء بسبب وجود أماكنهم بعيدة عن الأماكن العمرانية، وهناك آثار جمة تؤثر على جسم الإنسان كالرياح الساخنة والكهرباء الساكنة التي تتولد عنها، كما أن بعض هذه الرياح يشكل خطورة على حياة الإنسان، والنبات لشدة الجفاف وحيث تصل الرطوبة إلى أقل من(5%).

أشهر مدن الصحار (مدن الواحات):

نلاحظ أن عدد الواحات التي أقيمت فيها المدن في تناقص مستمر نتيجة تقليص الوظائف التقليدية، والهجرة الخارجية للعمال، وإذا أخذنا مدينة (مرزوق) التي كانت عاصمة إقليم (فزان) بليبيا، فقد وصل عدد سكانها عام 1900 حوالي (10.000) نسمة لم

يبق منهم عام (1964) سوى (3.800) نسمة، وقد رافق ذلك أنها خسرت وظيفتها كمركز خدمات للقوافل التي كانت تجتاز الصحراء شمالاً وجنوباً، كما أن عدداً من سكانها ذهب للعمل في حقول البترول في الشمال. اما واحة (سبها) المجاورة، فقد تطورت بعد استقلال ليبيا عام (1957)م، بسبب قيام قيادة إدارية إقليمية جديدة فيها، وتوسعت بعد ذلك نتيجة تسهيلات النقل الجوي فأخذت تنمو بسرعة وصل تعداد سكانها حوالي(10.000) نسمة عام (1964م). وفي مراكش نجد واحة (قيق) في جويح قد بلغ سكانها حوالي (12.000) نسمة في فترة ما بعد الاستقلال، الا أن أسواق العمالة في فرنسا جذبت العديد من سكانها، مما ادى إلى اهمال الزراعة، وهجرة بساتين (النخيل والأعناب وغيرها)، كما اضمحلت الخدمات والتجارة فيها . وفي موريتانيا نجد واحة، (عطار) قد بلغ عدد سكانها حوالي (60.000) نسمة، كانت تستفيد من توطين البدو حول القلعة والواحة.

وفي الجزائر هناك واحة (اورجلا،Ouargla) التي بلغ عدد سكانها (2.000)نسمة، وقد اعتاد السكان على الذهاب لإقامة مخيماتهم الصيفية فيها، كما كانت مركزا لخدمات البدو في المنطقة. الا أن هذه الواحة تبدو خاوية لكنها لا تزال تقدم بعض الخدمات وهذا أيضا شجع البدو على الاستقرار فيها، حيث يقوم بعضهم بالأعمال الزراعية والتجارية وبذلك تحولوا من البداوة إلى الإستقرار. أما في منطقة(غرداية) في الجزائر فقد أقامت جماعة الخوارج الإسلامية قرية في أواخر القرن التاسع عشر كان يتوسط القرية مسجدا تحيط به المساكن، وهناك الشوارع التي تصطف على جوانبها المحلات التجارية بلغ عدد سكان هذه القرية حوالي(8.300)نسمة عام 1896م، تطور هذا العدد ليصل الى(30.000)نسمة في عام 1963م وأخذوا يديرون محلات البقالة المنقولة بالشاحنات والباصات التي تجوب أرجاء الدولة حيث أصبحوا يعرفون ببقالي الجزائر، وتطورت هذه المدينة وأخذ سكان الريف الجزائري يلجأون إليها. أما واحة (بسكرة) التي تعد من أكبر واحات شمال إفريقيا فقد بلغ عدد سكانها حوالي(5.300) نسمة وفيها الواحة تمثل قلعة رومانية قديمة احتلها الأتراك ثم الفرنسيون، بعد ذلك أصبحت مركزا زراعيا وسوقا مركزيا للواحات المجاورة، كما أنها تعتبر سوقاً تموينية للقوافل المتمركزة على

أطراف الصحراء، ومركزا للقيادة الإدارية، ومنتجعا للسواح في فصل الشتاء ومحطة مشهورة لإنتاج البترول.

مدن الواحات في آسيا الوسطى في القرن العشرين:

رافق قيام المزارع الحكومية المروية التي أقامها الاتحاد السوفيتي على امتداد قناة (كرة كوم،Kara Kum) التي كانت كجزء من خطط التنمية داخل إقليم تركمانيا في وسط اسيا. ومشروع البهادا في منطقة جبال (كوبد داغ، Koped dag)، حيث تم تحويل مياه نهر (اموداريا) نحو الغرب، وإقامة العديد من الجسور والطرق والمدن الجديدة، كما صاحب ذلك تحول اجتماعي أدى إلى توطين البدو من شعب (الأزبك) والتركمان الذين تحولوا من خلاله إلى مزارعين يمارسون زراعة القطن والخضروات، في حين لا يزال "الجمل والياك" لوحات تمثل الماضي التي لا تزال تعيش في مستوطناتهم ذات البيوت المصنوعة من الطوب.

ونتيجة لارتباط مدينة (اشكاباد،Ashkhabad) بقناة (كرة قرم) عام (1962م) وربطت ربطت بنفس القناة المزارع الحكومية (طريق لينين) عام (1968م) التي تقدر مساحتها (9716هكتار) ثم إرواء (71010هكتار) منها بشكل دائم وذلك منذ عام (1976م)، كما بلغ عدد سكانها في نفس الفترة حوالي (496الف) نسمة ووصلت أجرة العامل فيها أعلى مما يتقاضاه العامل في المدن الروسية الكبرى بحوالي ثلاثة أضعاف ونصف وذلك كحوافز للاستقرار في هذه المستوطنات الرائدة حيث أصبحت مجموعة المستوطنات الحديثة على امتداد القناة تساهم بحوالي (93%) من إنتاج القطن و(66%) من الحرير وغيرها (Heath, 1986)[15].

مراكز السياحة في الأراضي الجافة:

تعتبر السياحة من النشاطات القديمة الحديثة في الأراضي الجافة ومدنها. والسياحة هنا متنوعة منها الدينية والطبية والترويحية والثقافية. فالحجاج المسلمون يذهبون إلى اقدس الأماكن الإسلامية إلى مكة المكرمة والمدينة المنورة والقدس التي تعتبر

المدينة المقدسة لكل الديانات، كما أن هذه المناطق لها تاريخ طويل وهي موطن للعديد من الأضرحة التاريخية والدينية لجميع الديانات السماوية (الإسلامية، المسيحية، اليهودية) وتعبرها القوافل منذ أكثر من1400سنة.

كما تعتبر الأراضي الجافة حتى نهاية القرن التاسع عشر من المراكز الطبية التي قصدها الناس للاستشفاء والمعالجة وخصوصاً لأولئك الذين يعانون من أمراض السل والربو والمفاصل، وتعتبر مدينة (تكسوان،Tucson) في اريزونا مركزا صحيا لعلاج أمراض السل، ساعدها في ذلك ربطها بخط القطارات منذ عام (1880م) كما لا تزال تعتبر مركزاً طبياً للذين يعانون من مرض الربو والرئة، وتحصل الآن على دعم من صناعة السينما المحلية، وتوجد فيها قاعدة عسكرية وجامعة.

اما السياحة الثقافية والترويحية فهي تشمل الرحلة إلى الأراضي الجافة للتمتع بأشكال الأرض الخلابة، والحياة النباتية البرية المميزة. وتهدف إلى تفحص الآثار التاريخية وبقايا الحضارات السابقة التي قامت منذ فجر التاريخ . وقد حافظت طبيعة، المنطقة المناخية على هذه الآثار سليمة، كالآثار الفرعونية، والبتراء، وتدمر. ومن غرائب الأراضي الجافة التي يتوجه لرؤيتها السياح، "بحار الرمال" في الصحراء الكبرى في إفريقيا، و"خانق كلورادو" في أمريكا الشمالية، و"نهر السنيك" في ناميبيا، والأراضي الرديئة في السهول الوسطى في الولايات المتحدة، "وصخرة آيزر،ayres rock" في استراليا، والصخور ذات الألوان الوردية والطبقات ذات الألوان المتعددة في مدينة البتراء في الأردن، وأهرامات الجيزة في القاهرة وغيرها. وهناك سور الصين العظيم، ومخطوطات بلاد الرافدين، وقصور الكهف في أمريكا الشمالية، وبعض المدن القديمة في وسط آسيا مثل "بخاري" و"فرعانة".

كما أن هناك عدداً من المدن التي اشتهرت بالأنشطة الرياضية والترفيهية مثل مدينة (لاس فيجاس) في نيفاذا في الولايات المتحدة، إضافة إلى مدينة (رينو،Reno) أيضا، حيث اشتغل اكثر من (50%) من القوى العاملة فيها بصناعة الترفيه، والقمار، وحوالي (18%) في الأعمال العسكرية، ومن الأمور الشائعة عمليات الزواج والطلاق الخارجة عن قوانين الولايات الأمريكية الأخرى ، حيث يتم سنويا اكثر من (29000)

عمليـة زواج مقارنـة مـع (900) عمليـة زواج تحـدث في أي مدينـة أمريكيـة في نفـس الحجم، لكن لم تسلم هذه المدينة من الأخطار فقد حصل أن انبعثت مـواد مشـعة مـن تحت الأرض، باعتبارها مناطق أجريت فيها التجـارب النووية الأمريكيـة وهنـاك البحـر الميت في فلسطين، الذي يقع في أكثر بقعة في العالم انخفاضاً في العالم حوالي 400م تحـت سطح البحر، وحيث تستعمل أطيانة للشفاء من الأمراض الجلدية، وتقـام عـلى شـواطئه الفنادق والمسابح باعتبار السباحة في مياهه تختلف عن جميع أنواع المياه في العالم.

ان الأثر الرئيس للسائح في المراكـز العمرانيـة هـو اقتصـادي، فالمشرـوع المبـاشر يعود للإقامة والبضائع، في حين يدر التوظيف في صـناعة الخـدمات مزيـدا مـن السـيولة النقدية وقد قدر(Clawson) في عام (1980م) أن ربع دولار يصرفه السائح يصبح حقـا للمنطقة السياحية فقط أو أن دولارا واحد يصرفه السـائح يولـد مـا قيمتـه (3.4) دولار من العمل المجموعة.

وهناك مثل في مكة المكرمة يقول:"أننا لا نزرع قمحا ولا ذرة، فالحجاج هم غلاتنـا" وإذا افترضنا أن حوالي (400.000) حاجـا قـدم إلى مكـة المكرمـة عـام 1970، ومـا يزيـد عـن (2مليـون) حاجـا في عـام 1980. وإذا علمنـا أن الحـاج الواحـد يـدفع 12دولارا أمريكيـا كرسم دخـول كـما يحمـل معـه حـوالي (200دولار) للمصروف في مكـة، فكـم سـتكون الحصيلة بالتالي؟ وقد وصل إلى فلسطين المحتلة/ إسرائيل حوالي (750000سائحا) سـنويا في السبعينات، ويزيد عن مليون شخص في الثمانينات وإذا صرف الفرد المبلـغ نفسـه أو أكثر فإن هذا يعد ثروة للدخل القومي.

أما الآثار البيئية السلبية للسـياحة فهـي هائلـة، وأقـل فائـدة للسـكان، كـما أن الأعداد الهائلة للحجاج أو السواح التي تسير عبر الأراضي الجافة تؤدي إلى انتشار بعـض الأمراض والأوبئة، وكـذلك توجـد بعـض المشـاكل في التجهيـزات للإقامـة والخـدمات إذا كانت الإقامة لفترة قصيرة من الزمن.

ثانياً: التنمية في الأراضي الجافة:

تمثل التنمية هدفا لمعظم الحكومات، بدءاً من أكبر الحكومات الديموقراطية الرأسمالية إلى تلك الحكومات ذات التخطيط المركزي، وحتى إلى أصغر الحكومات الدكتاتورية. ويبدو أن مصطلح التنمية مرتبط بمفهوم الانتخاب الطبيعي الذي يقوم على أساس الفلسفة الاجتماعية والذي يفترض في هذا المجال أن المجتمعات عاشت وتطورت بحسب قدرتها الموروثة على الاستجابة لكل من الظروف البيئية الطبيعية والمجتمعات المجاورة الأخرى. وبذلك فإن المجتمعات قد استفادت من ظهور الثورة الصناعية، بحيث أصبحت هذه المجتمعات قادرة على السيطرة على بيئتها الطبيعية بشكل يفوق قدرة الدول غير الصناعية، لذا فهي تسيطر بشكل كبير على مصادر الثروة المادية لديها، بل وتتعدى ذلك بسيطرتها، وتحكمها ببقية المجتمعات غير الصناعية (Heath, 1981)[16].

ولما كانت التنمية مفتاح بقاء جميع المجتمعات، "لذا فهي تعمل على تحقيق الفوائد الكامنة في جميع مصادر المجتمع وثرواته بشكل فاعل". ويجري حالياً جدل حاد حول الوسيلة الفعالة التي يمكن عن طريقها أو من خلالها تحقيق التنمية المرجوة. فهناك من نادى بالرأسمالية الحرة (Lissa-faire) وآخر نادى بالبيرقراطية المركزية، كما أن هناك تصوراً آخر من الإدارة الخاصة والعامة يتوسط الاتجاهين (الرأسمالي والمركزي).

وعندما ندرس العلاقة بين الدول الغنية ودول الأراضي الجافة الفقيرة، نجد أنها علاقة استغلال للمصادر، حيث تقوم الدول الغنية "باستغلال ثروات الدول الفقيرة، وتتحكم بها. فهي تستحرج المواد الخام (البترول والحديد والنحاس والخامات الزراعية) بأسعار رخيصة. وتقوم ببيعها إلى نفس الدول المنتجة للمواد الخام بعد تصنيعها على هيئة بضائع عالية الثمن، أو قد تستخدم القوى العاملة الرخيصة القادمة من الدول الفقيرة، لتستغلها في صناعة السلع التجارية(كما في دول جنوب شرق آسيا وأمريكا اللاتينية والشرق الاوسط). أو استغلال الظروف البيئية القومية كأن تجعلها مدافن للمواد الملوثة، مثل فضلات المواد المشعة والكيماوية حيث لم يعد مسموحاً ببقاء هذه المواد داخل الدول المنتجة لها، على نحو ما تقوم به موريتانيا بالتعاون مع إسرائيل بالسماح للأخيرة بدفن مخلفات المواد المشعة في الأراضي الموريتانية، وكما هو الحال في أجزاء من استراليا، وافريقيا، وجنوب الضفة الغربية في فلسطين وغيرها[4].

وفي محاولة للتخفيف من حدة التباين والتنافس بين هذه البلدان من ناحية، ولتحقيق أهداف سياسية محدودة من ناحية أخرى، أصبح نقل الثروة من الدول الغنية إلى الفقيرة كمساعدات أجنبية، مطلباً قومياً ملحاً له ما يبرره، بهدف نقل (المساعدات الأجنبية) من أجل زيادة التنمية في الدول المستقلة حديثاً. وعن طريق نقل المال والاستثمار وما شابهه يمكن لتلك الدول أن تستغل مصادرها الخاصة بشكل أكثر فاعلية، كما تستطيع أن تفتح مجالات وفرصاً لاستغلال الأرض والعمالة. لكن، الواقع أن لهذه المساعدات الاجنبية أبعاداً سياسية تفوق المنفعة الخاصة للدولة، فهي تهدف إلى دعم نفوذ الكتل العالمية (الشرقية أو الغربية، أو بعض مراكز الجذب العالمية)، كما تعمل على تعزيز التحالفات السياسية والاقتصادية الاستعمارية. وهذا يبدو واضحا في معظم دول الشرق الأوسط، وآسيا، وافريقيا، وأمريكا اللاتنية.

ويؤكد واقع الأراضي الجافة (الفقيرة) أن فلسفة التنمية بالنسبة لسياسة إدارة المصادر الرسمية عملية غير محددة ومحدوده، على الرغم من الانتقاد الشديد الذي يوجه لهذه السياسة. وإذا تغاضينا عن الباعث السياسي، أو الحقيقي لهذه المساعدات الأجنبية (وهي المصدر الرئيسي لبرنامج التنمية)، فإن تنقلها ما بين الحكومات يتم على أساس إفادة بعض الأشخاص أو المؤسسات الخاصة ذات النفوذ السياسي أو الاجتماعي، أو قد تصرف على مشاريع (استعراضية) غير منتجة، وهذا شائع في معظم دول العالم الثالث. وهناك حقيقة أخرى تشير إلى أن هذه المساعدات عادة ما توجه، وتتركز داخل المدن الكبرى وتحرم منها المناطق الريفية حيث تكون فائدتها ومردودها أعظم فيما لو وجهت لهذه المناطق، وقد وجه انتقاد شديد إلى هذه الفلسفة التنموية الموروثة. أما إذا كان هدف التنمية فعلياً هو الوصول إلى كفاءة إنتاجية عالية، فإن ذلك يتطلب تغيرات بنيوية في النظام الذي أفرزته هذه الفلسفة. كما تؤدي المحاولات العفوية غير المدروسة لنقل التكنولوجيا الجديدة عبر عملية التنمية إلى المجتمعات التقليدية إلى حالات من الاحباط والبؤس لدى هذه المجتمعات، وهذا يرجع إلى عدم التماثل في مرحلة التطور التقني والاجتماعي بين الدول المانحة والدول النامية. وبذلك يعتبر مفهوم التغير الذي تنطوي عليه نظرية التنمية، أحد العوامل التي أعاقت تنمية المصادر في الأراضي الجافة وهذا

يلاحظ في عدم القدرة لدى الشعوب النامية على استعمال أو استغلال التقنيات العالية في معظم عمليات المصانع والإنتاج[17].

مشكلات التنمية في الأقاليم الجافة:

أولاً: عدم القدرة على تحديد المشكلة:

تمثل دراسة منطقة ما من الأراضي الجافة سجلا موثقا واضحا لتأثير الفلسفات المتغيرة على تقييم المصادر داخل هذه الأراضي. وإذا نظرنا إلى التقييمات الأوروبية والعربية لهذه المناطق، نجد أن هناك مجموعة من الأطر أو التصورات تعكس معظمها فلسفات اقليمية لإدارة المصادر تتسم بالشمولية.

وتمثل الأراضي شبه الجافة والجافة منطقة واسعة من المراعي الطبيعية تجري فيها أحياناً أودية ضحلة موسمية تعيش عليها جماعات تمارس الاقتصاد المعيشي. في حين اهتمت الدول الاستعمارية الأوروبية بالأراضي الجافة أملاً في العثور على الذهب والفضة أو العثور على مناجم للمعادن الثمنية الأخرى.إضافة إلى تعدين الزيت الحفري، ومع زيادة المعرفة بهذه الأراضي، عن طريق ارسال البعثات الاستكشافية والعسكرية المتكررة تغيرت الاستراتيجية التي وضعتها الحكومات عند استغلالها للأرض. ومع تطور الأهداف بحيث أصبح بالبحث عن المعادن الثمينة بدلاً عن استغلال الأرض في المرعى، ثم تطور الأمر بعد ذلك إلى استعمال الأرض للزراعة المروية. وأخيراً أصبحت هذه الأراضي تستغل في الزراعة الحديثة والصناعة الترفيهية. إضافة إلى اكتشاف مصادر الطاقة كالبترول والغاز الطبيعي وغيره.

ثانياً: مشكلات التنمية في الأراضي الجافة:

1- تعدد الاتجاهات في أهداف التنمية:

للقائمين على إدارة الأراضي الجافة وجهة نظرهم الشخصية في الامكانات الموجودة في هذه الأراضي. وتظهر هذه الآراء من خلال إدارة المصادر التي يمكن وضعها كمصفوفة إحصائية تتدرج فيها الحوافز المتنوعة حسب المستوى، وحسب تدرج

الحوافز المتنوعة للإدارة الشخصية، إضافة إلى مجموعة أخرى من المعتقدات والأفكار التي تدور حول امكانات الاقليم الجاف، وقدرته الإنتاجية. كما تتدرج الأفكار والإدارة من مستوى المزارع الفرد إلى عامل المنجم إلى الراعي، إلى الهيئة الإدارية لشركة التنمية. وكذلك تتدرج من مستوى رجال الدولة الرسميين المحليين إلى البيروقراطيين المركزيين. لكن كيف يمكن تحقيق هذه الأفكار والامكانات أوالإفادة منها؟ إذا ما اعتبرنا أن هذا التنوع في الحوافز والأفكار حول قدرة الأراضي الجافة الإنتاجية لا يمس نشاط الإنسان نفسه داخل الأراضي الجافة وحسب، بل يؤثر في المعرفة العلمية للأراضي بشكل عام. وفيما يلي نموذج يوضح الدور المعقد لتحيز الآراء ولتنوع التوجهات والميول، نحو مفهوم دور الدراسة الميدانية للمصادر، ومفهوم التصحر في هذه الأراضي.

2- تطور أهداف البحث خلال تقييم المصادر:

يمكن ادراك أهمية الدور الذي تلعبه المعرفة الحقيقية للاكتشافات في الأراضي الجافة والطريق التي تستطيع من خلالها هذه المعرفة أن تشكل مصفاة استيعابية تؤثر في تحديد هدف الاكتشافات الفعلية ومدها (Allen, 1972, Overton, 1981)[18]، فالرواد عادة ينطلقون في رحلتهم للبحث والاكتشاف في الأراضي الجافة، وهم يحملون توقعات معينة مرسومة في ذهنهم مسبقاً، ومع تقدمهم في رحلتهم يميلون إلى تعديل أفكارهم، أو تغييرها أو نسفها، وذلك بسبب تطور خبرتهم التي تترجم بشكل شخصي، ثم تتجمع هذه الأفكار في التقرير الذي يقدم إلى المسؤولين عن الرحلة. وبعد أن يقيم المسؤولون التقرير مقارنة مع توقعاتهم عن الرحلة، ثم يقيم الرأي العام التقرير مرة أخرى، مما يعني أن الموافقة على التصور الشخصي للرائد الذي قام بالرحلة أصبح قضية تتباين فيها الآراء. ولنأخذ ظاهرة التصحر مثالاً على التطور الفكري لاحدى الظواهر البيئية. فعلى الرغم من قدم ظاهرة التصحر إلا أن عواقب التصحر التدميرية الظاهرية في الأراضي الجافة أصبحت في الأربعة عقود السابقة مشكلة عانت منها مناطق عديدة في العالم تعدت آثارها حدود الأراضي الجافة إلى مناطق أكثر رطوبة باعتبارها مشكلة تمس الوضع الاقتصادي العالمي أكثر من أن تكون ظاهرة مناخية قد تسود الأراضي شبه الجافة أو الجافة فقط. وهذا الوضع قد عمل على تغير الفرضية الاولى للتصحر التي كانت تقتصر على المناطق

الجافة أو شبه الجافة بحيث أصبحت تعني الآن مشكلة التراجع في مستوى الإنتاج الزراعي في أي بلد من العالم باعتباره يعني تناقص الموارد الإنتاجية للأراضي الزراعية. كما حدد المفهوم العام للتصحر: "بأنه تعزيز أو سيطرة ظروف الصحراء على منطقة زراعية أدى إلى تناقص الإنتاج الحيوي للأرض، وحدوث نقص في النمو الخضري للنبات، وانخفاض الحمولة الرعوية للأرض، أو عائدات المحاصيل التي تعتبر المصدر الرئيس لغذاء الإنسان وبقائه واستقراره في هذه الأراضي". وقد يعبر عن التصحر بهجر المناطق، وتوقف استغلالها أما لنتيجة اقتصادية أو سياسية أو تسويقية.

نتيجة للتباين في المفاهيم حول مفهوم التصحر ومدى خطورته والآثار السلبية التي يخلفها (Glantz, 1980) [19]. ونتيجة لبلورة مجموعة من المعارف والاتجاهات حول التصحر فقد ظهر هناك تباين في وجهات النظر حول مفهوم ظاهرة التصحر ما بين **العالم، والسياسي، والمزارع**. وهنا ركز العلماء على تشخيص التصحر ومدى انتشاره، بحيث بدا كأنه مشكلة عويصة تواجه البشرية، خصوصاً في تلك المناطق المصابة به. أما السياسي فرأى المشكلة على أنها عصا ملائمة لضرب الحكومة، إذا كان من المعارضة، أو وسيلة للحصول على مساعدات أجنبية إذا كان داخل الحكومة. ويرى معظم المزارعين الفقراء أن المشكلة لا يمكن تحملها، وأنها خارجة عن سيطرتهم، واعترها مجرد مشكلة بيئية اقتصادية عامة ترمي بظلالها لزيادة الضغط على السكان عن طريق زيادة تكاليف الحياة ونقص الدخل. أما الأقلية من المزارعين، خصوصاً الأثرياء، وأصحاب الاقطاعيات الكبيرة، فيرون أن الظاهرة لا تشكل عليهم أي خطورة، لأنهم لا يخشون أخطارها، أو لعدم رغبتهم في قبول أن مثل هذه الأخطار قد لا تصيب معظم أراضيهم، أو لاعتقادهم بأن التصحر عملية طبيعية لا يلعب فيها النشاط البشري إلا دوراً بسيطاً لا يذكر، أو قد تكون ذات فائدة إذا كان لديهم بعض الأراضي الخصبة تبقى تدر عليهم دخلاً دائماً.

من هنا نرى أن أي محاولة لمكافحة مشكلة الجفاف تتطلب وعيا كاملاً لتنوع التصورات والأفكار والآراء. مما حدا بالعلماء إلى ادراك أن العملية مزيج من الظروف البيئية والنشاط الإنساني غير المتزن. وعلى السياسيين أيضا أن يثبتوا أن هدفهم من مكافحة الجفاف هو تأمين العمل، وتحسين الدخل، وهو ما يمثل وجهة نظر الحكومة. كما

يجب على الحكومة أن تقوم باقناع المزارعين الذين يعتبرونهم (خط الدفاع الاول) بأن التصحر يمثل لهم مشكلة كبيرة على المدى البعيد. كما يجب عليها تزويدهم بالوسائل والحوافز الملائمة لمكافحته، وأن تقوم بشرح خطورة المشاكل المؤثرة الأخرى التي تواجه المزارعين، وأن توفر لهم الخدمات الارشادية الملائمة لظروفهم (Heath cot, 1981).

3- مشكلة البيروقراطية:

في عملية تحليلية لردود الفعل الرسمية على المجاعات الناتجة عن التصحر في منطقة "الساحل" للفترة ما بين 1968-1974، والتي تعتبر من اشهر المناطق التي عانت وما زالت من الظروف السلبية لظاهرة التصحر. حيث تتكرر فيها المجاعات وتستمر لسنوات متتالية، نجد هنا أن الحكومات لم تقم بالإجراءات اللازمة لمكافحة هذه الظاهرة بشكل كاف. وقد أوضح بيكر (Baeker, 1976) [9] أن جزءاً من عدم الكفاءة يعود إلى الأسلوب الذي استخدمته البيروقراطية الوطنية والعالمية في معالجة المشكلة التنموية على الرغم من عواقب (ramification) المجاعة التي أصابت جميع البيئات القومية والاقتصادية المختلفة. حيث اتجهت الوزارات الحكومية لمعالجة أجزاء المشكلة التي تقع ضمن سلطتها الوطنية فقط. ومحصلة ذلك أن المشكلة عولجت من قبل قطاعات مختلفة لم تنسق العمل فيها بينها على أي مستوى، انظر الجدول(14)، وقد أدى عدم التنسيق إلى التناقض والدخول في "المصيدة البيروقراطية"، التي حالت دون تطبيق السياسات الاصلاحية الفاعلة، هذا إن وجدت مثل هذه السياسات. وإذا كان هناك جدل حول أصل البيروقراطية الحكومية، فمن المؤكد أن مدى سلطتها قد أصبح أوسع وأكثر تعقيداً وفاق ما عليه في القرن التاسع عشر أو العشرين.

ويعزى تطور نفوذ البيروقراطية إلى تطور التجديدات، والاختراعات التكنولوجية التي خلقت نظماً معقدة من الاتصالات والتبادل التجاري والإنتاج. وهي من القطاعات التي تتطلب مراقبة قومية لارتباطها القوى بالوطن. كما تؤكد بعض الايدولوجيات السياسية على الحاجة إلى إدارة حكومية للمصادر القومية، تعمل من أجل الصالح العام.بحيث يقوم على هذه الإدارة مستخدمون مدنيون. ومع زيادة نفوذ البيروقراطية

تصبح بعض الدوائر الحكومية الهامة منفصلة عن بعضها بعضاً. الجدول (44). وتعتبر وزارات الزراعة، والمناجم، والموارد المائية، والنقل، والصحة العامة من القطاعات المتميزة ذات الاهتمام الحكومي الكبير في الدول النامية. كما يندر في هذا الوضع أن نجد نظماً اقليمية حكومية كالتي (اقترحها بيكر للتخلص من المصيدة البيروقراطية)، وحتى أن وجدت، فإنها تكون فقط على شكل لجنة استشارية. وتقوم العملية البيروقراطية (Bureaucratization) التقليدية الحكومية بإعاقة القدرة على استيعاب كل مشاكل إدارة المصادر، أو الاستجابة لها، كما تؤدي البيروقراطية التي تتسم بالفردية ذات النظرة المنعزلة لكل قطاع من قطاعات الدولة إلى جهل المخططين، وعدم قدرتهم على التمييز الاقليمي للعديد من مشاكل إدارة المصادر المتاحة. وتعمل على فصل المشاريع ذات الهدف الواحد، وتقاوم أي نوع من التنسيق الاقليمي، وإذا وجدت هذه المشاريع فإنها تظل تنقصها الشمولية[21].

جدول (43) تقديرات التصحر العالمي عام 1985

أ- الأراضي المصابة بالتصحر وتكلفة/ وصافي أرباح عائدات تأهيلها

	اجمالي المنطقة المصابة (مليون هكتار)	المعدل السنوي لتعرية الأرض (هكتار)	تكلفة الانقاذ من التصحر (مليون دولار)	صافي الربح من الأنقاذ (مليون دولار)
التسبخ من مياه الري	25	125	106	112.5
مشاكل الملوحة	20			
الأراضي الرعوية	3600	3600	180	180.0
محاصيل الزراعة المطرية	17	1700	17	340.0
المجموع	3815	5425	456	632.5

ب. عدد سكان المناطق التي لا تزال تعاني من التصحر الحاد

الاقليم	الأراضي المصابة مليون كم^2	النسبة المئوية للسكان ونوع المعيشة			اجمالي السكان بالمليون
		داخل المدن	زراعة المحاصيل	تربية الحيوانات	
البحر المتوسط	1.3	31	60	9	9.8
شبه الصحراوي-افريقيا	6.9	19	37	44	16.2
أسيا والمحيط الهادي	4.4	27	54	19	28.5
الأمريكيتان	17.6	32	56	12	24.1
المجموع	30.1	27	51	22	78.6

Source: IN Secretariat, 1988.

إدارة المصادر في الأراضي الجافة:

تتطلب إدارة مصادر الأراضي الجافة توزيعاً دقيقاً للعناصر النادرة مثل الماء، والمرعى والمعادن، ووضع سياسات تنسجم مع ظروف المساحات الشاسعة الخالية نسبياً داخل الأراضي الجافة، كما تتطلب قدرة على التخطيط لإدارة المصادر المتعددة، وقد ساعد وضع التخطيط موضع التطبيق وجود نظم حيازة عديدة سابقة.

3. مصادر الماء وطرق استغلالها:

أ. النظم التقليدية:

يدلنا تاريخ توزيع الماء في الأراضي الجافة على التشريعات التي وضعت منذ زمن قديم لتوزيع مصادر الماء وأهمية استعمال هذه المصادر، وقديماً ميزت قوانين الري السورية بين ماء المطر ومياه الينابيع الطبيعية، أو الآبار أو الخزانات. كما تعاملت هذه القوانين مع حقوق وواجبات أصحاب الأراضي الذين تروى أراضيهم من مصادر عامة أو مشاع، لهذا فقد اشترطت هذه القوانين التعاون بين السكان المشتركين باستعمال هذا المصدر، وذلك من أجل المحافظة على المصدر المائي، وإبقائه في وضع جيد لذا كان على المستفيدين أن يقوموا بصيانة قنوات الري، وإزالة الطمي والارساب منها، وإزالة

الملوثات المختلفة من الخزانات والمجاري المائية، كما تضمن هذه الحقوق نصيب أولئك، الذين يعشون بعيدا عن نقاط الماء، وتأمين تزويدهم بما يحتاجونه منه (valentine, 1967) [22]. وجرت صيانة لشبكات توزيع المياه المعقدة وتطويرها داخل الأراضي المروية في كل من أسيا، وشمال افريقيا على مدار السنة. وبمراجعة قوانين استعمال الماء الإسلامية التي أشار إليها (كابويرا) (Caporieral, 1973: 28) نجد أن التقاليد التي تحدد ملكية الماء في المناطق الجافة تحكمها حقيقة أن الماء في المناطق الصحراوية يشكل الأساس الرئيس للملكية الحقيقية.

جدول (44) مصفوفة إدارة الأراضي الجافة

	مستوى حوافز الإدارة	مستوى قرارات الإدارة		
خاصة مدراء خصوصيون أفراد مجموعات شركات	------- مزارعون رعاة عمال مناجم	مجموعات قبلية	------ شركات	دول متعددة ------
عامة غير مؤثرة مؤثرة	------			
خليط مؤسسات: جمعيات خيرية مجموعات استثمار	------ ------	الجمهور العام	------	------
مؤسسات عامة حكومة: تنفيذي تشريعي إداري شرعي (قضائي)	حكومة محلية؟ ------ ------ ------	حكومة الدولة	حكومة قومية	وكالات هيئة الأمم (FAO) UNER etc

Source: IN Secretaries 1977, Heathcot, 1981.

ومع تناقص كمية الماء تصبح الأرض نسبياً عنصرا مساعدا أو شيئا ثانويا بالنسبة لصاحب الملكية الزراعية أو الرعوية. ويؤكد هذا على مع ما ورد في التشريع الأوروبي حول "حق العطش" التقليدي عند الإنسان والحيوان الذي يمكنها من الوصول إلى مصدر ماء الشرب لتلبية حاجتها منه. وما تزال تمارس مثل هذه الحقوق داخل الأراضي الجافة جميعها والتي لم تزل تخضع للمشاع، خصوصا في المناطق الإسلامية (فالناس شركاء في ثلاث: الماء والكلأ والنار)، إلا أن هذا الحق لا ينطبق على مصادر الماء ذات الملكية الخاصة. ويعطي هذا القانون الملكية الخاصة، حسب النشاط التطوري السابق، الحق في حفر الآبار، أو تحويل السيول والمجاري المائية الأخرى وإنشاء القنوات. وتراقب عملية تقسيم حصص الماء في المناطق الإسلامية من موظف معين هو **"الأمين" أو "المراقب"** مهمته مراقبة حجم كمية ماء الفيضان، وفترة حدوثه، وتحديد فترة الري حسب التقسيمات والحصص. ويعتمد نظام الدورة المائية في توزيع الماء على الحقول، (إذا كان الماء القادم عبر القنوات الجارية مشاعاً)، على أساس فترات زمنية مخصصة لاستعمال الماء وبشكل متساو بين جميع السكان. إلا أن نظام توزيع حصص الماء في الدول الإسلامية بقي على حاله. وعلى الرغم من قيام بيروقراطية مركزية لإدارة سياسات الماء القومية بقيت النظم على ما هي عليه وبخاصة في القرى.

ب. نظم ملكيات الماء القديمة:

يظهر أن قانون توزيع الماء الحالي الذي وضعه الأوروبيون في الأراضي الجافة، يعكس نظامين منفصلين لحقوق استعمال الماء اللذين قد تطورا في منطقة البحر المتوسط. (هذا ما أكدته الاختلافات العديدة من أساليب استخدام الماء الموروثة القديمة آنفة الذكر). فالنظام الأول: هو حسب (نظم الملكيات) أو التمليك Riparian appropriation يقتضي تحويل الماء أو تقسيمه لحاجات الري من حوض النهر نحو حقول عديدة، وهنا يعتبر الماء سلعة للبيع منفصلة عن الأرض. ويقتضي هذا النظام أن يتم استعمال الماء بشكل تام وفاعل دون هدر أي كمية منه، ويؤدي الاستعمال غير السليم للماء إلى فقدان حق المزارع في المطالبة بكميات أخرى منه.

وبالمقابل نجد أن النظام الثاني: فهو حق سكان ضفاف النهر في استعمال الماء قد تكيف مع النظم السائدة في ظروف الأراضي الرطبة، حينما لا يكون الماء مصدراً محلياً أو نادراً. وهذا ما ينطبق على مياه النيل والفرات والسند وغيرها. وعلى الرغم من عدم وجود مسح عالمي لقانون المياه الفعلي، فإن خارطة هنمنج (Hunming) التي توضح نمط النظامين السابقين في كل من الولايات المتحدة وكندا واستراليا، توضح أن عملية تطبيق نظم الماء بين الدول الثلاث متشابه تقريباً. واعتمدت إدارة المياه فيها على أساس النظامين السابقين (حق التملك السابق) و(حق سكان الضفاف النهرية) بعد تعديلهما، وقد تم تبنيها عند استعمال الماء في الأراضي الجافة. ومع ذلك فلا يزال الصراع على المياه في الأراضي الجافة قائماً. فتوزيع مياه نهر (كلورادو) في الولايات المتحدة الغربية مثلا شكل مصدرا للصراع بين الولايات المتجاورة. أما في استراليا فقد تمت عملية توزيع مياه نهر ميري (Merry) بين الولايتين المجاورتين للنهر (نيوسوث ولز، وجنوب استراليا) اللتين لا تزالان في حالة نزاع حول السيطرة على نوعية الماء الأفضل، ومع ذلك يبقى مضمون قانوني (التملك السابقين) لكميات محددة من الماء، و(نظام ملكية المياه لسكان ضفاف الأنهار) هما الأساس الذي تفض بوساطته الخلافات بين الدول المتنازعة، وكذلك الأمر بالنسبة لنهري الفرات ودجلة، والخلافات القائمة بين تركيا، وكل من العراق وسوريا، وكذلك الأمر بالنسبة للتهديدات التي تتعرض لها السودان ومصر بالنسبة لمياه نهر النيل، والتي تطلقها الدول الافريقية التي تخضع للسياسة الإسرائيلية مثل كينيا واوغندا وغيرهما.

جدول (45) حقوق الماء لسكان ضفاف الأنهار وأصحاب الملكيات القديمة:

المكونات	حقوق سكان الضفة النهرية	نظم الملكيات القديمة
ملكية الماء	موروث مع الأرض	حق الاستعمال يسبق حق السيطرة على الماء
موقع الأرضي التي تعود إليها حقوق استعمال الماء	ضرورة مجاورة المجرى المائي	لا يحتاج المستفيد من الماء مجاورة المجرى المائي وقد يكون بعيدا عن المجرى
استعمال الماء	تحويل الماء للاستعمالات الطبيعية فقط غير مستهلك	للمستهلك الحقوق المسبقة قد يدعى الكل
كمية الماء المستعملة	غير محددة نظريا	محددة- بحق مسبق أو بترخيص
فترة صلاحية الماء	غير محددة، لا ينقلب الحق إذا لم تستعمل	محددة، ينقلب الحق في الاستعمال إذا لم يستعمل الماء مباشرة

أ. مشتقة من القانون البريطاني العام.

ب. مشتقة من القانون الروماني (أو كانون).

المصدر: Heathcot, 1986, Aftar ،Hamming, 1958

4. إدارة الأراضي المستعملة في الإقليم الجاف:

تواجه الحكومات في الأراضي الجافة مشاكل إدارية وأمنية لعدم وجود حكومة مركزية قوية تسيطر على تلك المساحات الواسعة ذات الكثافة السكانية المتدنية والمراكز العمرانية المتبعثرة، ونتيجة لعدم استقرار السكان، وتجوالهم عبر الصحراء بحثاً عن مصدر عيش لهم ولحيواناتهم. وقد أدى نقص مصادر الغذاء، وبعثرتها إلى عدم الاستقرار، والحركة نحو مصادر الماء والغذاء، حتى لو- كان على حساب السكان الريفيين المجاورين أو المتواجدين في اصقاع الدنيا البعيدة. مما ترك آثاراً سلبية على الاستقرار السياسي والاجتماعي لهذه الأراضي.

ويعتمد أمن وسلامة الأراضي الجافة تقليدياً على القواعد الثابتة المحصنة داخل الواحات الغنية بمائها التي تعتبر مراكز عسكرية ضد الغزوات التي تتعرض لها الأراضي الخالية بين الحين والآخر. وتنطلق من هذه القواعد (الحصون) دوريات متحركة ذاتية المؤونة والإعداد.

وخير مثال على ذلك ما قام به الامبراطور (آشور بنيبغل 669-626ق.م) في حملاته على البدو بالقرب من "دمشق". حيث استطاع أن يبسط سيطرته أول الأمر على مراكز العمران في الواحات التي كانت تعتبر مصادر حيوية في المنطقة، ثم جعل حامية من الجند تتجول بين مراكز الواحات الحيوية وكانت مهمتها محاربة البدو، وطردهم بعيداً عن مصادر الشرب، الأمر الذي مكن "آشور بنيبغل" من القضاء على أعدائه عطشاً قبل قتلهم (Drower,1957)[23].

وقد اعتمد الخطة ذاتها قائد قوات الحلفاء الإنجليزي (لورنس Lawrence) إبان الحرب العالمية الاولى. حين سلك هذا القائد الطريقة نفسها التي سلكها "آشور بينبغل"، وفي نفس المنطقة من الصحراء العربية، فنظم مجموعات متحركة من الجنود البريطانيين والبدو لملاحقة الجنود الأتراك. الشيء نفسه فعلته المجموعات البريطانية التي توغلت في الصحراء الافريقية في أثناء الحرب العالمية الثانية في شمال افريقيا (مجموعة الكفاءة الذاتية المتحركة)، حيث تمكنت من ضرب تلك القواعد الثابتة في (الواحات) والتراجع إلى الأراضي الخالية. كذلك استغل الثوار في شمال شرق البرزيل مناطق الشجيرات القصيرة (Scrub Cattinga) سنة 1980 في محاربة القوات الحكومية المتفرقة، حيث استمر القتال حوالي 10أعوام (Cunha, 1957).

ونظراً لتقدم تكنولوجيا المسح الجوي الحالي ينبغي أن نقلل من أهمية استعمال هذه المساحات كميدان للحروب، إلا أن الحرب (الافغانية الروسية) سنة 1981 في افغانستان أوضحت مدى الصعوبة التي عاناها الروس في السيطرة على حرب العصابات المنتشرة في الجبال الجافة، بالرغم من التفوق الجوي الروسي. ولقد صاحب استقلال الشعوب العربية في شمال افريقيا (1950-1965) ترسيماً للحدود بين الدول، قامت به الدول الاستعمارية التي عانت من عدم قدرتها على السيطرة على تلك المساحات الشاسعة أو وقف هجمات البدو على مستوطناتهم. فقامت هذه الدول الاستعمارية بجعل المراكز الثابتة (الحصون المركزية) عواصم لدول تشكل مساحاتها أجزاء من الصحراء الشاسعة، وجعلت على كل مركز رئيس دولة ممثلا برئيس قبيلة أو عشيرة، وتركت امر تلك الدول الحديثة بيد الرئيس وحكومته المركزية. أما التقسيم فقد اعتمد على وضع حدود فلكية

(خطوط الطول والعرض) أو على امتداد الحصون القوية المنتشرة في الصحراء كمعالم حدودية، وتحويلها إلى الحدود الكرتوغرافية غير المرئية على الرمال المتحركة، مثل الحدود بين الجزائر والصحراء الاسبانية التي رسمت سنة 1954 بخط طول (8.45) شرقاً يحيط به نطاق فاصل عرضه (42كم)، تم تحديده بصفين من الأعمدة. ولدى قيام هذه الدول زاد الاهتمام بهذه الحدود، باعتبارها حواجز فعالة تحد من تحركات البدو والقبائل العربية التقليدية نحو الشمال لتبقى بعيدة عن سواحل أوروبا الجنوبية، على الرغم من عدم منطقية العديد من هذه التقسيمات السياسية (Heath, 1986) [24].

5. مشاكل السيطرة السياسية على الأراضي الجافة:

لا توفر الكثافات السكانية المنخفضة داخل الأراضي الجافة قاعدة حضرية منتجة مستقلة محلياً، قادرة على تغطية احتياجاتها، مما جعلها تعتمد في إدارة هذه الأقاليم الذاتية على ما تتلقاه من المساعدات المالية وغيرها من القيادة المركزية. وهي استراتيجية وضعها الاستعمار الأوروبي عند ترسيمه حدود الدول في الأراضي الجافة في شمال افريقيا التي اعتمدت على خطوط الطول والعرض، دونما اعتبار للمشاكل والظروف الاجتماعية والمعيشية للسكان. ولا يوجد في العديد من مناطق الأراضي الجافة في كل من استراليا والولايات المتحدة حكومة مركزية فاعلة. لذا أوكلت مهام إدارة هذه المناطق المحلية إلى العديد من الدوائر الحكومية المتخصصة، والوكالات الخاصة التي لها علاقة مباشرة بالمنطقة. وأظهرت خارطة الحكومات المحلية الإسرائيلية سنة 1953 صورة لطبيعة التقسيمات العفوية في ترسيم الحدود التي اعتمدت على خطوط الطول والعرض المرسومة على الخرائط، وقد تم تمليك الأراضي الجافة في الدول العربية للأمراء البدو الذين بدورهم يقسمون الأرض بين القبائل. وكان هؤلاء الأمراء مسؤولين أمام السلطة الحكومية، أو الملك كما كانوا يمثلون القوة الضاربة لأي نوع من العصيان المدني، وكان الأمير يدير الأراضي عن طريق تأجيرها بالحكر (Lease) لأصحاب القطعان الرعوية. ومن هنا نجد أن التخطيط في هذه الأراضي يشكل كابوساً للقائمين عليها وعلى هذا الأساس فقد ظلمت الشعوب العربية التي تم تقسيم حدود بلادها غيابياً وعلى الورق دون اعتبار لتطلعاتهم الاجتماعية والاقتصادية والقومية.

إدارة الملكيات العامة والخاصة:

من خلال نظرة سريعة إلى تركيب الحيازة الحالي في الأراضي الجافة في العالم، يمكننا أن اكتشاف أن الحكومات المركزية لا تزال تملك وتسيطر بشكل مباشر على مساحات واسعة من الأرض ذات الملكية العامة، إضافة إلى مسؤوليتها عن إدارتها العامة. فالحكومات المركزية تحملت من المزيد من المسؤولية في إدارة مصادر الأراضي الجافة خصوصاً في الشرق الأوسط، وشمالي افريقيا، وأخذت تتحدث عن فلسفات تنادي بالسيطرة على الأرض جميعها على اساس أن تبقى نسبة كبيرة من مصادر الأرض خاضعة حالياً أو مستقبلاً لهم، أكثر من التركيز على افادة الأفراد. الجدول (45)

جدول (46) مسؤوليات إدارة مصادر رسمية في الغرب الجاف من الولايات المتحدة-1968

الولايات المتحدة (المساحة مليون هكتار)	الأرض الرسمية كنسبة من ارض الولاية (%)	غدارة الأراضي الفدرالية(نسبة اراضي التي تديرها الوكالات (%) وزارة الداخلية					وزارة الزراعة			وزارة الدفاع		
		1	2	3	4	5	6	7	8	9	10	11
ايزونا:29.4	94.6	176	2.1	2.2	1.9	0.1	15.7	0	0	3.4	1.4	0
نيومكسيكو:31.5	33.9	17.1	0.1	0.3	0.3	0.5	1108	--	0	0.1	3.4	0.1
نيفادا:28.4	86.4	68.4	3.1	0.4	1.7	0	7.2	--	--	4.2	0	1.6
تكساس:68.1	1.8	---	0.1	0.5	--	0.5	0.5	0	0	0	0.2	0.4

ملاحظات:

1. مكتب إدارة الأراضي.	2. أسماك وحياة طبيعة.
3. خدمات منتزهات وطنية	4. مكتب الاستصلاح.
5. مكتب مصلحة الهنود.	6. خدمات الغابات.
7. خدمات الحفاظ على التربة	8. خدمات متنوعة.
9. قوات جوية	10. الجيش.
خدمات (تشمل مسؤول الطاقة النووية والأسطول وهيئات المهندسين)	

Source: USA 1970, Appendix F.

وقد تميزت مصادر المنطقة الجافة بندرتها، وعظم قيمتها الثقافية والحضارية، مثل المواقع الأثرية للحضارات السابقة، التي تم الحفاظ عليها على أسس تاريخية وتربوية. أما المناطق التي لا يسكنها السكان الأصليون (indigenous) فكان لا بد من أن تحافظ على عنوانها الحضاري كمحميات يقطنها السكان الأصليون. وكذلك بالنسبة للمناطق ذات الجمال الطبيعي الخلاب التي يتم الحفاظ عليها على أسس جمالية (asthetic) وترفيهية وسياحية. وكذلك الأراضي ذات الاهتمام العلمي التي تتضمن دراسات حول الحيوانات البرية النادرة، ومواطن مصادر النبات الطبيعي النادرة التي تمثل مصادر أصول المحاصيل التجارية، وأخيراً هناك الحفاظ على المناطق الترويحية[25].

أما فيما يتعلق بالحاجات الخاصة لاستعمال الأراضي الخالية من أجل التدريبات والتجارب العسكرية، وتجارب الأسلحة المختلفة (النووية)، أو من أجل أجراء نشاطات حربية سرية خطيرة، في هذه الحال، تكون الملكية المباشرة خاصة، وتشمل المناطق النائية الخالية التابعة للأراضي الجافة. ولقد أدى بقاء الأرض الحالية خاضعة للملكية الحكومية الخاصة إلى حجز نسبة كبيرة من المصادر الحيوية في الأراضي الجافة تحت الإدارة الحكومية من أجل السيطرة على السكان الأصليين. في حين نجد الأراضي الجافة في الولايات المتحدة التي تقع تحت إشراف حكومي، لا تزيد عن (2%) يخضع حوالي (86%) من الأرض لإدارة الوكالات الخاصة، والعامة، وبعض الوزارات الحكومية، والعكس صحيح بالنسبة للأراضي في العالم الثالث.

هذا التدخل الرسمي المباشر في إدارة المصادر استكمل تحت شعارات وهمية تروج لها أفكار ومقولات تخص حماية الأرض القومية التي ترى أن سوء الاستخدام الخاص للمصادر قد يؤدي إلى خسارة قومية. فالمزارع الواسعة (Ranch) المسورة داخل النطاق الجاف ذات الملكية الخاصة المستخدمة لتربية الأبقار، والزراعة الكثيفة، ستؤدي إلى تطور ظاهرة انجراف التربة وتعريتها واضمحلال إنتاجها. مما دفع حكومات استراليا، وجنوب افريقيا والولايات المتحدة، للعمل من أجل إعادة تأهيل هذه المناطق، وإجراء تحسينات عليها بين الحين والآخر.

أما أراضي دول آسيا والشرق الأوسط، وشمالي افريقيا التي احتلها الأوروبيون فالملكية الحكومية هدفت إلى تدمير الوحدة السياسية. لأن الاستراتيجيات الاستعمارية تقوم على تجزئة الأراضي الجافة، ووضع حكومات محلية فيها مرتبطة بسياستها الخاصة، من أجل تفتيت وحدة السكان القومية، باعتبارها قوى يصعب على الأوروبيين السيطرة عليها كالسكان البدو المتجولين في الصحاري، والذين يغيرون بين الحين والآخر على المراكز الحضرية، ويشكلون مصدر ازعاج للاوروبيين عند احتلالهم لهذه الأراضي أو السيطرة عليها، خصوصا في الصحراء الافريقية والعربية، ومناطق أخرى من الوطن العربي. وإلا فما معنى ظهور دول قائمة على بحر من الرمال. مثال ذلك ظهور الصحراء الاسبانية والمنطقة المحايدة، وتشاد، وموريتانيا، وغيرها.

ومن أجل احكام السيطرة على تلك الدول، وضع المستعمر رؤساء الإدارة المحلية من السكان المحليين من رؤساء العشائر والقبائل والذين يمثلون حكومات مركزية تسلطية بعيدة كلياً عن التوجهات السياسية القومية. وترى المراقبة الحكومية أن الإدارة المحلية شكلية أكثر مما هي فعلية تمارس على أرض الواقع. فنادراً ما تحاسب المدراء المخطئين في المؤسسات والإدارة بما ينص عليه قانون العقوبات بحقهم يرجع ذلك إلى صعوبة تحديد مدى فداحة التدمير الذي أحدثه أولئك المسئولون خصوصاً قبل استخدام الأقمار الصناعية في التصوير الجوي الذي ساعد كثيراً على تحديد المشكلة. ولكن ما مدى حقيقة أن الحكومة ستعاقب المخطئين حتى في حالة توفر الأدلة فهذا ما لم نره حتى الآن.

الصراع على المصادر بين سكان الصحراء والمزارعين على أطراف الصحراء:

يمكن الإشارة إلى ثلاثة أفكار قديمة تستند إلى خلفية جغرافية، واكبت مسار التاريخ البشري، وتشمل صراعات بين سكان الصحراء والمزارعين المجاورين لهم، لكن اكثر الصراعات حدة كانت بين المزارعين على أطراف الصحراء والسكان البدو، وذلك حسب ظروف الرطوبة. وقد ادت هذه الصراعات بالتالي إلى ظهور وزوال دول كانت منتظمة وقوية بغض النظر عن مستواها التكنولوجي.

ويرى "ابن خلدون" أن الصراع بين البدو والزراع على أطراف الصحراء يمثل ظاهرة وجدت في جنوب غرب أسيا وشمال افريقيا، وهذا التنافس الظاهري كان يمثل وضعا للثورة وأسلوباً للحياة بين سكان الواحات، وأودية الأنهار من ناحية، والظهير الصحراوي من ناحية اخرى. وكذلك الأمر بالنسبة للصراع الدائر في دول امريكا اللاتينية، حيث طرد الأسبان الرعاة الذين قدموا من الأراضي شبه الجافة المزارعين الأصليين، وجردوهم من ممتلكاتهم داخل الأودية الخصبة، وذلك خلال القرنين السادس عشر- والسابع عشر- وما ثورات المزارعين في المكسيك سنة 1916م والصراعات في "بيرو" وبوليفيا 1953م سوى دليل على هذا الصراع بين الرعاة والمزارعين.

كما تمثل الهجمات البربرية والرعوية للمغول والتتار القادمين من أواسط آسيا على المراكز الحضرية والمجتمعات الزراعية نموذجا آخر لهذه الصراعات. ولقد تركت صراعات الماضي بصماتها على الأراضي الجافة، كما أن التدمير الذي احدثته الصراعات الحالية أخذ يهدد وجود الاستيطان البشري في جميع أرجاء هذه المناطق، مثال ذلك ما جرى من صراعات معاصرة تمثل في الحروب العربية مع الدول الاستعمارية التي أدت إلى ثورات لطرد الأجنبي مثل الثورة الوهابية في الجزيرة العربية، والثورة الجزائرية، والليبية، والمغربية، والثورة اليمنية، وثورة جنوب الجزيرة العربية. في حين لم يحدث مثل هذه الثورات في كل من مصر والعراق، ويعود ذلك إلى الاستقرار الزراعي في وادي النيل والفرات. وكانت فلسطين وشبه جزيرة سيناء مسرحاً للصراع (Cockpit) بين أصحاب الأراضي الأصليين والغزاة باعتبار أرض فلسطين وشمالي سيناء نقطة التقاء بين قارة آسيا وقارة افريقيا حيث مرت بها جيوش غازية إما قادمة من الشرق ومتجهة نحو فلسطين، أو قادمة من مصر إلى بلاد الشام والشرق.

وقد يتساءل المرء عن دقة الأوضاع التي حدثت في السابق، فالأمر الأكيد هو أن الجيوش لم تتحرك على الخطة التي رسمت لها، وكذلك الأمر بالنسبة للجيوش الحديثة. وكانت الجيوش الغازية تتزود بالمؤونة من الغذاء الذي تجده في طريقها، أو من السكان المهزومين وتستولي على كل ما لديهم على الرغم من فقرهم، فكانت تقضي- على كلأ الحيوانات التي تعتبر مورد رزق السكان، مما كان يمس بحياة سكان هذه الأراضي،

ويزعزع بقاءهم. هذا ما قام به التتار والمغول الرعاة الذين قدموا من أواسط آسيا، فدمروا بغداد، واتجهوا نحو فلسطين ومصر وكانوا يدمرون ويحرقون كل ما يصادفهم في زحفهم، وفي ما يلي ما أورده "سنحاريب" الامبراطور الأشوري عن طبيعة حربه مع اعدائه البابليين " فقد هدمت المدينة، ودمرت بيوتها من أساسها حتى قممها، ونهبت واحرقت ودكت أسوارها الداخلية والخارجية وهدمت معابدها وأزيل هيكلها، وطرحت حجارتها في قناة ارهتا (Arahta) وردمتها. وبعد أن دمرت "بابل" حطمت الهتها، وذبح سكانها، وحرثت أرضها وأذريت تربتها في نهر الفرات الذي حملها إلى البحر!!".

لذا كانت الازالة الأسلوب المفضل لتدمير الزراعة، وكانوا أحيانا ينثرون الملح على حقول الأعداء عن قصد لإتلافها. في وجه هذا التخريب المبيت والمقصود لا يسع المرء إلا أن يدهش عندما يرى الاستيطان في المنطقة الجافة قد عايش يد الزمان الدامية، وهذا لا يزال يحدث حتى الآن، فليس هناك استيطان يمكن أن يعيش بأمان خصوصا إذا كان محتلاً.

كما واجه النقب الفلسطيني على الحدود (الشمالية الشرقية لشبه جزيرة سيناء) سلسلة من الاستيطان عكست الضغوط السياسية والبيئية الكبيرة التي تعرضت لها هذه البقعة من الأراضي الجافة، على مدى آلاف السنين. وتوضح (سلسلة نظم الاستيطان البشري المعقدة) مدى تقدم وتقهقر نظم عديدة، واستخدام مصادر لم يكتب لها الاستمرار والاستقرار. فقد اضطربت عملية التحولات من الاقتصاد البدائي الرعوي إلى الاقتصاد الزراعي حول مصادر الماء المفضلة نتيجة الهجرات والغزوات التي تعرضت لها من قبل موجات من الشعوب المختلفة والقادمة من الشرق، والغرب والشمال والجنوب. كما أدى الغزو الآشوري والمغولي من الشرق والمصري من الغرب إلى إعاقة تطور الزراعة المروية والمطرية واستمرار المرعى الطبيعي في فلسطين.

وإذا تتبعنا تاريخ المنطقة نجد هذه الأراضي داستها جحافل جيوش غازية عديدة من الاحتلال الروماني الذي صاحبته فترة من الاستقرار النسبي، والتطور الزراعي خلف خطوط القلاع الممتدة على طول وادي الأردن، ووادي عربة. في تلك الفترة برزت الحضارة العربية (الأنباط) (Nabataen) الذين نشروا نظام الري النبطي في جنوب

فلسطين والأردن وامتد حتى المرتفعات الوسطى للنقب. أما في الفترة الإسلامية فقد شهدت المنطقة خلالها تطوراً هائلاً في أساليب الزراعة نتيجة الاستقرار الذي استمر بعد دخول المجموعات البدوية في الإسلام، وقد سيطر المسلمون على المنطقة باكملها، ولا تزال الحقول والمدرجات الحجرية والسدود الترابية -حتى يومنا هذا- تشهد على قيام الزراعة العربية في قلب صحراء النقب. وقد استفاد المحتل الإسرائيلي من الأسلوب العربي في حصاد مياه الأمطار الشحيحة عندما قام بحجز مياه المجاري والسيول خلف سدود ترابية، ليزرع خلفها أنواعاً من أشجار الظل. في حين شهدت الزراعة في فترة الحكم التركي للمنطقة نوعاً من التدهور والاهمال، نتيجة النزاع الذي كان ينشب بين البدو والحكام الأتراك، والضرائب الباهظة التي فرضتها الدولة العثمانية عليهم مما دفع العديد من المزارعين إلى هجر أراضيهم، واللحاق بقطعانهم متوغلين في قلب الصحراء. ولقد رافق فترة الانتداب البريطاني على فلسطين فترة هدوء نسبي لكن حكومة الانتداب مهدت لقيام بعض المستوطنات اليهودية في شمالي النقب.

مراجع الفصل الثامن

1. Heath (1986) op cit. p. 170.
2. Ibid: p. 278.
3. Ibid: p. 281.
4. Ibid: p. 281.
5. Allen, J.A. (1972) " An Analysis of the Expletory Process". Lewis and Clark Expedition of 1804. Geogr. Rev. 62-p.p.13-39
6. Allen, J.A. (1976)," The Kufrah Agricultural Scheme". Geogr. Jour. 147-50-6
7. Glantz, M.H. ," 1980" Man, State and the Environment an Inquiry into Whether Solution to Desertification in West Africa Sahel are Know but not applied can. J. Devt. Studies. I. pp. 6-32-97.
8. Heath, cot (1981) – "Land Tenure System: Past and Present": in. Slyter and Perry-1969-p.p.185-197.
9. Barker, R. (1976) "The Administration trap".V Ecologist. No.6. p.p. 247. In: Heathcot (1986). P.69.
10. Heathcot (1986) op.cit. p. 69.
11. Valentine, H.R. (1967) "water in the service of man". Penguin. Harmond south. p. 23.
12. Heathcot (1986) op.cit. p. 279.
13. Ibid: p. 280.
14. Ibid: p. 283.
15. Ibid: p.
16. Spooner G. F., (1979), " The Organization of Nomadic Community in Pastoral Society in Middle East"- a Study of Postoral Production- Cambridge Press- London p.p. 7-12
17. Barth, F., (1977), "Nomadism in the Mountains of Plateau of S. West Asia"- The Problem of the Arid Zone- Res. 180. Paris- UNESCO. pp. 341-356
18. Sweet, L.E. (1985), "Camel Pastoral in North Arabia and Minimal Camping Unit". Washington: D.C., American Assoc. for Advance. Of Science- pp129-131
19. Musil, a. (1902), "The Manner and Custom of Rawala Bedouin- American Geogr-Society. New York- p.p.210-22
20. Johnson, D. L. (1969), " Nature of Nomadism-A Comparison" Study of Migration in South- West Asia and North Africa Dept. of Geography Research p.p.118 Chicago- p. 86

ملحق (1)

استعمالات النباتات الطبيعية المختلفة في النطاق الجاف (النقب) في فلسطين

جدول(أ) الأدوية البشرية المشتقة من النبات الطبيعي في النطاق الجاف في فلسطين

نوع المرض	اسم النبات بالعربية	الاسم باللاتينية	الأجزاء المستعملة	طريقة الاستعمال
1- السعال cough	الشيح	Artimisia h.alba	الأوراق الجافة	مشروب دافئ
2- الرشحColds	اللزافا رابيل	Capparis spinosa pulicarea	الأوراق الأوراق	مشروب دافئ مشروب دافئ
3 - احتقان الحلقSores	أم وصال سلاح الحضاري	Erynogum	الجذور	يغلى مسحوق الجذوروتشرب
4- الصداع Headache	أم جبينة	Haplogyllum tubercu	الأوراق	يطحن الجذور وتستنشق
ألم المفاصل Aches in joint	الحرمل، الرتم	Pajanum harmala Retama retum	الاوراق الجافة	يوضع المسحوق على المكان المحدد
2-التهابات التلوث أو الغبار		Teucrium leacoclad		
التهاب العين (الرمد)	القيصوم	Achilla frag	الاوراق	مغلى الأوراق مشروب
3. المغص	القيصوم الشيح الزعتر البري	Achilla frag. (Artimisia herbn alba) (Chnomorium coccineum)	الأوراق جذور	نغلي الأوراق مع الشاي أو لوحدها ويشرب المنقوع تقشير الجذور وتأكل مباشرة
4. الاسهال	الحنظل	Citrulles clolcynthis	أوراق	منقوع الأوراق
5- المغص واللسع لسعة النحل لسعة العقرب	القريع القريع	Cleome droserifolia Phagnoton	الاوراق الأوراق	تجفف الأوراق وتطحن وتوضع مكان اللسعة
الاضطرابات النسوية الحمل العقم نزيف المهبل تأخر العادة الشهرية	أزهار السمار الاثل+اللزف الرمث السلماني	Juncus maritimes Tamaric capparis Tamarix capparis Salicona varthemia Iphioniods	الأزهار الأوراق الثمار الأوراق السيقان	تجفف وتطحن وتغلى ويشرب الماء تطحن وتنقع بالماء ويشرب تغلى ويشرب المنقوع
الجرح لوضع الشناق في الانف والحلق في الأذن	السليماني	Salicona var	الأوراق	يوضع على الفتحة حتى تشفى
7. الاضطرابات الجسمية				
الحمى	القيصوم والسلماني	Achilla frag. Varthemia	الأوراق	المضمضة منقوع الأوراق المغلية تطحن الاغصان ويوضع المسحوق على الجرح
الخراج المفتوح	الرتم	Retema	الأوراق	
وجع الاسنان	الشكران العوسج	Hychyamus bov Lyceum shawii	الأوراق سيقان	المضمضة بمنقوع الأوراق المغلية لحاء على السن
العين المعكورة	الاثل	Tamarix aphylla	الاغصان	تحمص الأغصان وتطحن وتمزج مع الكحل وتوضع على العين
السكري	العوجان	Pituranthos triral	السيقان	تغلى السيقان وتشرب

جدول (ب)الأدوية البيطرية المشتقة من النبات الطبيعي الجاف في فلسطين

المرض	الاسم العلمي	اسم النبات المحلي	طريقة الاستعمال
1- طفيليات معوية	Anabasis syriaca	الحمص (الحميض)	الأكل مباشرة
2- الجرب mange	Noaea muronata	العضو	تجفف السيقان وتمزج مع عصارة النبات ثم توضع على المكان بعد كشطه.
طرفة العين (بسبب الحكة أو الريح)	Noaea muronata	الصر	تحرق الاوراق الطرية للنبات وتمزج بالملح وتوضع في قطعة قماش على العين.
الدمل	Artimisia h.alba	الشيح	يحرق الشيح ويطحن ويوضع على المكان المريض
الورم	Retama raetum	الرتم	تطحن الأوراق أو السيقان وتوضع على الورم.

جدول (ح) نباتات تستعمل سيقانها وأوراقها وأزهارها طازجة غير مطبوخة

اسم النبة بالعربية	الاسم العلمي	الأجزاء التي يمكن أن تستعمل للغذاء
الكراث	Allium ampel	الأوراق
القطف	Atriplex halims	الأوراق
دقن البدت	Centaurea ery	الأزهار
زعرور	Crataegus sina	الاوراق الصغيرة
يحاق	Diplotaxis acris	الأزهار والأوراق
شلويح	Enarthrocarpus	سيقان وأوراق
سلاح الحضري	Eiarcaria bov	الأزهار
الخس	Luctuca orient	الأوراق
خبيزة	Malva parviflora	الأرواق
حمحم	Matthiola Arabica	الأوراق
حماسيس	Rumex cyprius	الأرواق والثمار الصغيرة
الجعفر	Scorzonera judica	أوراق وأزهار
الجعبل	Allium ascher	الثمرة نيئة (دون طبخ)
الدحنون	Cistanche tubul	جذور مشوية
اركيبه	Exnex spinosa	جذور نيئة أو مشوية
علدا	Erodium hirtum	جذور نيئة
الكمة	Helianthemum ledifolium	جذور مشوية

التراثون	Orobanche cernua	جذور مشوية
بليبس	Scilla hanbury	ثمار مشوية
فلقانة	Suillus granula	مشروع نيئ
الثريا	Tulipa amblyo	ثمار نيئة

جدول(د) نباتات تؤكل بذورها فقط:

الاسم بالعربية	الاسم اللاتيني	الأجزاء التي تؤكل
1- سيسب (سيسبان)	Colutea isria	تؤكل بذورها مطبوخة
2- الخبيزة	Malva parviflora	
3- القرقد	Nitraria retusa	
4- الضريس	Onobrychis crista	
5- جلبان	Vicia monantha	

جدول (هـ) نباتات تؤكل ثمارها نيئة:

الاسم بالعربية	الاسم اللاتيني	الأجزاء التي تؤكل
الجرع	Capparis cartilaginea	تؤكل ثمارها نيئة
الحماط	Ficus pseudo ycamorus	
حب القرقد	Nitaria retusa	
البلح	Phoenix dactyliferea	
حليبه (الحبلية)	Pistacia atlantica	
الحمير	Salvadora persica	
النبك (الدوم)	Zizipgus spina Christi	

جدول (و) نباتات تؤكل اوراقها مطبوخة:

الاسم بالعربية	الاسم اللاتيني	الأجزاء التي تؤكل
القطف السوري	Artiplex syriaca	تؤكل أوراقها مطبوخة
الخبيزة	Malve parviflora	
حماسيس	Rumus cyprius	
سليماني	Varthemia ipahalion	

جدول (ز) نبات يصنع منها الخبز: السميح (Mesembryanthemum foraakalii)

تنقع النباتات الحاملة للثمار في الماء حتى تسقط البذور لمدة ساعة، ثم تجفف البذور وتطحن وتعجن.

جدول (ح)النباتات التي تقدم كمقبلات وتؤكل مجففة ومطحونة في فلسطين

الاسم بالعربية	الاسم العلمي	الاستعمال
الزعتر	Majorana syriaca	تطحن الأوراق الجافة، يضاف إليها التوابل (الملح والسمسم). تؤكل جافة أحياناً أو مع الزيت وتفرش على الخبز. تطحن الأوراق جافة وتخلط مع الشعير المطحون أو القمح المحمص المطحون.
الزعيتري	Origanum dayi	تحضر بنفس الطريقة
الزعتر	Thymus buvo	تحضر بنفس الطريقة السابقة

جدول (ط)نباتات تقدم لنكهة السمن عند تحويل الزبدة إلى السمن

الاسم بالعربية	الاسم العلمي	الاستعمال
عين القنبورة	Calendula arvenis	أوراق
الصفارة مليحي	Frankenia revolute	أوراق
الكمون	Rheun palestininum	أوراق
النفل	Trigonella arabica	أوراق

جدول (ك) نباتات تقدم لنكهة الشاي

الاسم بالعربية	الاسم العلمي	الاستعمال
البابونج	Matricaria aurea	أوراق
حندقوق	Medicago lacinata	أوراق
الحبق	Menthe microphylla	أوراق
قضابة	Polygonum equisetiforme	أوراق
النعيمة	Salvia lanigera	أوراق
سليماني	Varthemia iphionoides	أوراق
حبق العطشان	Ziziphora tenuior	أوراق

جدول (ل) نباتات لصناعة الأدوات الصناعية

الاسم بالعربية	الاسم العلمي	الاستعمال
الأثل أعمدة الخيمة الأوتاد (الخلال)	Tamarix Retama raetam	سيقان النبات
الأحبال: الأكاسيا	Acacia	
السمار	Juncos avabie	
الأسوار (للخيمة) الشيح والقيصوم	 Artimisia judiaca	
العريشة (المظلة)	Artimisa herba albe	

المصدر:

1- Clinton Bailey, Avinoam Danin 1981.

2- Economic Botany p.p. 146.

1. منصور أبو علي- البادية الأردنية- القيمة الاقتصادية للنبات الطبيعي- 1982.

ملحق (2)

أ. تصاميم البيوت في الأراضي الجافة

الشكل (أ)

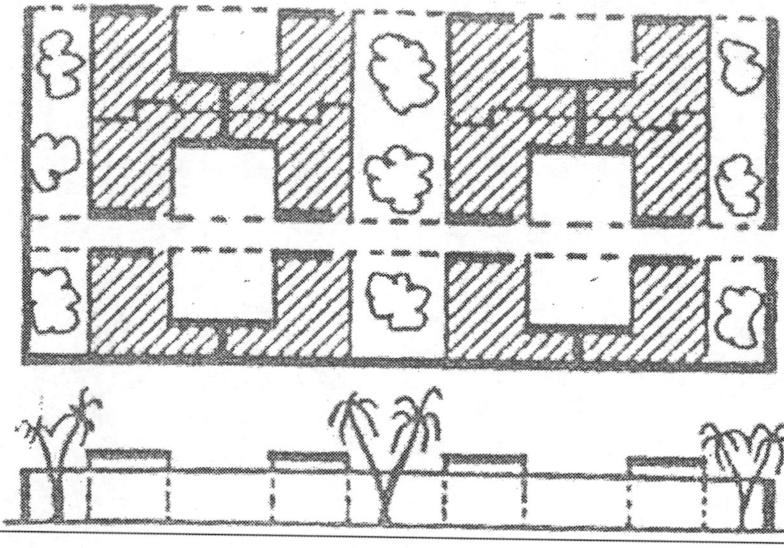

ب. تصميم لتخفيف الحراة المكتسبة السطحية واستعمالها القصوى خلال التهوية تشير الأسهم إلى حركة الهواء عبر المبنى، والتي ترتفع عن أرضية المبنى ما لا يقل عن 3م وتجنب الأشعة الحرارية تحت الحمراء السطحية.

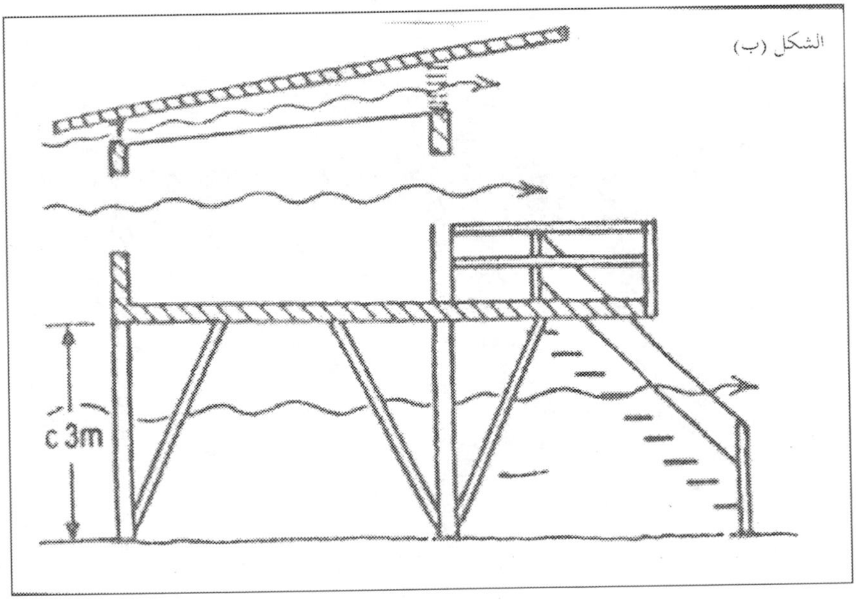

Printed in the United States
By Bookmasters